21世纪全国本科院校电气信息类创新型应用人才培养规划教材

电工学实验教程(第2版)

主　编　王士军　张绪光
副主编　张　莉　宋明学
主　审　綦星光

内 容 简 介

本书共分为8章，主要内容包括电工学实验的基本知识、电工学实验常用基本仪器、直流电路实验、交流电路的实验、谐振电路和瞬态过程实验、电机及继电接触控制实验、模拟电子技术实验和数字电路的实验。

本书从工程应用实训教学的实际出发，注重应用。本书编写风格新颖、活泼、有趣，内容翔实、实用。

本书可作为本科院校非电类专业或其他相关专业的实验教科书。

图书在版编目(CIP)数据

电工学实验教程 / 王士军，张绪光主编．—2版．—北京：北京大学出版社，2015.2
（21世纪全国本科院校电气信息类创新型应用人才培养规划教材）
ISBN 978-7-301-25343-4

Ⅰ.①电…　Ⅱ.①王…②张…　Ⅲ.①电工实验—高等学校—教材　Ⅳ.①TM-33

中国版本图书馆CIP数据核字（2015）第005432号

书　　名　电工学实验教程（第2版）
著作责任者　王士军　张绪光　主编
责 任 编 辑　郑　双
标 准 书 号　ISBN 978-7-301-25343-4
出 版 发 行　北京大学出版社
地　　址　北京市海淀区成府路205号　100871
网　　址　http://www.pup.cn　新浪微博：@北京大学出版社
电 子 信 箱　pup_6@163.com
电　　话　邮购部62752015　发行部62750672　编辑部62750667
印 刷 者　北京虎彩文化传播有限公司
经 销 者　新华书店
787毫米×1092毫米　16开本　13.5印张　317千字
2012年9月第1版
2015年2月第2版　2021年1月第4次印刷
定　　价　38.00元

前　言

本书是为非电类专业的工科学生编写的。非电类专业的学生学习电工课的困难在于课时少、内容多、涉及面广。“电工学”这门课集电类专业的五门课的部分知识于一体，给学习者增加了一定的困难。为帮助大家学好这门课，在实验内容方面，本书有意安排了一些入门的、引导性的实验内容，这些内容对于在物理课中曾做过大量实验的学生来说，也许比较简单，我们觉得这对于大部分人都是有益的，这些内容对于进行复杂一些的实验是非常有帮助的。

我们认为，实验课的内容不应是理论课内容的重复，而应是理论课内容的应用与扩展。当然，用通过实验获取的数据和结果去验证电路的一些基本概念和基本定律，进一步巩固所学的知识是必要的。然而，我们生活在21世纪的科技迅速发展的今天，急需的是创新型应用型人才，况且实验课时是有限的，只能做有限的事情，有限的事情应该是有效的事情。那些一百多年前的先人们创造的，曾被无数的后人验证并已在实践中应用的电路定律没有必要一一验证，承认它就是了。我们要做的事是对模糊的、尚不清楚的事物或现象设法去认识；对在实验过程中观察到的波形或现象能够分析、理解或测定它；对实验中所获取的数据能够正确地处理它。

本书是在制造出了“DQS-I型电气实验台”之后，根据“DQS-I型电气实验台”独特的特点和风格，在多年电工技术基础实验教学改革的基础上，吸取其他高校的先进经验编写的。

本书在实验方法上较以往有所突破，以往的做法是按照事先设计好的线路把元器件预先固定到一块线路板上，留出接线孔或接线端子，实验中学生不需要考虑怎样合理地摆放元器件及合理布线的问题，只需用导线把它们连接起来即可测试。现在则有所不同，学生看到的实验板上没安装元器件，上面只有固定元器件的导轨或插孔；给学生提供的元器件是自由的，继电器、接触器、按键开关等，都是装有与导轨配合的标准卡座的器件；阻容元件、晶体管等电子元件都是原始状态，需要自己动手把它们安装到实验板上，学生可以自由充分地发挥聪明才智，合理布局，在实验板上搭出一个漂亮的电路，这种接近工作实际的实验方法，更有利于培养学生的工程实践能力。

在实验内容选材上，本书既考虑了与理论教学的相关性，又注重了实验教学自身的规律性；在内容编排上，力求从国内外已经成熟的新技术中提炼出基本实验技术理论、基本概念、基本方法和基本实验技能，并在单元性实验基础上，加强了功能性、设计性和综合性实验，有利于提高学生综合运用知识的能力。

本书由齐鲁工业大学王士军、张绪光任主编。在本书编写过程中，得到了齐鲁工业大学樊育、牛爱芹等很多富有经验的专家教授的大力支持和帮助；齐鲁工业大学张莉对本书进行了认真审查和修改；山东劳动职业技术学院宋明学从实践技能培养的角度，提出了很好的修改建议；齐鲁工业大学电气学院院长綦星光担任主审，对全书作了仔细的审阅，提出了许多宝贵意见。另外，在教材编写过程中，参考了其他院校的教材，在此一并予以衷心感谢！

由于编者水平有限，书中难免还有不妥之处，敬请读者批评指正。

编　者

2014年11月

目　录

第1章

电工学实验的基本知识

实验课是高等教育的一个重要环节，是理论联系实际的重要手段。培养实验能力和实践技能是高等工科院校教育教学的重要内容之一。实验是帮助学生学习和运用理论知识处理实际问题，验证、消化和巩固基本理论，获得实践技能和科学研究的方法的重要环节。“电工学”是一门实践性很强的课程，没有实验的支撑，将会使学习变得非常困难。实验主要包括下列环节。

1.1 实验目的

通过实验教学验证和巩固所学的理论知识，训练实验技能，培养学生实际工作能力。电工实验课应通过实验达到以下目的。

（1）进行基本实验技能的训练。

（2）巩固、加深并拓展所学到的理论知识，培养运用基本理论分析、处理实际问题的能力。

（3）培养学生实事求是、严肃认真、细致踏实的科学作风和良好的实验习惯，培养遵守纪律、团结协作、爱护公共财产的优良品德。

1.2 基本要求

根据大纲要求，通过电工学实验课，学生在实验技能方面应达到下列要求。

（1）正确使用电压表、电流表、万用表、功率表以及示波器、信号发生器、稳压电源等常用的电子仪器设备。

（2）按电路图连接实验线路并合理布线，能初步分析并排除故障。

（3）认真观察实验现象，正确地读取测量数据并予以检查和判断，正确撰写实验报告

和分析实验结果。

(4) 正确地运用实验手段来验证一些理论和结论。

(5) 具备根据实验任务确定实验方案、设计电路和选择仪器设备的初步能力，能够完成简单的设计性实验。

1.3 实验常识

实验是学生把所学的理论知识付诸实践的开始。只有具备了一定的基本实验技能才能灵活地运用理论知识，解决实际问题。实验课进行方式一般分为课前准备、进行实验和课后实验总结(撰写实验报告)等阶段。

1.3.1 实验准备

实验能否顺利进行，能否达到预期的效果，在很大程度上取决于预习是否充分。因此，实验前应把实验目的、内容、原理、步骤，以及实验所需设备的使用方法等进行详尽了解，以避免实验的盲目性。

每一个实验都体现着一个原理的运用，而这一原理所阐述的内容就是实验所要验证的东西。也就是说，验证某一原理是实验的主要目的，实现这一原理验证所进行的测定构成了实验的主要内容，而正确的实验步骤既能保证实验结果的得出，又可以使实验安全顺利地进行。

若对实验的原理、步骤等没有充分理解，实验时就不明确要研究什么，要测量什么，如何测量；也就不能预测将会出现什么现象，只是机械地照教材进行操作，离开了教材就无从下手。照这种呆板的方式做实验，即使得出实验数据也不会了解其物理意义，更不能根据所测数据去推测和分析实验的最终结果。为在规定的时间内高质量地完成实验任务，应做好实验前的预习及准备工作，并于实验前提交实验预习报告，不交预习报告或预习不合格者，不得进行实验。

1.3.2 实验工作

电工实验要求实验者在具备一定理论知识的基础上，进行实验方法和实验技能的基本训练，要注重安全和准确两个方面。实验者要有条不紊地进行实验，细致地观察现象，测量、分析数据，认真地研究实验结果，加深对理论知识的理解。实验过程中应自觉地培养实事求是、严肃认真、细致踏实的科学作风和良好的实验习惯，任何草率与急躁、不按规程操作均可导致错误或失败。

1. 检查仪器设备

实验开始时，应先检查所用的仪器仪表的容量参数、工作电压、工作电流、仪表量程、准确度等级是否合适，尽可能要求测量仪表对被测电路工作状态影响最小。然后，粗略检查仪表的好坏，并检查各仪表测量线是否导通。例如，万用表置电阻挡，使测量棒短接，示数为零，则测量线完好；示波器测量线短路，若测量线完好，屏幕应显示直线；稳压电源的输出用万用表直流电压挡测量等。

2. 接线

接线就是根据电路图将实际的元器件用导线连接起来。实验的成功与否，在很大程度上取决于电路连接的正确与否。

接线时必须明确电路中各元件之间的连接关系，根据电路的结构特点，选择一个合理的接线步骤，一般是“先串后并”“先分后合”或“先主后辅”。另外，养成良好的接线习惯，如走线要合理，布线要整齐，尽量平直美观，采取不同颜色的导线来区别不同的信号，电源用红线，公共端和地线用黑线，以便于检查。元器件排列可沿 X、Y 方向，防止交叉相错，特别要防止引脚短路。导线的粗细、长短要合适，大电流的线路要用粗导线，小电流的线路则用细导线。接线不宜过于集中于一点，一般每个接线柱上的线头不要多于3个，以免接触不良。电路各部分的地要接于一点，即所谓的共地，这样可以避免干扰信号的引入。接线过程一定要在断电条件下进行，尽量避免事故的发生。

3. 故障检查

实验电路连接完毕后，接上电源，电路的功能不一定能马上实现，这是因为多种客观因素的影响是难以预料的，元器件性能上存在的问题，各种干扰信号的影响，以及在连接线路时由于工作疏忽所带来的错误等都会造成预想不到的后果。因此，必须经过测量—判断—调整—再测量的反复过程。

由于电路的种类很多，电路的连接形式不同，所以出现的问题五花八门。这里只从一些共性的问题着手，介绍几点故障检查的原则，更多的问题需要在实际工作中有针对性地分析。

（1）直接观察。例如：观察供电情况，电源的连接、数值及极性是否正确，保险丝是否熔断；观察仪器的功能、量程等是否合适；观察元器件引脚连接有无发生错误，引脚间有无相碰等情况；通电后，元器件有无发烫、冒烟等情况。

（2）参数测试。借助仪器测试电路中各点参数并与理论分析结果进行比较，如用电压表测量各点电压值是否正常。

（3）信号跟踪。在被测电路两端接入适当的信号，用示波器沿着电路中信号走向，测试各点电压波形是否正常，以确定故障点。

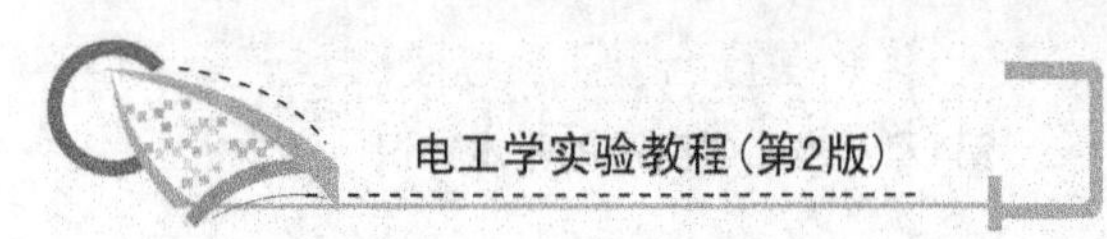

(4) 替代法。用好的元器件去取代嫌疑部分，判断故障点，并具体到元件、连接线或连接点，为排除故障创造条件。

1.3.3 实验操作

操作之前认真检查电源极性、大小是否正确。操作时要做到手合电源、眼观全局，若发生意外情况应立刻切断电源。观察实验现象与理论分析是否一致，初步判断实验结果正确与否。读数之前要使仪表量程和刻度合适，读数时仪表应按规定形式(垂直或水平)放置，操作者姿势要正确，要求“眼、针、影成一线”，认准标尺及每一分格的数值，要读取一位估计数。

记录要完整、清楚，力求表格化，数据必须记录在规定的原始记录纸上，要尊重原始记录，实验后不得随意涂改。

1.3.4 结尾工作

完成全部规定的实验项目，认真核查实验数据，并经教师复查在原始记录纸上签字后，即可进行下列结尾工作。

(1) 拆线。

(2) 做好仪器设备、桌面和环境的清洁整理工作。

(3) 经教师同意后方可离开实验室。

1.3.5 实验报告

实验报告是实验工作的全面总结，要用简明的形式将实验结果完整、真实地表达出来。实验报告要求文理通顺，简明扼要，字迹端正，图表清楚、规范，分析合理，讨论深入，结论正确。

采用学校规定的报告纸，实验报告除填好报告纸上各栏外，一般应包括以下几项。

(1) 实验目的。

(2) 实验任务。

(3) 实验原理。

(4) 实验电路。

(5) 数据图表。

(6) 实验结果的分析处理(包括分析讨论、收获体会、结论和意见建议)。

(7) 问题回答。

学生做完实验之后，应及时写好实验报告，不交报告者不得进行下一次实验。

1.4　安全用电基础知识

1.4.1　实验室供电系统

实验室用电由学校变电所提供，经由实验室的配电箱输送到各实验台上。三相电源U、V、W称为相线(或火线)，N为中线(或零线)。任意两条相线间的电压称为线电压，为380V；任一相线与中线间的电压称为相电压，为220V。

为保证实验安全，防止因仪器设备外壳带电造成人身触电事故，还另加一条安全地线，即图1-1中的E线。因此，接入实验室的输电线共有五条：三条相线，一条中线，一条安全地线，如图1-1所示。

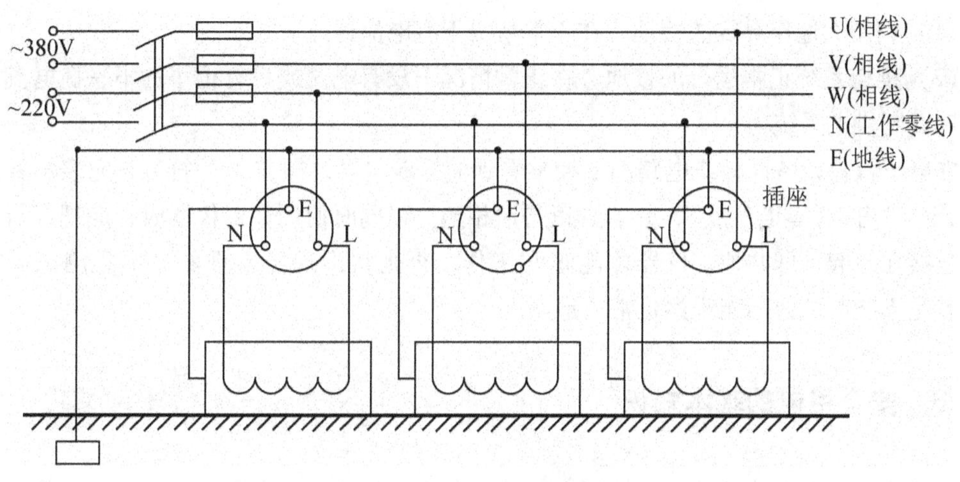

图1-1　实验室供电系统的连线

通常单相电源插座一般用三孔的。圆孔插座的大孔总是接地线，两个小孔右孔接相线，左孔接中线，即所谓“左零右火”；扁孔插座的直孔接地线，两个斜孔“左零右火”。

1.4.2　接地和接零

按接地性质，可分为保护接地、保护接零和工作接地。

保护接地是指将电气设备的金属外壳直接与大地连接。保护接零是指将电气设备的金属外壳与电源零线相连，但必须注意，保护零线应区别于工作零线，不能在保护零线上装接开关和保险丝，如图1-2所示。

保护接地和保护接零可防止触电，避免因电气设备绝缘损坏而使操作者遭受触电的危险，起到安全保护的作用。

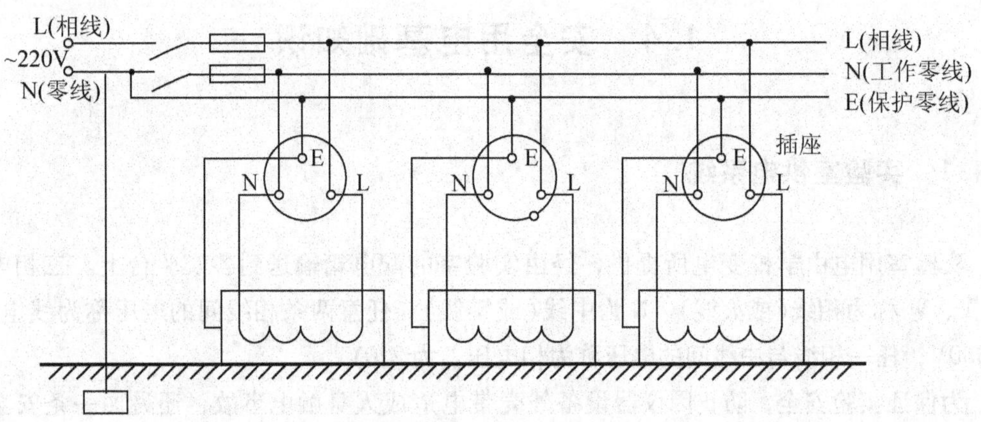

图1-2 保护接零示意图

工作接地有以下两种情况。

(1) 利用大地作导线的接地，在正常情况下有电流通过。

(2) 维持系统正常运行的接地，在正常情况下没有电流或只有很小的不平衡电流，如三相四线制供电系统。

在电子仪器设备面板或电路图上经常看到的接地符号，即“⊥”符号，它表示各点电位的公共参考点(零电位点)，并非真正与地相连。当同时使用数台仪器时，应把仪器的接地点连接在一起，即共地，仪器才能正常工作，否则将出现异常现象，不是测试误差很大，就是不能测试或不能观察正常波形。

1.4.3 安全用电的基本知识

为了防止触电事故的发生，保障实验过程中的人身安全和仪器设备安全，必须做到以下几点。

(1) 线路接好，应仔细检查无误后，再接通电源进行实验，切忌盲目通电，以避免因线路接错而造成设备损坏及其他事故。

(2) 电源接通后，千万不能用手或身体其他部位触及带电体，以防触电。连接、改接电路时，一定要先切断电源，养成“先接线后合电源”“先断电源后拆线”的好习惯。

(3) 交流电源的火线和零线可由试电笔判断。测试时用单手操作，绝对不能用手触及火线，注意人体与地绝缘良好。

在实际应用中，试电笔是一种常用的电工工具，可以用它测试导线、电气设备是否带电。如果把试电笔的金属笔尖与带电物体(如相线)接触，笔末端金属体与人手接触，氖管就会发光，证明被测的物体带电；如果氖管不发光，则被测物体不带电或电压很低。由于试电笔的电阻值很高，一般大于2MΩ，所以通过人体的电流很小，使人并无其他感觉。

不能用试电笔测量很高的电压，否则是很危险的；试电笔也不能测低电压，因低电压不能使氖管发光。一般试电笔用于检测 100～380V 电压。

（4）实验过程中出现异常现象，如发热、发光、异常声响、冒烟、焦味等，应立即切断电源。

（5）当被测量难以估计时，将电表量程置于最大挡，然后视情况逐渐减小量程，以免损坏仪表。

（6）为了保证安全，供电系统中必须安装保险丝和漏电保护器。保险丝有各种规格，当电气设备过载或发生短路故障时，电流剧增，超过保险丝的额定值，使其熔断，从而切断电源。

漏电保护器又称漏电保安器、漏电保护开关等，是一种在负载端相线与地线之间发生漏电或由于人体接触相线而发生单相触电事故时，能自动在瞬间断开电路，从而对电气设备及人身安全起到保护作用的电器，其工作原理如图 1－3 所示。

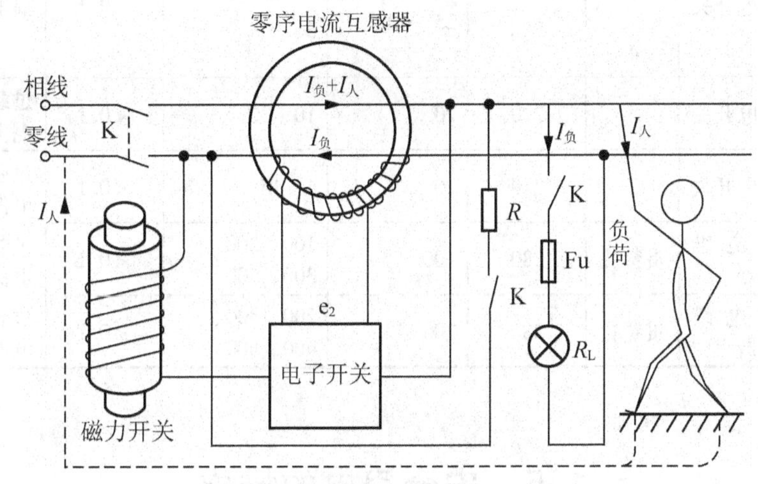

图 1－3　漏电保护器的原理示意图

漏电保护开关有多种结构形式，按其极数分为二极、三极、四极等几种。二极保护开关用于单相供电电路，三极保护开关用于三相三线制供电电路（三相对称负载无中线），四极保护开关用于三相四线制供电电路（三相不对称负载）；按其脱扣方式分为电子脱扣和电磁脱扣两种，前者适用于漏电动作电流小的场合，后者适用于漏电动作电流大的场合；按其保护功能分也有两种，一种是带过流保护的，它除具有漏电保护功能外，还兼有过载和短路保护功能，使用这种保护开关时电路上一般不需再配用熔断器，另一种是不带过流保护的，它在使用时还需再配用相应的过流保护装置（如熔断器）。

漏电保护继电器也是一种漏电保护装置，它由零序互感器、放大器和控制触点组成。它只具有检测与判断的功能，本身不具备直接开闭主电路的功能。通常与带分励脱口的自动空气开关配合使用，当继电器动作时输出信号至自动空气开关，由自动空气开关分断主电路。

表1-1是我国生产的电流动作型漏电保护装置的技术数据。其中DZL18-20漏电保护开关采用了国际电工委员会(IEC)标准，它是用于额定电压为220V、电源中性点接地的单相回路。由于采用了微电子技术，这种漏电开关具有结构简单、体积小、动作灵敏、性能稳定可靠等优点，很适合一般民用住宅使用。

表1-1　我国生产的电流动作型漏电保护装置的技术数据

<table>
<tr><th>型号</th><th>名称</th><th>极数</th><th>额定电压/V</th><th>额定电流/A</th><th>额定漏电动作电流/mA</th><th>漏电动作时间/s</th><th>保护功能</th></tr>
<tr><td>DZ15-20L</td><td>漏电开关</td><td>3</td><td>380</td><td>3、4、5、10、15、20</td><td>30、50、75、100</td><td><0.1</td><td>过载、短路、漏电保护</td></tr>
<tr><td rowspan="2">DZ15-20</td><td rowspan="2">漏电开关</td><td>2</td><td rowspan="2">380</td><td rowspan="2">6、10、15、20、30、40</td><td rowspan="2">30、50、75、100</td><td rowspan="2"><0.1</td><td rowspan="2">过载、短路、漏电保护</td></tr>
<tr><td>4</td></tr>
<tr><td rowspan="3">DZL-16</td><td rowspan="3">漏电开关</td><td>2</td><td>220</td><td rowspan="3">6、10、15、25、40</td><td>15</td><td rowspan="3"><0.1</td><td rowspan="3">漏电保护</td></tr>
<tr><td>3</td><td rowspan="2">380</td><td rowspan="2">36</td></tr>
<tr><td>4</td></tr>
<tr><td>DZL18-20</td><td>漏电开关</td><td>2</td><td>220</td><td>20</td><td>10、30</td><td><0.1</td><td>过载、短路、漏电保护</td></tr>
<tr><td>DZL-20</td><td>漏电开关</td><td>2</td><td>220</td><td>20</td><td>6、15</td><td><0.1</td><td>过载、短路、漏电保护</td></tr>
<tr><td>JD-100</td><td>漏电继电器</td><td>贯穿孔</td><td>380</td><td>100</td><td>100、200、300、500</td><td><0.1</td><td>过载、短路、漏电保护</td></tr>
<tr><td>JD-200</td><td>漏电继电器</td><td>贯穿孔</td><td>380</td><td>200</td><td>200、300、400、500</td><td><0.1</td><td>过载、短路、漏电保护</td></tr>
</table>

1.5　安全用电的措施

为了更好地使用电能，防止触电事故的发生，一定要了解和掌握必要的电气安全知识，建立和健全必要的电气安全工作制度，并切实采取如下安全措施。

(1) 各种电气设备，尤其是移动式电气设备，应建立经常的、定期的检查制度，如发现故障或与有关的规定不符合时，应及时加以处理。

(2) 使用各种电器设备时，应严格遵守操作制度，不得将三极插头擅自改为二极插头，也不得将导线直接插入插座内使用。

(3) 带金属外壳电器的外接电源插头，一般都要用三极插头，其中有一根为接地线，一定要可靠接地。如果借用自来水管做接地体，则必须保证自来水管与地下管道有良好的电气连接，中间不能有塑料等不导电的接头。绝对不能利用煤气管道作为接地体使用。另外还须注意电器插头的相线、中线应与插座中的相线、中线一致。

（4）尽量不要带电工作，特别是危险场所(如工作地狭窄，工作地周围有对地电压在220V以上的导体等)，禁止带电工作。如果必须带电工作时，应采取必要的安全措施(如站在橡胶垫上或穿绝缘鞋，附近的其他导电体或接地体都应用橡胶布遮盖，并须有专人监护等)。

（5）在低压线路或用电设备上做检修和安装工作时，应随身携带试电笔，分清火线、零线；断开导线时，应先断火线，后断零线；搭接导线时的顺序与上述相反。人体不得同时接触两根导线。

（6）开关、熔断器、电线、插座、灯头等，坏了要及时维修，平时不要随便触摸。在移动电风扇、电烙铁等电器时，应先切断电源，拔出插头。开关必须装在火线上。

1.6　电路元器件的基本知识

电路元器件是电气设备与电子产品的基础，特别是一些基本的、通用的元器件更是必不可少的组成部分。熟悉和掌握各类元器件的性能、特点、适用范围及其检测方法等，对设计、制作与调试电气设备、部件或电子产品有十分重要的意义。

1.6.1　电阻器与电位器

电阻器是电子产品中最通用的电子元件。它是耗能元件，在电路中分配电压、电流，用作负载电阻和阻抗匹配等。

电阻在电路中的常用图形符号如图1－4所示。

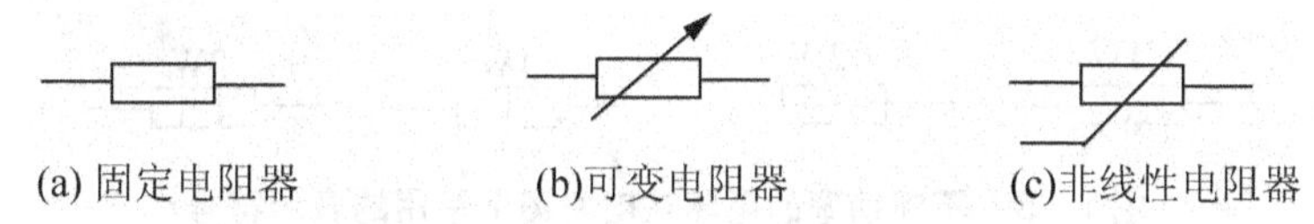

图1－4　电阻在电路中的常用图形符号

1. 种类

电阻器种类很多，按制造工艺和材料，电阻器可分为合金型、薄膜型和合成型；按照使用范围和用途，电阻器又可分为普通型电阻器、精密型电阻器、高频型电阻器、高压型电阻器、熔断型电阻器、敏感型电阻器、电阻网络、无引线电阻器等。

2. 参数

电阻器的主要参数包括标称阻值、允许误差和额定功率。

1）标称阻值

电阻器表面所标注的阻值称为标称阻值。不同精度等级的电阻器，其阻值系列不同。标称值是按国家规定的电阻器标称阻值系列选定的，标称阻值系列见表1－2，阻值单位为欧姆(Ω)。

表1－2　标称电阻系列

标称阻值系列	允许误差	精度等级	电阻器标称值/Ω
E6	±20%	Ⅲ	1.0　1.5　2.2　3.3　4.7　5.1　6.8
E12	±10%	Ⅱ	1.0　1.2　1.5　1.8　2.2　2.7　3.3　3.9　4.7　5.6　6.8　8.2
E24	±5%	Ⅰ	1.0　1.1　1.2　1.3　1.5　1.6　1.8　2.0　2.2　2.4　2.7　2.8　3.0 3.3　3.6　3.9　4.3　4.7　5.1　5.6　6.2　6.8　7.5　8.2　9.1

2）允许误差

电阻器的允许误差是指电阻器的实际阻值对于标称值的允许最大误差范围，它标志着电阻器的阻值精度，普通电阻器的误差有±5%、±10%、±20%三个等级，允许误差越小，电阻器的精度越高。精密电阻器的误差可分为±2%、±1%、±0.5%、…、±0.001%等十几个等级。

3）额定功率

电阻器通电工作时，本身要发热，如果温度过高就会将电阻器烧毁。额定功率是指在规定的环境温度下允许电阻器承受的最大功率，即在此功率限度以下，电阻器可以长期稳定地工作，不会显著改变其性能、不会损坏。不同类型的电阻器有不同系列的额定功率。功率系列可以从0.05～500W之间分为多种规格。最常用的一般在1/8～2W之间。不同功率的电阻在电路图上常用图1－5所示的符号表示。

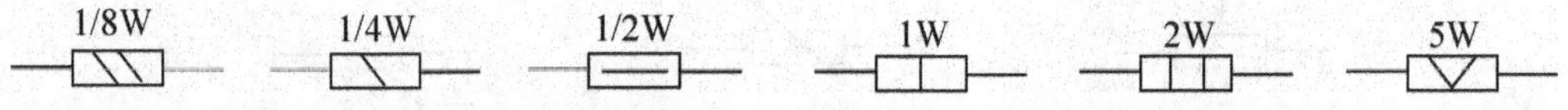

图1－5　不同功率的电阻在电路图上常用的表示符号

4）电阻器标记方法

电阻器的标记方法有直标法和色标法。

（1）直标法。直标法是将元件值和允许的相对误差等级直接用文字印在元件上。

（2）色标法。色标法是使用不同颜色的色环在电阻器的表面标示出其最主要参数的标记法，色标所代表的意义见表1－3。

色环电阻有三环、四环、五环三种标法。三环色标电阻器只表示标称电阻值(精度均为±20%)。四环色标电阻器表示标称电阻值(两位有效数字)和精度。五环色标电阻器表示标称电阻值(三位有效数字)和精度。

表 1-3　色标所代表的意义

颜色	有效数字	乘数	允许偏差%	工作电压/V
银色	—	10^{-2}	±10	—
金色	—	10^{-1}	±5	—
黑色	0	10^{0}	—	4
棕色	1	10^{1}	±1	6.3
红色	2	10^{2}	±2	10
橙色	3	10^{3}	—	16
黄色	4	10^{4}	—	25
绿色	5	10^{5}	±0.5	32
蓝色	6	10^{6}	±0.2	40
紫色	7	10^{7}	±0.1	50
灰色	8	10^{8}	—	63
白色	9	10^{9}	+5 ~ -20	—
无色	—	—	±20	—

如图 1-6 所示，靠近电阻端面的一端的色环为第一环。如一电阻器的色环为棕、黑、红，则此电阻器的阻值为 1000Ω，误差为 ±20%。一电阻器的色环为棕、紫、绿、金、红，则此电阻器的阻值为 17.5Ω，误差为 ±2%。为区分五环电阻的色环顺序，第五色环的环带比另外四环要宽。

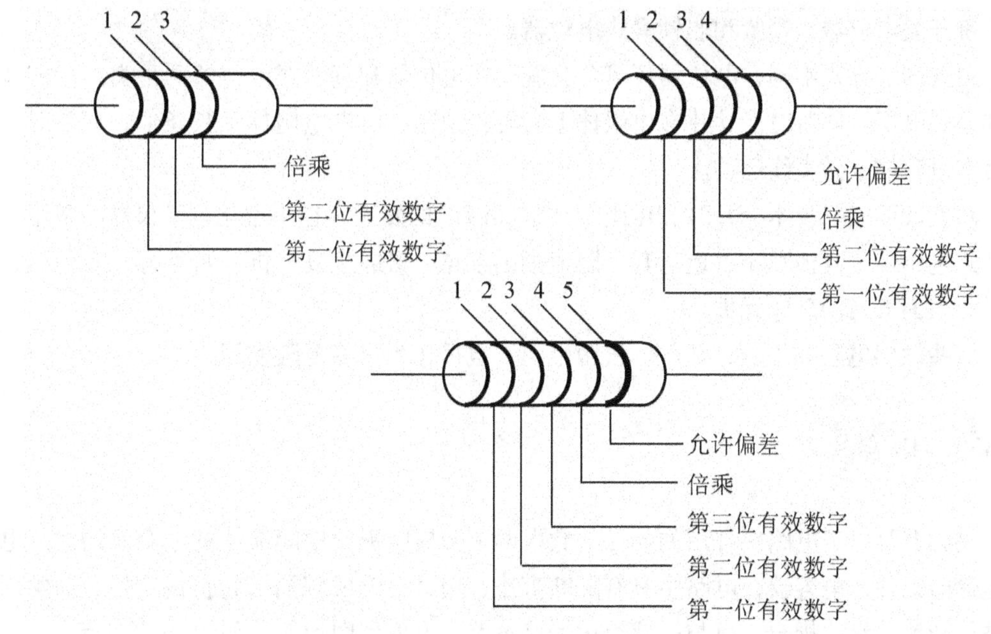

图 1-6　电阻的色环标示法

固定电阻器的型号及命名参见表1-4。

表1-4　电阻器型号和命名

第一部分：主称		第二部分：电阻体材料		第三部分：类型		第四部分：序号
字母	含义	字母	含义	符号	产品类型	
		T	碳膜	0		
				1	普通型	
		H	合成膜	2	普通型	
		S	有机实心	3	超高频	
				4	高阻	
		N	无机实心	5	高阻	
				6		
R	电阻器	J	金属膜	7	精密性	常用个位数或无数字表示
		Y	金属氧化膜	8	高压型	
				9	特殊型	
		C	化学沉积膜	G	高功率	
		I	玻璃釉膜	W	微调	
				T	可变	
		X	线绕	D	多圈	

根据结构不同，电位器可分为单圈电位器、多圈电位器，单联、双联和多联电位器，又分带开关电位器，锁紧和非锁紧式电位器。

根据调节方式不同，电位器还可分为旋转式电位器和直滑式电位器两种类型。前者电阻体呈圆弧形，调节时滑动片在电阻体上做旋转运动；后者电阻体呈长条形，调节时，滑动片在电阻体上做直线运动。

随着表面安装技术(SMT)和微组装技术(MAT)的发展，在小型化电子仪器中采用了矩形片式电位器，其体积小、重量轻、阻值范围较宽、可靠性高、高频特性好、易焊接，是自动化表面安装的理想元件。

一些敏感电阻如光敏、热敏、气敏电阻，也可作为可变电阻使用。

1.6.2　电容器

电容器是电子电路中常用的元件，它由两个金属电极及中间夹层的电介质构成。电容器是储能元件。电容器在电路中具有隔断直流、通过交流(即隔直通交)的特性，通常用于滤波、旁路、级间耦合，可与电感组成振荡电路。电容器图形符号如图1-7所示。

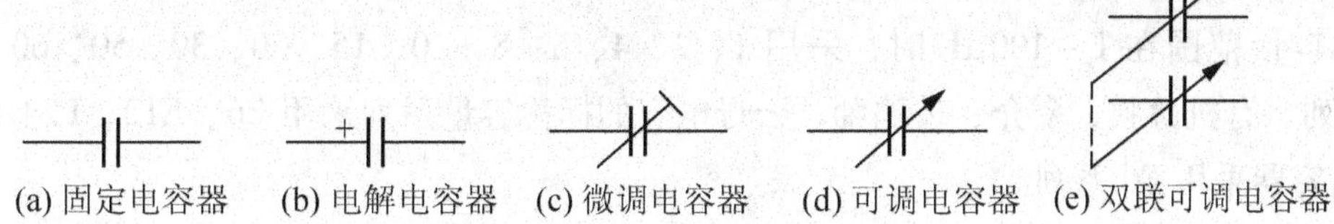

(a) 固定电容器　(b) 电解电容器　(c) 微调电容器　(d) 可调电容器　(e) 双联可调电容器

图1－7　电容器图形符号

1. 电容器的种类和特点

（1）纸介质电容器。体积小，容量可做得较大，固有电感的损耗也较大，适用于低频电路。

（2）金属化纸介质电容器。与纸介质电容器相比，体积更小。

（3）薄膜电容器。电容器的介质是聚苯乙烯和涤纶等。前者漏电小、损耗小、性能稳定，有较高的精度，可用于高频电路中。后者介电常数高、体积小、容量大，稳定性也较好，该电容器宜作旁路电容。

（4）云母电容器。介质损耗小，绝缘电阻大，温度系数小，容量小，适用于高频电路。

（5）瓷介电容器。体积小，容量小，损耗小，耐热性能好，绝缘电阻高，可用于高频电路。

（6）铝电解电容器。有正负极性，容量大，损耗也大，适用于低频电路，隔直及电源滤波。

（7）钽、铌电解电容器。有正负极性，以氧化钽（铌）作为绝缘介质，介电常数很高，因此体积小、容量大，且具有寿命长、漏电小、工作温度范围大等特点，但耐压值不高（小于100V）。

（8）微调电容器。让电容器两极板的间距、相对位置或面积在一定范位内可调，便构成微调电容器。它的介质有空气、陶瓷、云母、有机薄膜等。

（9）可变电容器。由一组定片和一组动片组成，其容量随动片的转动而连续改变。其介质常用空气和聚苯乙烯两种，前者体积较大，损耗较小，可用于较高的频率。

2. 电容器的主要性能指标

（1）电容器的耐压。电容器的额定工作电压是指电容器长期连续可靠工作时，极间电压不允许超过的规定电压值，否则电容器就会被击穿损坏。额定工作电压数值一般以直流电压在电容器上标出。常用固定式电容器的直流工作电压系列为6.3V、10V、16V、25V、32V、40V、50V、63V、100V、125V、160V、250V、300V、400V、450V、500V、630V、1000V。

（2）标称容量与允许误差。标在电容器外壳上的电容量称为标称电容量。不同的电容器，其标称容量系列也不一样。当标称容量范围在0.1～1μF时，标称系列采用E6系列。当标称容量范围在1～100μF时，采用1、2、4、6、8、10、15、20、30、50、60、80、100系列。有机薄膜、瓷介、玻璃釉、云母电容的标称容量系列采用E6、E12、E24系列。电解电容器采用E6系列。

标称容量与实际容量有一定的允许误差，允许误差用百分数或误差等级表示。常用允许误差等级见表1－5。

表1－5　常用电容允许误差等级

允许误差	±1%	±2%	±5%	±10%	±20%	+20%～－30%	+5%～－20%	+100%～－10%
级别	00	0	Ⅰ	Ⅱ	Ⅲ	Ⅳ	Ⅴ	Ⅵ

（3）绝缘电阻。电容器的绝缘电阻是指电容器两极间的电阻，或叫漏电电阻。电容器中的介质并不是绝对的绝缘体，多少总有些漏电。除电解电容外，一般电容漏电是很小的。显然，电容器的漏电电流越大，绝缘电阻越小。当漏电流较大时，电容器发热，发热严重时会导致电容器损坏。使用中，应尽量选择绝缘电阻大的电容器。

3. 电容器的标识方法

电容器的标识方法有直标法、数码表示法和色标法。

（1）直标法。是将主要参数和技术指标直接标注在电容器表面上。电容量的单位用F（法拉）、mF（毫法 10^{-3}F）、μF（微法 10^{-6}F）、nF（纳法 10^{-9}F）、pF（皮法 10^{-12}F）表示。允许误差直接用百分率表示。

如20m表示20000μF，47n表示0.047μF，3μ3表示3.3μF，5n1表示5100pF。

（2）数码表示法。用三位数码表示容量大小，单位为pF，前两位数字是电容量的有效数字，第三位表示零的个数。如103表示10000pF，332表示3300pF，如第三位是9，则乘 10^{-1}，如339表示3.3pF。

（3）色标法。与电阻器的色标法相似，色标法通常有三种颜色，沿着引线方向，前两道色标表示有效数字，第三道色标表示有效数字后面零的个数，单位为pF。有时一二色标为同色，就涂成一道宽的色标。

4. 电容器的性能测量与使用

在使用前要对电容器的性能进行检查，主要检查电容器有否短路、断路、漏电、失效等，可以用万用表的欧姆挡测量；若要准确测量其电容量及损耗的大小，可用电桥或专用电容测量仪测得。

在使用电容器时，要合理选用标称容量及允许误差等级。在很多情况下对电容的容量要求不严格，容量偏差可以很大。但在振荡回路、延时电路、音调控制电路中，电容量应尽量与设计值一致，电容器的允许误差等级要求就高些。

在选择电容器额定电压时，若其额定工作电压低于电路中的实际电压，电容器就会被击穿损坏。一般额定工作电压应高于实际电压1~2倍。对于电解电容器，实际工作电压应是电解电容器额定工作电压的50%~70%。在高温、高压条件下要选择绝缘电阻高的电容器。在装配中，应使电容器的标识易于观察到，以便核对。同时，应注意不可将电解电容器极性接错，否则会损坏电容器，甚至会有爆炸的危险。

常用电容器的几项主要特性见表1-6。

表1-6　常用电容器的几项主要特性

名称	型号	容量范围	直流工作电压/V	使用频率/MHz	准确度×100	漏阻/MΩ
纸介电容器(中、小型)	CZ	470pF~0.22μF	63~630	8以下	±(5~20)	>5000
金属壳封装纸介电容器	CZ3	0.01μF~10μF	250~1600	直流 脉动直流	±(5~20)	>1000~5000
金属化纸介电容器(中、小型)	CJ	0.01μF~0.2μF	160，250，400	8以下	±(5~20)	>2000
金属壳封装金属化纸介电容器	CJ3	0.22μF~30μF	160~1600	直流 脉动直流	±(5~20)	>30~5000
薄膜电容器		3pF~0.1μF	63~500	高频、低频	±(5~20)	>10000
云母电容器	CY	10pF~0.051μF	100~7000	75~250以下	±(2~20)	>10000
瓷介电容器	CC	1pF~0.1μF	63~630	低频、高频 50~3000以下	±(2~20)	
铝电解电容器	CD	1μF~10000μF	4~500	直流 脉动直流	+20/-30~+50/-20	
钽、铌电解电容器	CA CN	0.47μF~1000μF	6.3~160	直流 脉动直流	±20~+20/-30	
瓷介微调电容器	CCW	2/7pF~7/25pF	250~500	高频		>1000~10000
可变电容器	CB	最小>7pF 最大>1000pF	100以下	低频、高频		>500

1.6.3　电感器

电感器是依据电磁感应原理制成的，一般由导线绕制而成。在电路中具有通直流电、阻止交流电的能力。它广泛应用于调谐、振荡、滤波、耦合、匹配、补偿等电路。电感器的常用图形符号如图1-8所示。

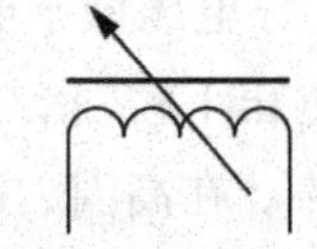
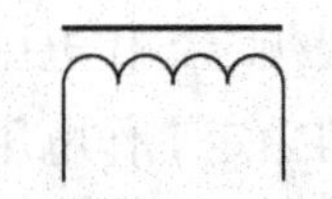

(a) 空心电感线圈　(b) 带磁心的连续可调电感线圈　(c) 带磁心的电感线圈

图1-8　电感线圈的常用符号

1. 电感器的种类

按电感器的工作特征分为固定电感器、可变电感器和微调电感器；按其结构特点分为单层线圈、多层线圈等。常见的电感器有以下几种。

（1）高频电感线圈。是一种电感量较小的电感器，又分为空心线圈、磁心线圈等。

（2）空心式及磁棒式天线线圈。是把绝缘镀银导线绕在塑料胶木管或磁棒上构成的电感线圈。

（3）低频扼(阻)流圈。是用漆包线在铁心外多圈绕制而成的大电感量的电感器，一般电感量为数 H，其工作电流在 60 ~ 300mA 之间。

各种电感器都具有不同的特点和用途，但它们都是用漆包线、纱包线、裸铜线绕在绝缘骨架或铁心上构成的，而且圈与圈、层与层之间要彼此绝缘。

2. 电感器的主要参数

（1）电感量。电感量的单位是亨，用 H 表示，常用的有毫亨(mH)、微亨(μH)、纳亨(nH)，换算关系为：$1\mathrm{H}=10^3\mathrm{mH}=10^6\mu\mathrm{H}=10^9\mathrm{nH}$。

电感量的大小与线圈匝数、直径、内部有无磁心、绕制方式等都有直接关系。圈数越多，电感量越大；线圈内有铁心、磁心的比无铁心、磁心的电感量大。

（2）品质因数(Q 值)。品质因数是表示线圈质量高低的一个参数，用字母 Q 表示。Q 值高，线圈损耗就小。

（3）分布电容。线圈匝与匝之间具有电容，称为分布电容。此外，屏蔽层之间，多层绕组的层与层之间，绕组与底板间都存在着分布电容，分布电容的存在使线圈的 Q 值下降。为减小分布电容，可减小线圈骨架的直径，用细导线绕制线圈，绕制时采用间绕法、蜂房式绕法等。

3. 电感器的测量

可以用万用表的电阻挡测出电感器的通断及其直流电阻值，从而大致判断其好坏。一般电感线圈的直流电阻值应很小(零点几欧至几欧)，低频扼流圈的直流电阻值最多也只有几百至几千欧。当测得线圈电阻为无穷大时，表示线圈内部或引出端已断线。

若要准确测量电感量的大小，就必须用交流电桥或数字电桥来测出其电感量 L 和品质

因数 Q。

另外，测量带铁心线圈的电感量（特别是无磁屏蔽的线圈）时，被测线圈放置的位置和方向都有影响，而且其电感量随着测量时间的延长及不同仪器测试电压的不同，测量结果也不一致，故对带铁心线圈的电感量的测量结果只能作为参考。

1.6.4　晶体管与集成电路

常用的电子元器件除了电阻、电容、电感等元件以外，还有一些是由半导体材料构成的，如半导体二极管、半导体三极管以及集成电路等。它们取代了早期的电子管器件，成为现代电子器件的主要产品。

1. 晶体管

通常晶体管分为晶体二极管、双极型三极管、场效应晶体管、晶闸管等。

1）晶体二极管

（1）晶体二极管及其结构。

用一定的工艺方法把P型和N型半导体紧密地结合在一起，就会在其交界面处形成空间电荷区，即PN结。

当PN结两端加上正向电压（即外加电压的正极接P区，负极接N区）时，此时PN结呈导通状态，形成较大的电流，其呈现的电阻（称正向电阻）很小。

当PN结两端加上反向电压（即外加电压的正极接N区，负极接P区）时，此时PN结呈截止状态，几乎没有电流通过，其呈现的电阻（称反向电阻）很大，远远大于正向电阻。

当PN结两端加上不同极性的直流电压时，其导电性能将产生很大差异。这就是PN结的单向导电性，它是PN结最重要的电特性。

在一个PN结上，由P区和N区各引出一个电极，用金属、塑料或玻璃管壳封装后，即构成一个晶体二极管。由P型半导体上引出的电极为正极；由N型半导体上引出的电极为负极，如图1-9所示。

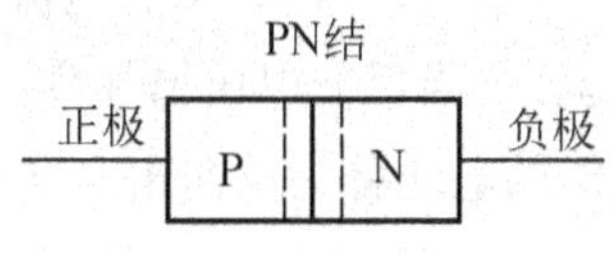

图1-9　二极管的结构

晶体二极管（以下简称二极管）有多种类型：按材料分，有锗二极管、硅二极管、砷化镓二极管；按制作工艺不同可分为面接触二极管和点接触二极管；按用途不同，又可分为整流二极管、稳压二极管、变容二极管、光敏二极管、发光二极管、开关二极管等。常用二极管的电路符号如图1-10所示。

（2）二极管的伏安特性和主要参数。

① 正向特性。如图1-11所示，在二极管两端加正向电压时，二极管导通。当正向电压很低时，电流很小，二极管呈现较大电阻，这一区域称为死区。锗二极管的死区电压约为0.1V，导通电压约为0.3V；硅管的死区电压约为0.5V，导通电压约为0.7V。当外加

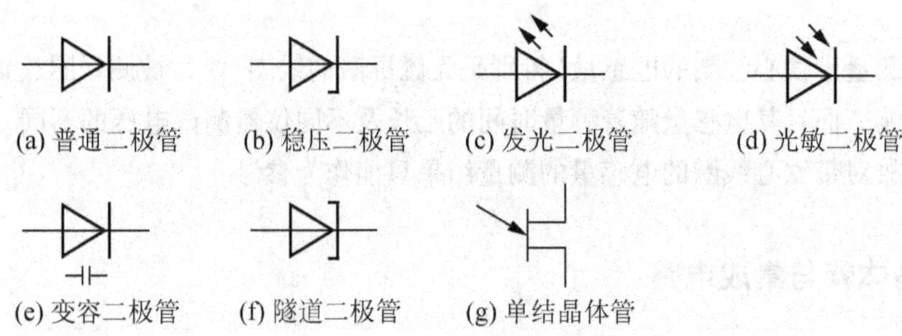

图 1－10　常用二极管的电路符号

电压超过死区电压后，二极管内阻很小，电流随着电压增加而迅速上升，这就是二极管的正向导电区。在正向导电区内，当电流增加时，管压降稍有增大。

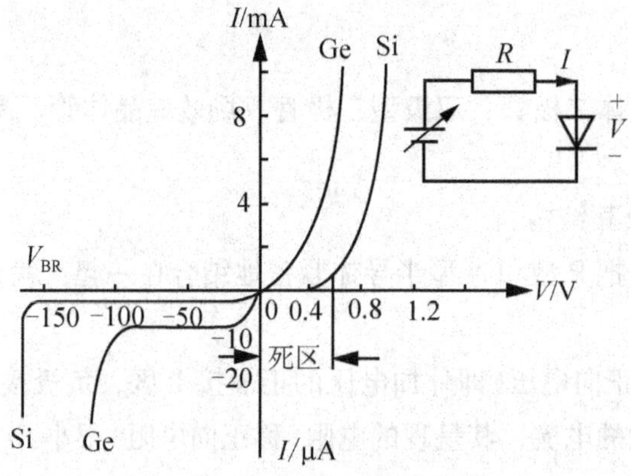

图 1－11　二极管的伏安特性

② 反向特性。当二极管两端加反向电压时，通过二极管的电流很小，且该电流在一定的反向电压范围内基本不变，这个电流称反向饱和电流。反向饱和电流受温度影响较大，温度每升高 10℃，电流约增加 1 倍。在反向电压作用下，二极管呈现较大电阻(反向电阻)。当反向电压增加到一定数值时，反向电流将急剧增大，这种现象称为反向击穿，这时的电压称为反向击穿电压。

③ 主要参数。(a)最大整流电流：最大整流电流是指二极管长期工作时，允许通过的最大正向电流的平均值，使用时不能超过此值，否则二极管会因过热而烧毁。(b)最高反向工作电压：指保证二极管不被击穿时的最大反向电压值(峰值)。通常取击穿电压的一半为最高反向工作电压。

2) 晶体三极管(双极型晶体管)

晶体三极管(简称晶体管)是内部含有两个 PN 结，外部具有三个电极的半导体器件。由于其特殊构造，在一定条件下具有“放大”作用，被广泛应用于收录机、电视机及各种电子设备中。

(1) 基本结构和分类。在一块半导体晶片上制造两个符合要求的 PN 结，就构成了一

个晶体管。按PN结的组合方式不同，晶体管有PNP型和NPN型两种，如图1－12所示。不论是PNP型晶体管还是NPN型晶体管，都有3个不同的导电区域：中间部分称为基区，两端部分一个称为发射区，另一个称为集电区。每个导电区上有一个电极，分别称为基极、发射极和集点极，常用字母b、e、c表示。发射区与基区交界面处形成的PN结称为发射结；集点区与基区交界面处形成的PN结称为集电结。

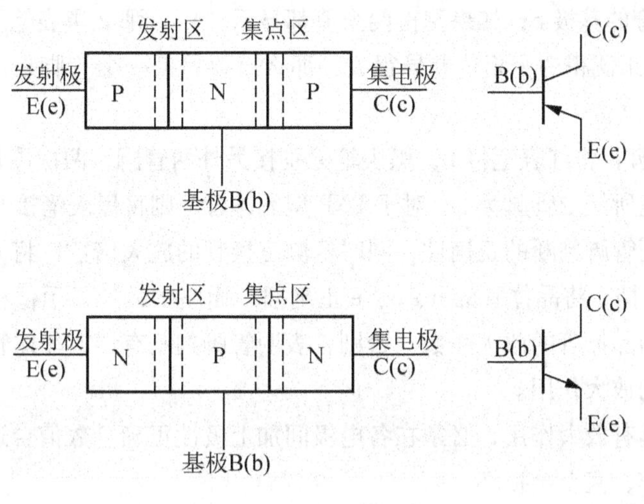

图1－12　晶体管的基本结构

晶体管的种类较多，按使用的半导体材料不同，可分为锗晶体管和硅晶体管两类，国产锗晶体管多为PNP型，硅晶体管多为NPN型；按制作工艺不同，可分为扩散管、合金管等；按功率不同，可分为小功率管、中功率管和大功率管；按工作频率不同，可分为低频管、高频管和超高频管；按用途不同，又可分放大管和开关管等。

（2）晶体管管脚的识别。

① 用指针式万用表电阻挡测定晶体管的管脚时，应选用$R\times1k\Omega$或$R\times100\Omega$挡进行。

先判断基极b和晶体管的类型：用红表笔接晶体管的某一个管脚，黑表笔分别接其他两管脚。如果测得两个阻值都很小，那么红表笔所接的管脚是PNP型管的基极b；如果测得两个阻值都很大，那么红表笔所接的管脚是NPN型管的基极b。如果测得两个阻值差异很大，那么就要另换一个管脚来试测，直到满足上述条件为止。

判断理由：从基极b到集电极c、发射极e分别是两个PN结，它们的反向电阻很大，而正向电阻很小。

确定了基极b和晶体管类型后，再来判定发射极e和集电极c。用红黑两表笔分别接至c、e之间，对于NPN型管，用手指捏住黑表笔对应的极和基极b(注意不要让两极相碰)，测得其阻值，再交换c、e两管脚测一次，两次测量中阻值较小的一次，黑表笔对应的管脚是集电极c，红表笔对应的管脚是发射极e。而对于PNP型管，则用手指捏住红表笔对应的极和基极b，两次测量中阻值较小的一次，红表笔对应的管脚是集电极c，黑表笔对应的管脚是发射极e。

判断理由：当晶体管处于发射集加正向电压，集电集加反向电压时，晶体管具有电流放大作用。

② 用数字万用表的二极管挡测量。

先判断基极 b 和晶体管的类型：用黑表笔接晶体管的某一个管脚，用红表笔分别接其他两管脚。如果测得两个都在 300 ~ 400(锗管)或 600 ~ 700(硅管)之间，那么黑表笔所接的管脚是 PNP 型管的基极 b；如果测得两个值都显示“1”，那么黑表笔所接的管脚是 NPN 型管的基极 b。如果测得两个阻值差异很大，那么就要另换一个管脚来试测，直到满足上述条件为止。

判断 c、e 管脚：将红表笔接 b，黑表笔分别接另外两管脚，两次测量值略有差距，较大的一次，黑表笔所接的管脚为 e。对于 PNP 型晶体管，则将黑表笔接 b。

为进一步验证管脚判断的正确性，同时检测三极管的放大倍数，将万用表的功能转换开关拨至“hFE”挡，将晶体管的 b、c、e 正确插入插座中，如显示值稳定在几十至几百之间，则该值即为晶体管的放大系数。否则，表明管脚判断有误或晶体管丧失放大功能。

(3) 晶体管的放大作用。

要使晶体管具有放大作用，必须在各电极间加上极性正确、数值合适的电压，否则管子就不能正常工作，甚至会损坏。

如图 1-13 所示，在 NPN 型晶体管的基极和发射极之间加一个较小的正向电压 U_{BE}，称基极电压，U_{BE}一般为零点几伏。在集电极与发射极之间加上一个较大的正向电压 U_{CE}，称为集电极电压，一般为几伏到几十伏。$U_B > U_E$，$U_C > U_B$，所以发射集上加的是正向偏压，集电集上加的是反向电压。调节电阻 R_B可以改变基极电流 I_B，例如，调节 R_B，使 $I_B = 10\mu A$，此时从毫安表中读得集电极电流 $I_C = 1mA$。再调节 R_B，使 $I_B = 20\mu A$，此时从毫安表中读得集电极电流 $I_C = 2mA$。由此可见，基极电流微小的变化可以控制集电极电流很大的变化，这就是晶体管的电流放大特性。通常用$\beta = \frac{\Delta I_C}{\Delta I_B}$表示共发射极放大器的电流放大系数。

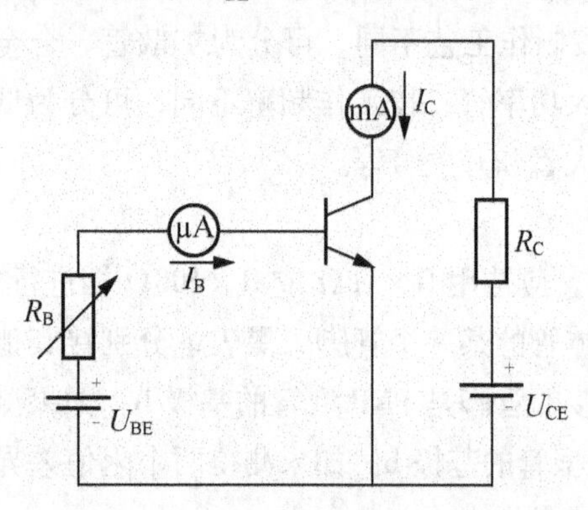

图 1-13　晶体管电流放大电器

2. 集成电路

集成电路是用半导体工艺或薄、厚膜工艺(或这些工艺的结合)，将二极管、晶体管、场效应晶体管、电阻、电容等元器件按照设计电路要求连接起来，共同制作在一块硅或绝缘体基片上，然后封装而成的具有特定功能的完整电路。由于将元件集成于半导体芯片上，代替了分立元件，故集成电路具有体积小、重量轻、功耗低、性能好、可靠性高、电

路性能稳定、成本低等优点。几十年来，集成电路的生产技术取得了迅速发展，改变了传统电子工业和电子产品的面貌，得到了极其广泛的应用。

集成电路的分类有以下几种。

1）按制作工艺分

（1）薄膜集成电路。在绝缘基片上，采用薄膜工艺形成有源元件、无源元件和互联线而构成的集成电路称为薄膜集成电路。

（2）厚膜集成电路。在陶瓷等绝缘基片上，用厚膜工艺制作厚膜无源网络，而后装接二极管、晶体管或半导体集成电路芯片，构成具有特定功能的集成电路称为厚膜集成电路。它主要用于收音机、电视机电路中。

（3）半导体集成电路。用平面工艺在半导体晶片上制成的集成电路称为半导体集成电路。根据采用的晶体管不同，分为双极型集成电路和 MOS 集成电路。双极型集成电路又称 TTL 电路，其中的晶体管和常用的二极管、三极管性能一样。MOS 集成电路采用了 MOS 场效应管。可分为 N 沟道 MOS 电路，简称 NMOS 电路；P 沟道 MOS 电路，简称 PMOS 电路。由 N 沟道、P 沟道 MOS 晶体管互补构成的互补 MOS 电路，简称 CMOS 集成电路。半导体集成电路工艺简单，集成度高，是目前应用最广泛、品种最多、发展迅速的一种集成电路。

（4）混合集成电路。采用半导体技术和薄膜、厚膜工艺混合制作而成的集成电路称混合集成电路。

2）按集成规模分

（1）小规模集成电路。芯片上的集成度（即集成规模）：10 个门电路或 10 ~ 100 个元器件。

（2）中规模集成电路。芯片上的集成度：10 ~ 100 个门电路或 100 ~ 1000 个元器件。

（3）大规模集成电路。芯片上的集成度：100 个以上门电路或 1000 个以上元器件。

（4）超大规模集成电路。芯片上的集成度：10000 个以上门电路或十万个以上元器件。

3）按功能分

按功能又可分为数字集成电路、模拟集成电路和微波集成电路等。

第2章

电工学实验常用基本仪器

实验离不开测量，每个实验都要用仪器、仪表去测量待测物理量。为了得到满意的测量结果，实验工作者在使用仪器时必须做到以下两点。

(1) 合理选择仪器。根据测量精度要求，合理选择仪器的类型、精度级别和量程。

(2) 正确使用仪器。首先要满足仪器正常工作所要求的条件。因为各种仪器对温度、湿度、大气压力、放置方式、电源电压及频率和外界电磁场等条件有一定要求，使用时必须满足这些条件。其次应该按照仪器说明书规定的操作步骤、使用范围和注意事项来使用仪器。

一个实验工作者必须熟悉测量仪器的技术特性和使用方法，本章集中介绍实验中常用的仪器和实验方法，以便于查阅。

电工测量是现代生产和科研中应用很广的一种实验方法和实验技术。电工学实验的任务，主要是学习一些基本电磁测量方法和电磁学仪器的使用方法，练习连接线路，分析、判断实验故障以及，对有关的电磁学的基本规律加深认识和理解。

电工学实验常用的基本仪器包括电源、电表、信号源、示波器等。为此，必须先了解常用基本仪器的原理和性能，掌握仪器布置和线路连接的要领。下面对常用基本仪器的结构、原理、性能及注意事项进行简要介绍。

2.1 变阻器

实验中常用的可变电阻器有旋转电阻器和滑线变阻器。

2.1.1 滑线变阻器

1. 结构

滑线变阻器的结构如图 2-1(a)所示。它是用氧化膜绝缘的铜镍电阻丝密绕在涂釉管上而组成的可变电阻器。电阻丝的两端分别和接线柱 A、B 相连。瓷管上方的滑动头可沿金属棒滑动，滑动头移动时始终和瓷管上的电阻丝(绝缘物已刮掉)接触。金属棒的一端与接线柱 C 相连；改变滑动头的位置，就可以改变 AC(或 BC)之间的电阻值，变阻器符号如图 2-1(b)所示。

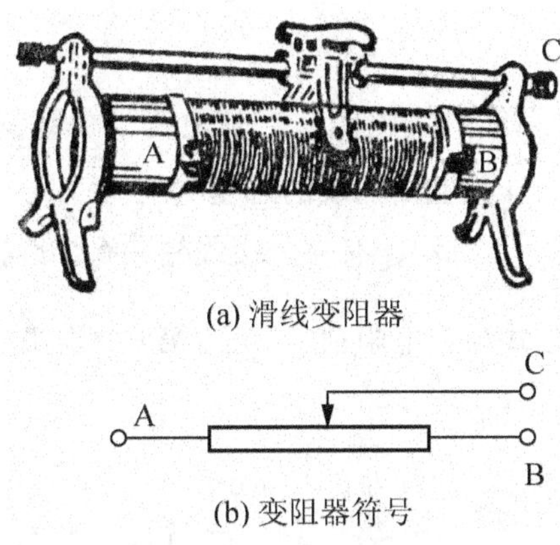

(a) 滑线变阻器

(b) 变阻器符号

图2-1　滑线变阻器

2. 技术规格

(1) 总电阻：即 AB 间的电阻。

(2) 额定电流：变阻器所允许通过的最大电流。

3. 使用要点

(1) 分压接法。如图 2-2 所示，变阻器的两个固定端 A、B 分别与电源的两极相连，由滑动头的任一固定端 A(或 B)将电压引出来。改变滑动头 C 的位置，AC 之间的电压 U_{AC} 随之变化。

(2) 限流接法。如图 2-3 所示，变阻器的一个固定端 B 空着不用，另一个固定端 A 与滑动头 C 串联在电路中，改变滑动头 C 的位置，回路中的电流随之变化。

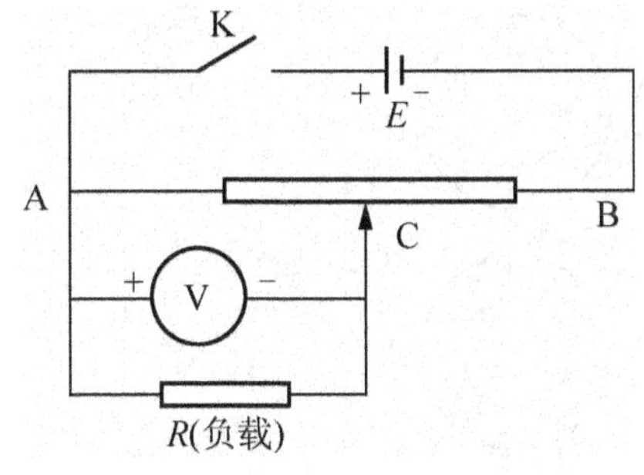

图2-2　分压电路

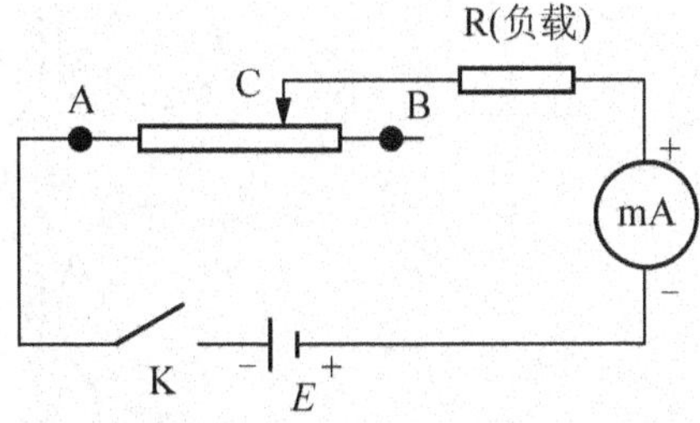

图2-3　限流电路

为了保证安全，在接通电源之前，应使滑动头处在回路电流最小位置。

2.1.2 旋转电阻箱

1. 结构

图2-4所示为ZX_{21}型电阻箱的线路图，它是由若干个锰铜丝绕成的标准电阻，按一定的组合方式接在特殊的转换开关上面构成的可变电阻器。

电阻箱的面板布置如图2-5所示，有4个接线柱和6个旋钮。旋钮边缘标有数字、倍率和读数标记。电阻值计算公式为：电阻值 = $\sum_{i=1}^{6}$，第i个旋钮上的读数标志对准数字×倍率。

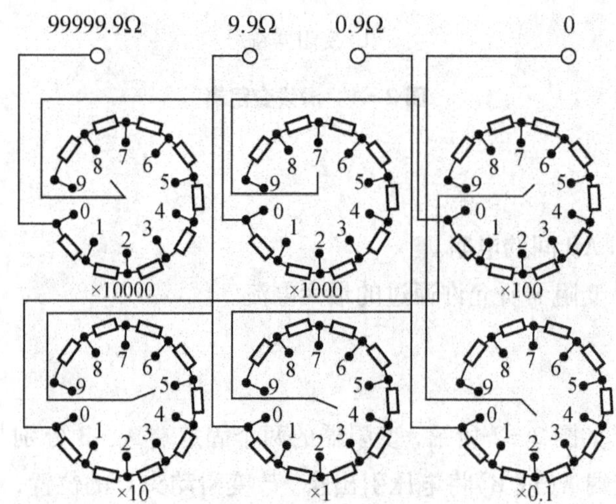

图2-4　ZX_{21}型电阻箱线路图

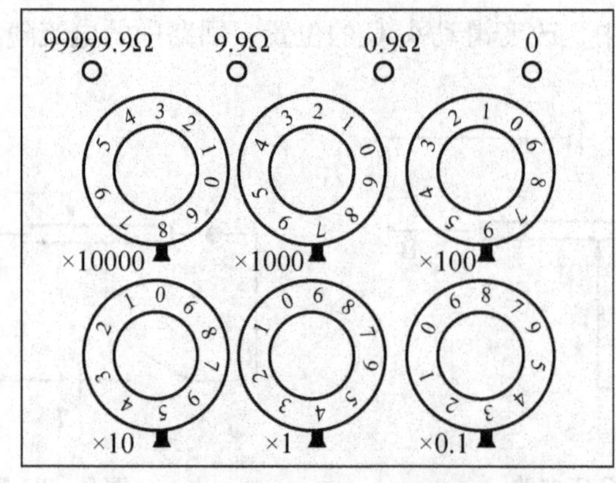

图2-5　ZX_{21}型电阻箱面路板图

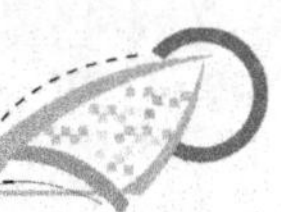

例1　图2－5所示面板图上电阻值为

$$R=(8\times10000+7\times1000+6\times100+5\times10+4\times1+3\times0.1=87654.3\ \Omega$$

2. 技术规格

（1）准确等级：0.1级。

（2）总电阻：99999.9 Ω。

（3）调整范围：9×（0.1＋1＋10＋100＋1000＋10000）Ω。

（4）额定电流：常用ZX_{21}型电阻箱各挡电阻允许通过的电流值见表2－1。

表2－1　ZX_{21}型电阻箱各挡电阻允许通过的电流值

旋钮倍率	×0.1	×1	×10	×100	×1000	×10000
额定电流/A	1.0	0.5	0.15	0.05	0.015	0.005

（5）参考功率：0.2W。

3. 使用功能

（1）工作电流不能超过各挡步进电阻所规定的额定电流值。

（2）为了减少旋钮的接触电阻和接线电阻对示值的影响，若只需要用0.9 Ω或9.9 Ω以下的电阻值时，应选用“0”和“9.9 Ω”接线柱。

（3）实验中，若需要改变电阻值时，不能使电阻值变为零。

4. 基本误差

（1）符合国家标准（GB 2949—1982）规定的电阻箱，基本误差的允许极限为

$$\Delta R=\pm\sum a_i\% R_i$$

式中：a_i——i挡的准确等级；

R_i——i挡的示值。

例2　图2－5面板上所示电阻值的误差为

$$\Delta R=\pm(80000\times0.1\%+7000\times0.1\%+600\times0.1\%+50\times0.2\%+4\times0.5\%+0.3\times5\%)$$
$$\approx\pm90\ \Omega$$

（2）符合部分标准（JB1292－74）规定的电阻箱，基本误差的允许极限为（通常由下公式计算电阻箱的仪器误差）

$$\Delta R=\pm(0.1\% R+0.005)$$

式中：R——电阻箱接入电阻值（Ω）。

2.2 电　　表

按照测量机构工作原理的不同，电表可分为磁电式、电磁式、电动式、热电式、感应式等多种类型。每一种类型的表又有各自的特性，具有不同的用途。大学物理实验中，常用的电表是磁电式。磁电式电表具有灵敏度高、刻度均匀、受外界磁场影响小等优点，适合于直流电路的测量，下面仅介绍这类电表。

磁电式电表结构如图2-6所示，主要由永久磁铁和可动线圈组成。其工作原理是利用通电流的线圈在永久磁铁和铁心之间的均匀辐射磁场中受到磁力矩作用而发生偏转。由于磁场强度、线圈的面积和匝数一定，偏转角度与通过线圈的电流强度成正比。即当线圈通过电流时，线圈受磁力矩作用相平衡，指针停止在确定的位置上，由表盘刻度可读出其值。

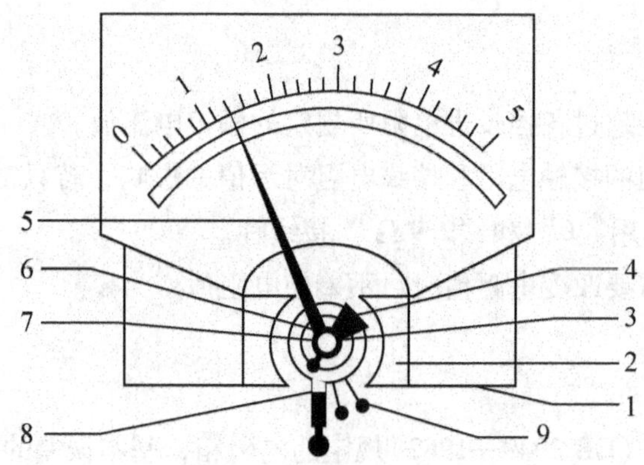

图2-6　磁电式电表的结构

1—永久磁铁；2—极掌；3—圆柱形铁心；4—线圈；5—指针；
6—游丝；7—半轴；8—调零螺杆；9—平衡锤

磁电式测量机构(磁电式表头)所能允许流入的电流是有限的。对于较小的电流可直接接入进行测量，而对于大电流、电压的测量则必须采用分流分压的方法将磁电式表头组装成不同的电流表、电压表，它们的测量原理都是一致的。

2.2.1　直流电流表、电压表

磁电式表头上并联不同分流低电阻，就构成可测量不同大小范围电流的电流表，如图2-7所示。根据电流大小不同，电流表可分为安培表、毫安表和微安表。

在磁电式表头上串联不同的分压高电阻就构成电压表，如图2-8所示。根据电压大小

的不同，可将其分为毫伏表和伏特表等。

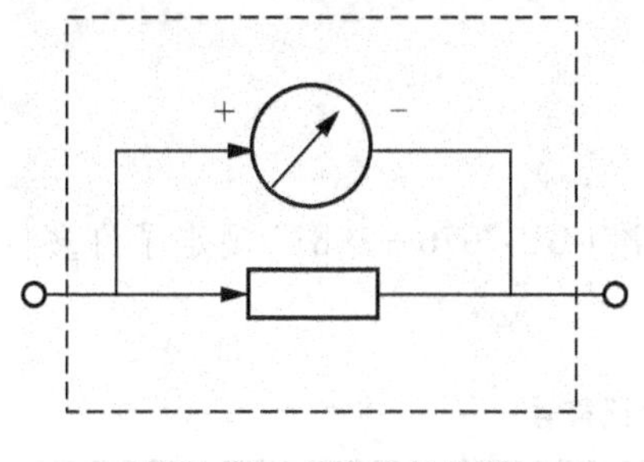

图2-7　电流表的构造

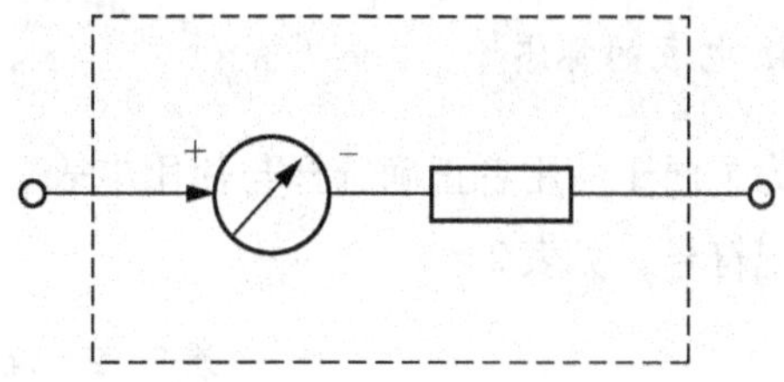

图2-8　电压表的构造

1. 技术规格

（1）量程：仪表所能测量的最大值。

（2）内阻：电表两端的电阻。电压表常给出 Ω/V——电压灵敏度。

$$\text{电压表内阻} = \text{工作量程} \times [\Omega/\text{V}]$$

（3）准确度等级：根据国家标准的规定，电表一般分不同准确度等级，即 0.1、0.2、0.5、1.0、1.5、2.5、5.0 共 7 个级别，电表出厂时一般已将级别标在表盘上。由电表的准确度等级与所用量程可以推算出仪器的基本误差限。

2. 基本误差

电表指针指示任一测量值所包含的基本误差允许极限为

$$\Delta X = \pm X_m a\%$$

式中：a——准确度等级；

X_m——电表的量程。

由电表误差公式可知，当电表的准确度等级给定时，所选电表的测量上限(量程)愈接近被测量的值，测量的相对误差($\Delta X/X$)愈接近仪表准确度等级的百分数。

例如，量程为50mA 的 1.0 级毫安表，在该量程范围内可能出现的最大绝对误差为

$$\Delta I = \pm I_m a\% = \pm 50 \times 1\% = \pm 0.5(\text{mA})$$

3. 使用要点

（1）满足仪表正常工作的条件。例如，指针调整到零点；按规定的工作位置方式安放；环境温度是仪表上所标的温度等。

（2）根据测量精度要求及待测量的估计值，选择合适的量程和准确度等级，使测量时指针处在满刻度的 1/2 ~2/3 以上位置。

（3）电流表应串接在电路中使用，电压表应与被测电压两端并联，注意正、负极性不能接反。

(4) 注意减少接入误差。

(5) 尽量消除读数视差。

4. 电表的标志

为了便于使用者正确选择与使用电表，国家标准(GB 7676—1987)规定了许多仪表表面标记符号，见表2-2。

表2-2 仪表表面标记符号

分类	名称	符号	
		GB 776—1976	GB 7676—1987
工作位置的符号	标度盘垂直使用的仪表	⊥	
	标度盘水平使用的仪表	⊓	
	标度盘相对水平面倾斜(例如60°)的仪表	∠60	
绝缘强度的符号	不经受电压试验的仪表	☆0	
	试验电压500V	☆	
	试验电压高于500V，例如2kV	☆2	
端钮的符号	负端钮	−	
	正端钮	+	
	接地用的端钮	⏚	
调零器的符号	调零器	⌒	⌒○
按外界条件分组的符号	防外磁场	[II]	[2] kA/m
	防外电场	⁝II⁝	[10] kA/m

2.2.2 万用表

万用表可分为模拟(指针)式和数字式两大类。万用电表具有测量种类多、量程范围广等优点，在仪器及元件的生产、调试、计量和维修工作中得到广泛应用。

1. 模拟万用表

万用表主要由表头、测量线路和转换开关组成。表头用于指示被测量的数值；测量线路将各种被测量转换成适合表头测量的直流电流；转换开关用于选择与被测量相应的测量线路。图2-9所示为指针式MF14型万用表面板图。

模拟万用表在使用时应注意以下要点。

(1) 零位调整。调节表头面板上的机械零位调节器，使指针指零。

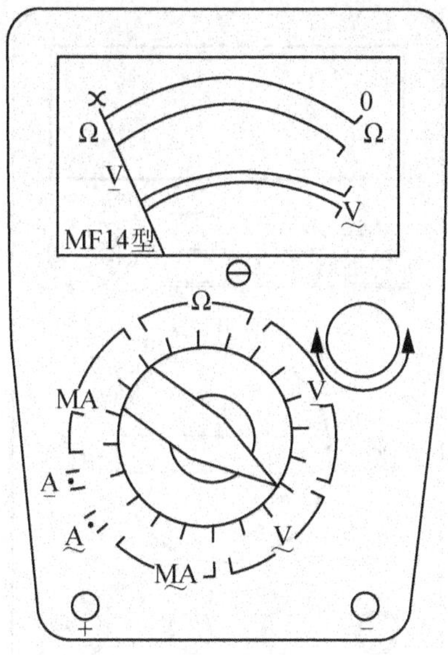

图2-9　MF14型万用表面板图

（2）选择好测试插孔。将红表笔插入“+”插孔，黑表笔插入“-”插孔。

（3）测电流时，应将表笔串联在电路中；测电压时，表笔与被测电路并联。测直流电流和电压时，注意正负极性不能接错。

（4）测电阻时，将转换开关旋至适当的欧姆挡，再将表笔短接，调节欧姆调零旋钮，使指针指在零欧姆刻度上。为了提高测量结果的精度，应选择合适量程，使指针指在全刻度的20%～80%的范围内。

（5）万用表的刻度线很多(图2-9)，一定要根据被测量的种类和量程选好读数标尺。

（6）使用完毕，应将转换开关旋至交流电压最高挡。

2. 数字万用表

模拟万用表由于指针的机械惯性，不宜测量变化快的量，且内阻和分辨力都不高。例如MF14型万用表的直流25V挡，内阻为0.5MΩ，可估测值为0.1V，即分辨力为10mV。与模拟万用表相比，数字万用表是由集成电路构成的数字化仪表，它能对多种电量进行直接测量并以数字方式直接显示出测量结果。其结构特点不仅使得各项性能均有大幅度提高，而且操作简单、读数精确。下面对MY68型数字万用表做简单介绍。

MY68(图2-10)是一种自动量程切换的双显示数字万用表，其数字显示部分为2-2/4位，最大读数为2260。模拟显示部分为一带有标尺的模拟条，可快速反应测量的近似结果和变化趋向。

该表可用于测量交直流电压、交直流电流、电阻、通断、三极管hFE、二极管、频率和电容，功能齐全，操作简便。该表的另一个优点是A/D转换器部分使用了低速和高速两个转换电路，可同时获得快速测量和读数稳定的效果。

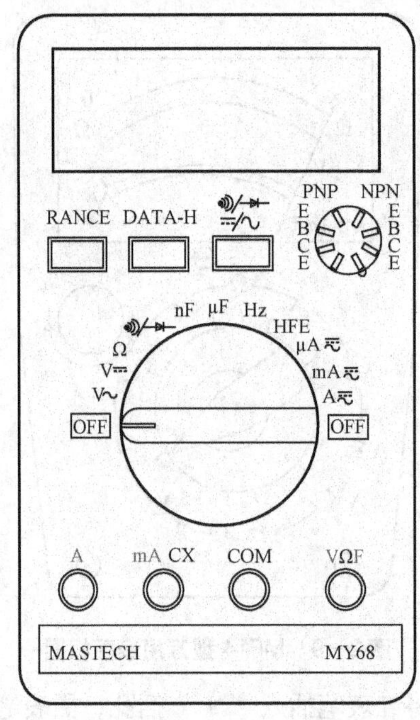

图 2－10　MY68 型万用表面板图

2.2.3　D34-W 型低功率因数瓦特表

D34-W 型携带式 0.5 级电动系低功率因数功率表(其外形如图 2－11 所示)，供直流电路中测量小功率或交流 50～60Hz 电路中(在低功率因数场合下)测量交流功率之用，也用在测磁装置上测量磁性材料的铁损及电机、变压器空载消耗功率。

2－11　D34-W 型功率表外形图

仪表使用条件属于 P 组，在周围环境温度为 23 ±10 °C 及相对湿度为 25% ～80% 的条

件下工作。

1. 主要性能参数

（1）准确度等级：0.5 级。

（2）工作位置：水平位置。

（3）额定功率因数：$\cos\varphi_H = 0.2$。

2. 使用、操作注意事项

（1）使用时仪表应放置水平，并尽可能远离强电流导线或强磁场地点，以免使仪表产生附加误差。

（2）仪表指针若不在零位时，可利用表盖上零位调节器调整之。

（3）根据测量范围，按图 2-12 将仪表接入线路内。

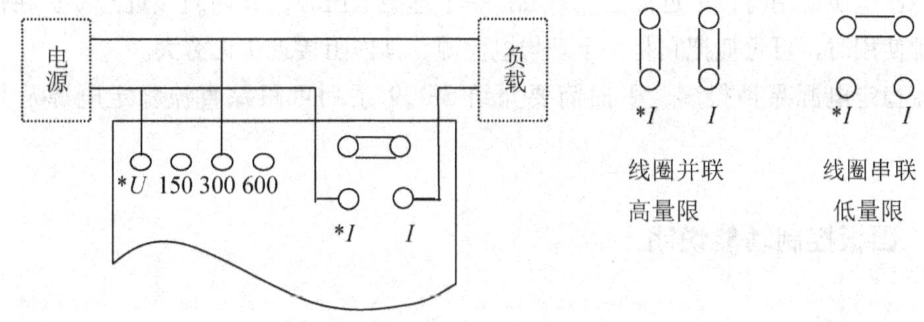

图 2-12　D34-W 型功率表接线示意图

（4）测量时如遇仪表指针反相偏转时，应改变换相开关的极性，即可使指针顺方向偏转，切忌互换电压接线，以免使仪表产生误差。

（5）仪表的指示值可按下式计算：

$$P = C\alpha$$

式中：P——功率，单位为 W；

C——仪表常数（刻度每格代表的瓦特值，见表 2-3）；

α——仪表偏转后指示格数。

表 2-3　刻度每格代表的瓦特值（C）

电流/A \ 电压/V	150	300	600
1	0.25	0.5	1
2	0.5	1	2
2.5	0.5	1	2
5	1	2	3

若没有仪表常数表，则 C 可由下列公式计算得出

$$C = \frac{I_H U_H}{\alpha_m} \times \cos\varphi_H$$

式中：I_H ——所选功率表的电流量程；

U_H ——所选功率表的电流量程；

α_m ——功率表的分度值(即满量程的刻度数)；

$\cos\varphi_H$ ——功率表的额定功率因数(标示在表头上)。

2.3 直流稳定电源

所谓稳定电源就是在电网电压或负载变化时，能输出基本稳定的电压或电流的电源。作直流稳压电源使用时，可近似把它看成是一个理想电压源，其内阻接近于零；在作直流稳流电源使用时，可近似把它是一个理想电流源，其内阻接近于无穷大。

直流稳定电源品种很多，下面简要介绍 SS179 系列可跟踪直流稳定电源及其使用方法。

2.3.1 面板控制功能说明

图 2-13 所示为 SS1792 型可跟踪直流稳定电源的面板图。

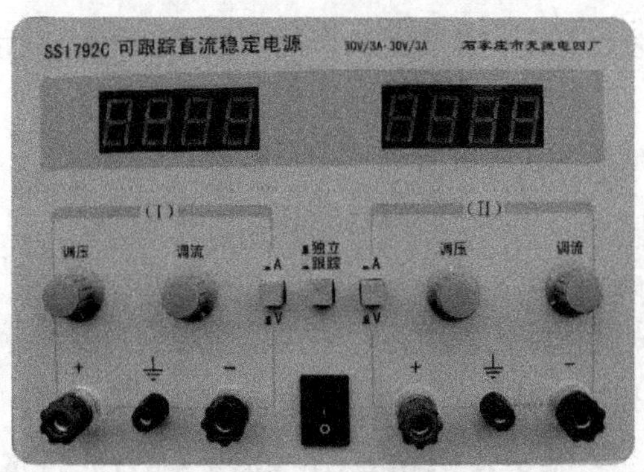

图 2-13　SS1792 型电源的面板图

(1) 电源开关：置“1”为电源开，置“0”为电源关。

(2) 调压：电压调节，调整稳压输出值。

(3) 调流：电流调节，调整稳流输出值。

(4) VOLTS：电压表，指示输出电压。

(5) AMPERES：电流表，指示输出电流。

(6) 跟踪/独立：跟踪/独立工作方式选择键。置独立时，两路输出各自独立；置跟踪时，两路为串联跟踪工作方式(或两路对称输出工作状态)。

(7) V/A：表头功能选择键，置“V”时，为电压指示；置“A”时，为电流指示。

2.3.2　使用方法

(1) 独立工作方式：将跟踪/独立工作方式选择按键置于独立位置，即可得到两路输出相互独立的电源，连接方式如图2－14所示。

(2) 串联工作方式：将跟踪/独立工作方式选择按键置于独立位置，并将主路“－”接线端子与从路“＋”接线端子用导线连起来，连接方式如图2－15所示。此时两路预定电流应略大于使用电流。

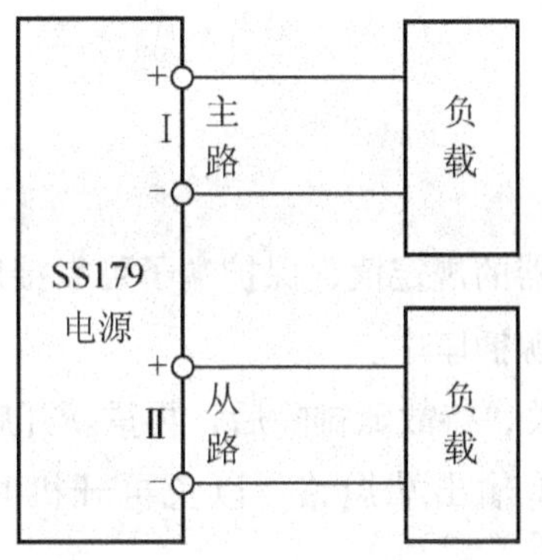

图2－14　独立工作方式接线图

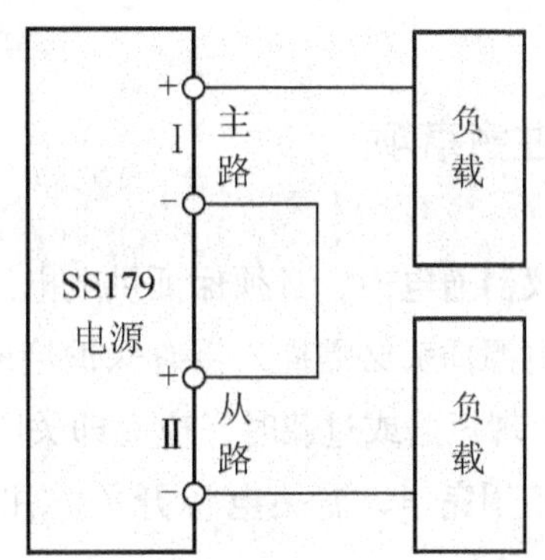

图2－15　串联工作方式接线图

(3) 跟踪工作方式：将跟踪/独立工作方式选择按键置于跟踪位置，将主路“－”接线端子与从路“＋”接线端子连接，连接方式如图2－16所示，即可得到一组电压相同、极性相反的电源输出。此时两路预定电流应略大于使用电流，电压由主路控制。

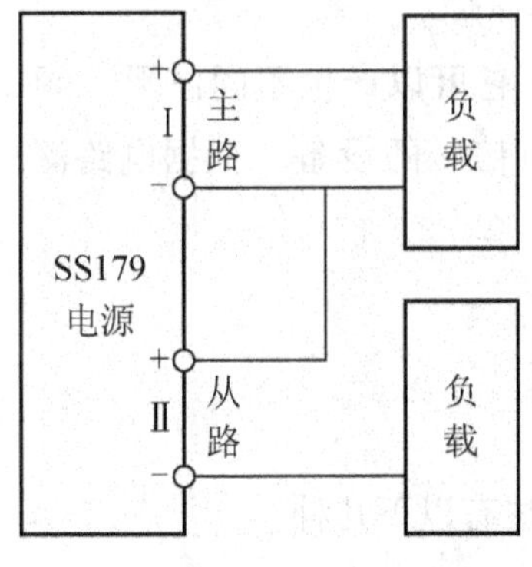

图2－16　跟踪工作方式接线图

(4) 并联工作方式：将跟踪/独立工作方式选择按键置于跟踪位置，两路电压都调至电压输出状态，分别将两“+”接线端子、两“-”接线端子连接，连接方式如图2-17所示，便可得到一组电流为两路电流之和的输出。

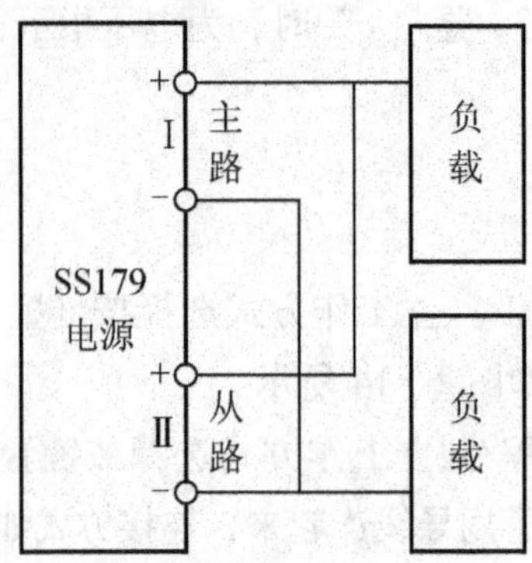

图2-17　并联工作方式接线图

2.3.3　注意事项

（1）仪器通电前，必须保证供电电压置于仪器的规定值，保护端子可靠接地。

（2）电源插头必需插入接有保护接地点的电源插座中。

（3）出现短路或过载时，应立即关闭电源开关，待故障排除后，再重新开启电源。

（4）使用完毕，需关电源开关。注意不可将输出端短路，以免再开机时不慎损坏仪器。

（5）输出电压由接线端子“+”、“-”供给，接地端子仅与机壳相连。

2.4　信号发生器

信号发生器简称信号源，它可以产生不同波形、频率和幅度的信号，是为电子测量提供符合一定技术要求的电信号的设备。根据电路测试的需要，信号发生器的种类很多。

2.4.1　信号发生器的分类

信号发生器常见的分类方法有以下几种。

1. 按输出频段分类

（1）超低频信号发生器，频率范围0.0001～1000Hz。

（2）低频信号发生器，频率范围1Hz ~20kHz或1MHz。
（3）视频信号发生器，频率范围20Hz ~10MHz。
（4）高频信号发生器，频率范围200Hz ~20MHz。
（5）甚高频信号发生器，频率范围20Hz ~200MHz。
（6）超高频信号发生器，频率在200MHz以上。

2. 按输出波形分类

（1）正弦信号发生器，产生正弦波或受调制的正弦信号。
（2）脉冲信号发生器，产生不同宽度的重复脉冲或脉冲链。
（3）函数信号发生器，产生幅度与时间成一定函数关系的信号。

2.4.2　函数信号发生器的工作原理及使用

1. 函数信号发生器的工作原理

函数信号发生器能产生正弦波、三角波和矩形波等波形。由于这种信号发生器能够输出各种不同波形的信号，输出电压的幅度、频率都可以方便地调节，因此函数信号发生器正在逐渐替代只产生正弦波的正弦信号发生器。

函数信号发生器的组成框图如图2－18所示。

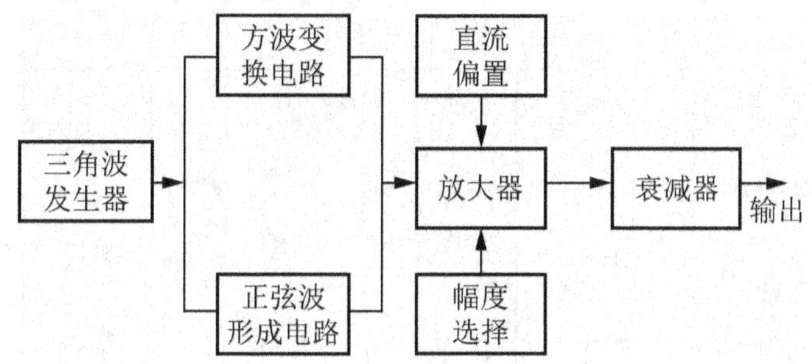

图2－18　函数信号发生器的组成框图

方波由三角波通过方波变换电路得到，正弦波是三角波通过正弦波形成电路变换而来的，最后经放大电路放大后输出。直流偏置电路提供一个直流补偿调整，使函数信号发生器输出的直流分量可以进行调整，如图2－19所示为具有不同直流分量的方波。

2. EE1642B型函数信号发生器/计数器

EE1642B型函数信号发生器/计数器是一种精密的测试仪器，具有连续信号、扫频信号、函数信号、脉冲信号等多种输出信号和外部测频功能。其面板如图2－20所示。

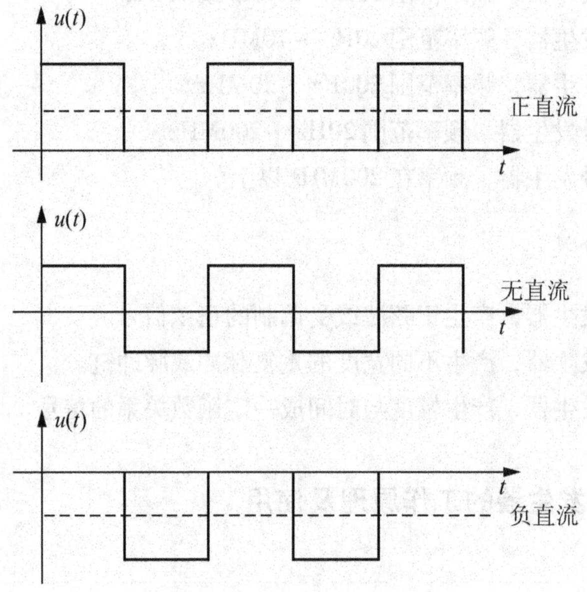

图2-19 具有不同直流分量的方波

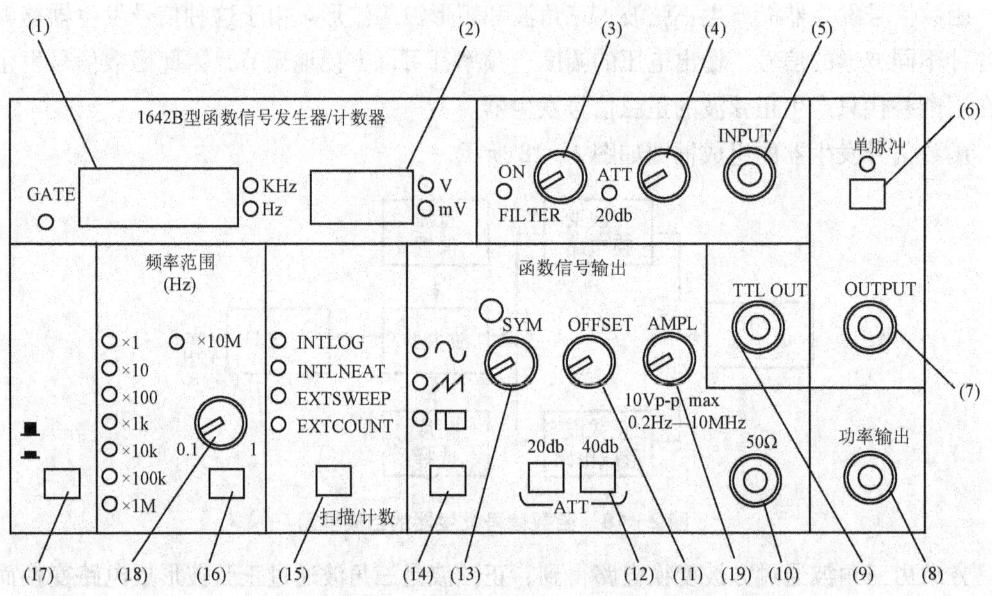

图2-20 EE1642B型函数信号发生器面板图

1）面板操作键及功能说明。

(1) 频率显示窗口：LED显示屏数字显示输出信号的频率或外侧信号的频率。

(2) 幅度显示窗口：显示函数输出信号的幅度(50Ω负载时的峰-峰值)。

(3) 扫描宽度调节旋钮：调节此电位器可以改变内扫描的时间长短。

(4) 速度调节旋钮：调节此旋钮可调节扫描输出的扫频范围。

(5) 外部输入插座：当“扫描/计数键”功能选择在外扫描状态或外测频信号由此输入。

(6) 单脉冲按键：控制单脉冲输出，每按下一次此键，单脉冲输出电平翻转一次。

(7) 单脉冲输出端：输出单脉冲信号。

(8) 功率输出端：提供4W的正弦信号功率输出。此功能仅对×100，×1k，10k挡有效。

(9) TTL信号输出端：输出标准的TTL幅度的脉冲信号，输出阻抗为600Ω。

(10) 函数信号输出端：输出多种波形受控的函数信号，输出幅度20Vp－p(1MΩ负载)，10 Vp－p(50Ω负载)。

(11) 函数信号输出信号直流电平预置调节旋钮：调节范围－5～＋5V(50Ω负载)；当电位器处在中心位置时，则为0电平。

(12) 函数信号输出幅度衰减开关：“20dB”“40dB”键不按下，输出信号不经衰减，直接输出到插座口，“20dB”“40dB”键分别按下，则可选择20dB或40dB衰减。

(13) 输出波形、对称性调节旋钮：调节此旋钮可改变输出信号的对称性，当电位器处在中间位置时，则输出对称信号。

(14) 函数输出波形选择按钮：可选择正弦波、三角波、脉冲波输出。

(15)“扫描/计数”按钮：可选择多种扫描方式和外测频方式。

(16) 频率范围选择按钮：每按一次此按钮可改变输出频率的一个频段。

(17) 整机电源开关：此按键按下时，机内电源接通，整机工作；此按键释放关掉整机电源。

(18) 频率微调旋钮：调节此旋钮可微调输出信号频率，调节基数范围为从＜0.2到＞2。

(19) 函数信号输出幅度调节旋钮：调节范围20dB。

2) 使用方法

(1) 开启电源开关，LED屏幕上有数字显示，用示波器可观察到信号的波形，此时说明函数信号发生器的工作基本正常。

(2) 根据输出信号波形要求，按下输出波形选择开关选择正弦波、三角波或矩形波。

(3) 根据输出信号频率要求，按下频率范围选择开关适当的按键，然后调节频率细调旋钮，得到所需要的输出信号频率。

(4) 根据输出信号幅度要求设定输出衰减按钮，然后调节幅度微调旋钮，改变输出电压的幅度，使之符合要求。

(5) 根据需要调节直流偏移调节旋钮(OFFSET)，得到输出信号中所需要的直流分量(此功能不用时应将旋钮置于OFF)。

(6) 根据需要调节占空比调节旋钮(SYM)，得到所需的占空比(此功能不用时，应将旋钮置于 OFF)。

3）主要性能指标

（1）频率范围：0.2Hz ~2MHz，按十进制分类共分 7 挡，每挡均以频率细调电位器实行频率调节。

（2）输出波形：正弦波、三角波、方波(对称或非对称输出)。

（3）波形特性：正弦波失真度 < 1%；三角波线性度 > 90%（输出幅度的 10% ~ 90%）；脉冲波上(下)升沿时间≤100ns(输出幅度的10% ~90%)。

（4）输出电压：负载开路时，最大输出电压峰—峰值为 20V，接有 50Ω 负载时，最大输出电压峰-峰值为 10V。

EE1642B 作为函数信号发生器，其主要技术参数见表 2-4。

表 2-4　EE1642B 型函数信号发生器主要技术参数表

项　　目		技术参数
输出频率		0.2Hz ~2MHz 按十进制分类共分 8 挡
输出阻抗	函数输出	50Ω
	TTL 同步输出	600Ω
输出信号波形	函数输出	正弦波、三角波、方波(对称或非对称)
	TTL 同步输出	脉冲波
输出信号幅度	函数输出	不衰减：（1Vp-p ~10 Vp-p），±10% 连续可调 衰减 20dB：（0.1Vp-p ~1Vp-p），±10% 连续可调 衰减 40dB：（10mVp-p ~100mVp-p），±10% 连续可调
	TTL 同步输出	“0”电平：≤0.8V，(1)电平：≥1.8V(负载电阻≥600Ω)
函数输出信号直流电平(offset)调节范围		关或(-5 ~ +5V)±10%(50Ω 负载) “关”位置时输出信号所携带的直流电平为 <0V +0.1V 负载电阻为：≥1MΩ 时，调节范围为(-10 ~ +10V)
函数输出信号衰减		0dB/20dB 或 40dB
输出信号类型		单频信号、扫频信号、调频信号(受外控)
函数输出非对称线(SYM)调节范围		关或(25% ~75%)，“关”位置时输出波形为对称波形，误差：≤2%。
扫描方式	内扫描方式	线性/对数扫描方式
	外扫描方式	由 VCF 输入信号决定
内扫描特性	扫描时间	10ms ~5s　±10%
	扫描宽度	≥1 频程

续表

项　目		技术参数	
外扫描特性		输入阻抗	约100kΩ
		输入信号幅度	0~2V
		输入信号周期	10ms~5s
输出信号特征		正弦波失真度	<2%
		三角波线性度	>90%
		脉冲波上(下)升沿时间(输出幅度的10%~90%区域)	≤20nm 脉冲波、上升、下降沿过冲：≤5% V_0
输出信号频率稳定度		±0.1%/min	
幅度显示	显示位数	三位(小数点自动定位)	
	显示单位	Vp-p或mVp-p	
	显示误差	V_0 ±20% ±1个字(V_0输出信号的峰峰幅度值)，(负载电阻为50Ω)，(负载电阻≥1MΩ时V_0读数需乘2)	
	分辨率(500Ω负载)	0.1Vp-p(衰减0dB)，10mVp-p(衰减20dB)，1mVp-p(衰减40 dB)	
频率显示	显示范围	0.200Hz~20000kHz	
	显示有效位数	五位　10000Hz~20000kHz 四位　f_0：(1.000~4.999)×10^nHz f_0：1000kHz~9999kHz 三位　f_0：(5.00~9.99)×10^nHz n=0，1，2，2，4，5	

作为频率计数器，其主要技术参数见表2-5。

表2-5　EE1642B型计数器主要技术参数表

项　目	技术参数
频率测量范围	0.2Hz~20000kHz
输入电压范围(衰减度为0dB)	50mV~2V(10Hz~20000kHz)
	100mV~2V(0.2~10Hz)
输入阻抗	500kΩ/20pF
波形适应性	正弦波、方波
滤波器截止频率	大约100kHz(带内衰减，满足最小输入电压要求)
测量时间	0.1s　(f_i>10Hz)
	单个被测信号周期　(f_i<10Hz)

续表

项　目	技术参数	
显示方式	显示范围	0.2Hz ~ 20000kHz
	显示有效位数	五位 10 ~ 200000Hz 四位 1Hz ~ 10kHz 三位 0.2 ~ 1kHz
测量误差	时基误差 ± 触发误差(触发误差：单周期测量时被测信号的信噪比优于40dB，则触发误差≤0.2%)	
时基	标称频率	10MHz
	频率稳定度	$\pm 5 \times 10^{-5}$/d
电源适应性及整机功耗	电压	220V ± 10%
	频率	50Hz ± 5%
	功耗	≤20V · A

2.5　交流毫伏表

毫伏表是用来测量交流电压大小的交流电子电压表，采用磁电式表头作为指示器，属于指针式仪表，因而又称为模拟式电子电压表。

2.5.1　毫伏表的分类

（1）按照所用元器件的不同可分为电子毫伏表、晶体管毫伏表和集成电路毫伏表三种。最常用的是晶体管毫伏表，例如，DA-16、SX2172 等都是晶体管毫伏表。

（2）按所能测量信号的频率范围的不同可分为视频毫伏表和超高频毫伏表。

2.5.2　毫伏表的特点

（1）测量频率范围宽。被测频率范围约为几赫兹到数百兆赫兹。

（2）输入阻抗高。一般输入电阻可达几百千欧姆甚至几兆欧姆。仪表接入被测电路后，输入阻抗越高，对被测电路的影响越小。

（3）灵敏度高。灵敏度反映了毫伏表测量微弱信号的能力，灵敏度越高，测量微弱信号的能力越强。一般毫伏表最低电压可测到微伏级。

2.5.3　毫伏表的基本工作原理

毫伏表由检波电路、放大电路和指示电路三部分组成。先将被测交流信号进行放大，然后进行检波，将被测交流信号变为直流信号，让变换得到的直流信号通过表头，才能用微安级表头测量交流信号。图 2－21 为毫伏表的原理框图。

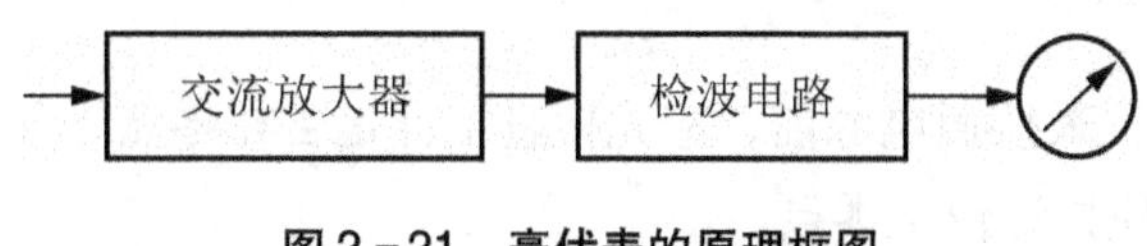

图 2－21　毫伏表的原理框图

2.5.4　毫伏表的使用方法

下面以 DA－16D 型交流毫伏表为例介绍其使用方法。

1. 面板布置及功能说明

面板布置如图 2－22 所示。

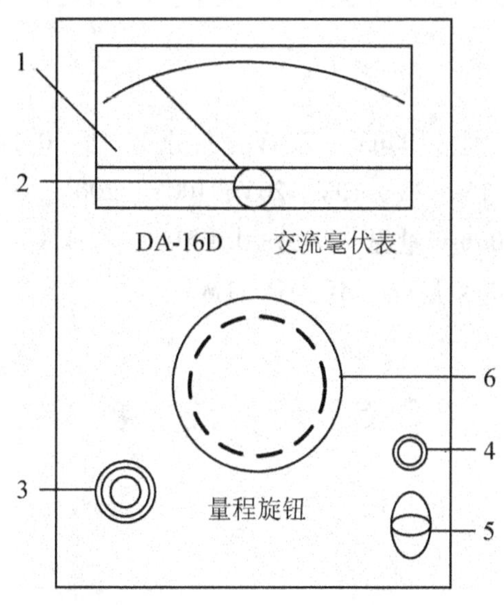

图 2－22　DA－16D 型交流毫伏表

1—表头及刻度；2—机械调零螺丝；3—输入插座；4—指示灯；5—电源开关；6—量程旋钮

（1）表头及刻度。

（2）机械调零螺丝。它用于机械调零。将两输入线端短路，调节该螺丝使表头指示为零。

（3）输入插座。被测信号电压输入端。采用同轴电缆，其外层是接地金属网，起屏蔽干扰信号的作用。

(4) 指示灯。当电源开关拨至“开”时，该指示灯亮。

(5) 电源开关。接通、断开整机电源。

(6) 量程旋钮。该旋钮用以选择仪表的满刻度值，有 12 挡量程，各量程挡并列有分贝(dB)数，可用于电平测量。

2. 使用方法及注意事项

(1) 机械调零。仪表接通电源前，应先检查指针是否在零点，如果不在零点，应调节机械零点调节螺丝，使指针位于零点。

(2) 测量时，应将双夹测量线的黑色鱼夹接被测信号的地端或低电势端，红色鱼夹接信号端或高电势端。

(3) 正确选择量程。应按被测电压的大小选择合适的量程，使仪表指针偏转至满刻度的 1/2 以上区域。如果事先不知被测电压的大致数据，应先将量程开关旋至大量程，然后再逐步减小量程。

(4) 正确读数。根据量程开关的位置，按对应的刻度线读数。

(5) 当仪表输入端连线开路时，由于外界感应信号可能使指针偏转超量限而损坏表头。因此，测量完毕，应先将量程开关旋至最大量程挡，再拆下测量线。

3. 主要技术指标

(1) 交流电压测量范围：100μV ~ 200V。共分 12 挡：0.1mV、1mV、2mV、10mV、20mV、100mV、200mV 及 1V、2V、10V、20V、100V、200V。

(2) 输入电阻：1 ~ 200mV 量程　8MΩ ±0.8 MΩ；

1 ~ 200V 量程　10 MΩ ±1MΩ。

2.6 示　波　器

2.6.1 概述

示波器是一种用途广泛的综合性电子测量仪器，它不仅能定性地观察信号的动态过程，而且可以定量地测量各种电参数。利用示波器，可以观察周期性信号的电压、电流、周期、频率、脉冲宽度、脉冲上升及下降时间等。借助于各种传感器，示波器还可以用来测量各种非电量，如温度、湿度、压力、声、光等，组成新型的测试仪器和测试系统。

2.6.2　通用示波器的基本组成

示波器通常由垂直偏转系统、水平偏转系统、Z 轴电路、示波管及电源电路等五部分组成。其基本框图如图 2-23 所示。

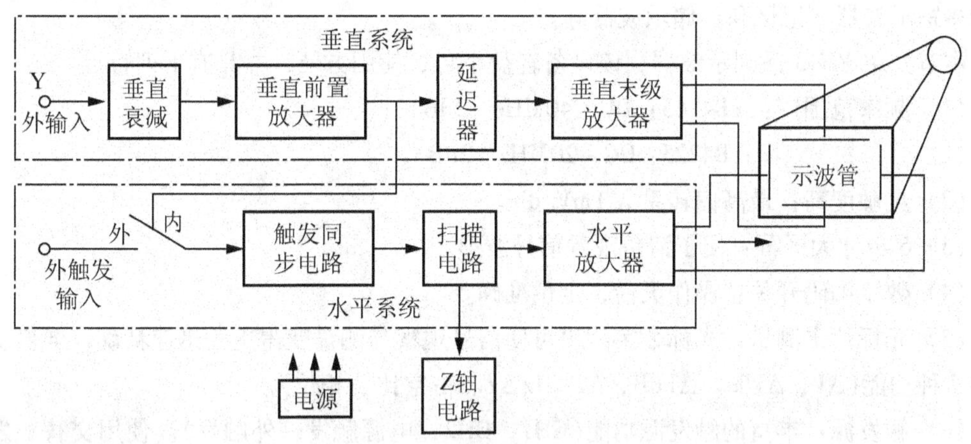

图 2-23　示波器的基本组成框图

1. 垂直系统

垂直(Y 轴)偏转系统包括输入回路、前置放大器、延迟器和末级放大器。被测信号从(外)输入端送入示波器，经垂直放大电路将被测信号放大后，送到示波器的垂直偏转板，使光点在垂直方向随被测信号的变化而产生位移，形成光点运动轨迹。

2. 水平系统

水平系统(X 轴)偏转系统包括触发同步电路、扫描电路和水平放大电路。扫描电路产生锯齿波信号，经水平放大电路放大后，送到示波器的水平偏转板，使光点在水平方向随时间线性偏移，形成时间基线。

3. Z 轴电路

Z 轴电路在扫描发生器输出的扫描正程时间内产生增辉信号，并加到示波管的栅极上，其作用是在扫描正程加亮示波管荧光屏的光迹，在扫描逆程消隐光迹。

4. 示波管电路

示波管是显示器件，它是示波器的核心部件。示波管各极加上相应的控制电压，对阴极发射的电子束进行加速和聚焦，使高速而集中的电子束轰击荧光屏形成光点。当电子束随信号偏转时，光点移动的轨迹就形成信号的波形。

5. 电源部分

示波器的电源除灯丝供电外，其直流供电分为两部分，即直流低电压和直流高电压，低电压供给各个单元电路的工作电源，高电压供给示波管各极的控制电压。

示波器的种类型号繁多，按不同的分类方法，有低频示波器和高频示波器，单踪、双踪和多踪示波器，记忆和存储示波器等。

本节介绍 YB43 系列示波器，该设备轻盈小巧、使用方便，并具有下列特点。

(1) 频率范围广：YB4245：DC ~40MHz -2dB
YB4225：DC ~20MHz -2dB

(2) 灵敏度高：最高偏转系数 1mV/div。

(3) 6 英寸大屏幕：便于清楚观看信号波形。

(4) 数字编码开关：操作灵活，定位准确。

(5) 光标读出测量：光标数字读出可使信号观察与测量变得更为迅速精确，屏幕上可提供 7 种功能(ΔV、$\Delta V\%$、ΔVdB、ΔT、$1/\Delta T$、占空比、相位)。

(6) 触发源：丰富的触发源功能(CH1，CH2，电源触发，外触发)。使用交替触发操作可获得两个不相关电信号稳定的同步显示。

(7) 触发耦合：全新的触发耦合电路设计，对各类不同频率、不同电压组合的电信号使用该操作可获得稳定的同步显示。

(8) 自动聚焦：测量过程中聚焦电平可自动校正。

(9) 触发锁定：触发电路呈全自动同步状态，无须人工调节触发电平。

(10) 释抑调节：使各种复杂波形同步更加稳定。

2.6.3 注意事项

(1) 避免过冷和过热。

不可将示波器长期暴露在日光或靠近热源的地方，如火炉。

(2) 不可在寒冷天气时放在室外使用。仪器工作温度应是 0 ~40℃。

(3) 避免炎热与寒冷环境的交替。

不可将示波器从炎热的环境中突然转移到寒冷的环境或相反进行，这将导致仪器内部形成水气凝结。

(4) 避免湿度、水分和灰尘。

如果将示波器放在湿度或灰尘多的地方，可能导致仪器操作出现故障。最佳使用相对湿度范围是 25% ~90%。

(5) 示波器是一种精密测量仪器，应避免放置在强烈震动的地方，否则会导致仪器操作出现故障。

（6）避免放置仪器的地方有磁器和强磁场。

示波器对电磁场较为敏感，不可在具有强烈磁场的地方操作示波器，不可将磁性物体靠近示波器。

（7）储存。

① 不可将物体放置在示波器上，注意不要堵塞仪器的通风孔。

② 仪器不可遭到强烈的撞击。

③ 不可将导线或尖针插进通风孔。

④ 不可用探极拖拉仪器。

⑤ 不可将电烙铁放在示波器框架或示波器的表面上。

⑥ 避免长期倒置存放和运输。

如果示波器不能正常工作，重新检查操作步骤，如果仪器确已出现故障，可与最近的销售处联系以便修理。

使用之前的检查步骤有如下几方面。

（1）检查电压。该示波器的正确工作电压范围，在接通电源之前应检查电源电压：交流 220V（±10%）。

（2）确保所用的保险丝是指定的型号。为了防止由于过电流引起的电路损坏，请使用正确的保险丝值：交流 220V/1A。

如果保险丝熔断，仔细检查原因，修理之后换上规定的保险丝。

如果使用的保险丝不当，不仅会导致故障，甚至会使故障扩大，因此，必须使用正确的保险丝。

（3）辉度不可太亮。不可将光点和扫描线调得过亮，否则不仅会使眼睛疲劳，而且长时间会使示波管的荧光屏变黑。

（4）操作注意，为防止直接加到示波器输入端或探极输入端的电压过高，不可使用高于下列范围的电压。

输入电压(直接)：400V(DC + ACp − p)　频率≤1kHz

使用探极时：400V(DC + ACp − p)　频率≤1kHz

外触发输入：100V(DC + ACp − p)　频率≤1kHz

Z 轴输入：50V(DC + ACp − p)　频率≤1kHz

2.6.4 面板控制键作用说明

阅读本章内容请参看如图 2 − 24 所示的 YB4325/45 前面板示意图，后面板示意图如图 2 − 25 所示。

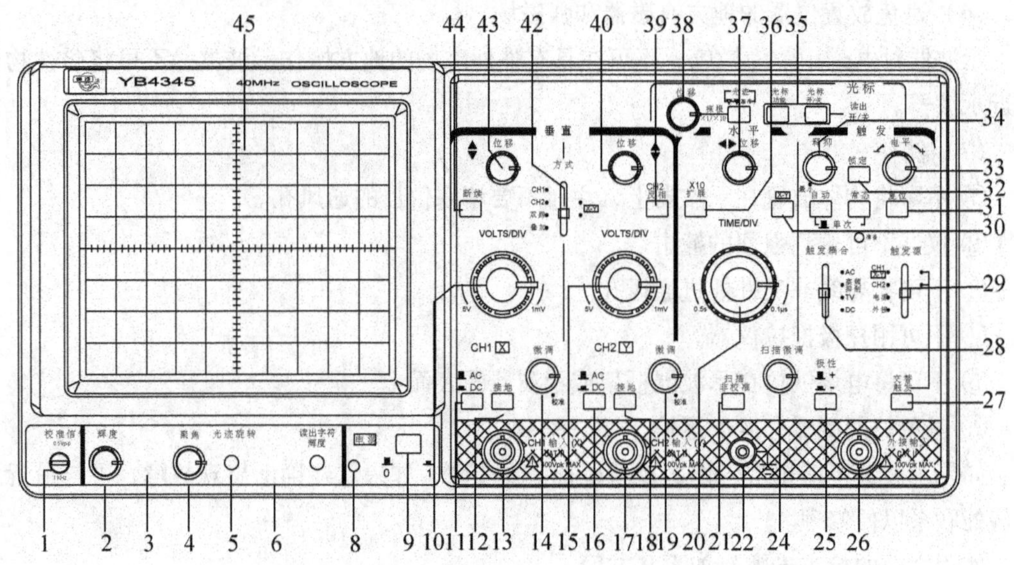

图2-24 YB4325/45 前面板示意图

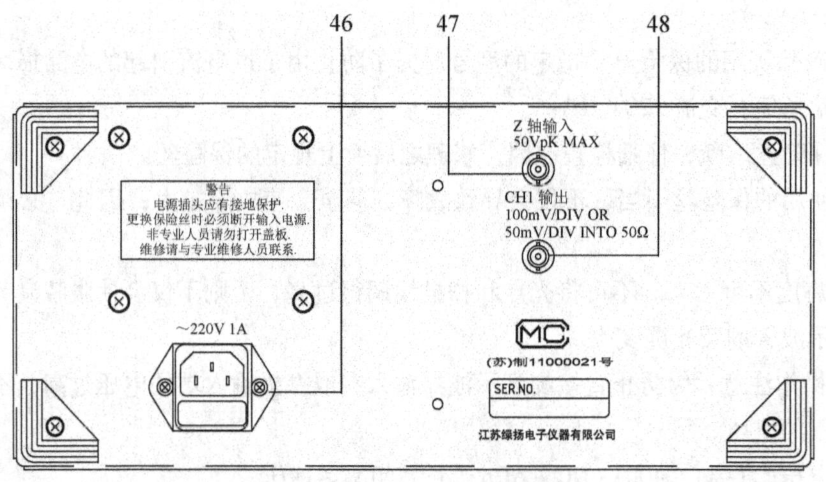

图2-25 YB4325/45 后面板示意图

1. 示波管电路

㊻交流电源插座，该插座下部装有保险丝。

电压插座上标明的额定电压，并使用相应的保险丝。该电源插座用来连接交流电源线。

⑨电源开关(POWER)。将电源开关按键弹出即为“关”位置，将电源线接入，按电源开关键，接通电源。

⑧电源指示灯。电源接通时，指示灯亮。

②“辉度”旋钮(INTENSITY)。控制光点和扫描线的亮度，顺时针方向旋转旋钮，亮

度增强。

④“聚焦”旋钮(FOCUS)。用辉度控制钮将亮度调至合适的标准，然后调节聚焦控制钮直至光迹达到最清晰的程度。虽然调节亮度时，聚焦电路可自动调节，但聚焦有时也会轻微变化，如果出现这种情况，需重新调节聚焦旋钮。

⑤光迹旋转(TRACE ROTATION)。由于磁场的作用，当光迹在水平方向轻微倾斜时，该旋钮用于调节光迹与水平刻度平行。

⑦读出字符加亮(READOUT INTEN)。用于调节读出字符和光标亮度。

㊺显示屏。仪器的测量显示终端。

① 校准信号输出端子(CAL)。提供1±2% kHz，2±2% Vp-p方波作本机Y轴、X轴校准用。

㊼Z轴信号输入(ZAXIS INPUT)：外接亮度调制输入端。

2. 垂直方向部分(VERTICAL)

⑬通道1输入端［CH1 INPUT(X)］。该输入端用于垂直方向的输入，在X-Y方式时，作为X轴输入端。

⑰通道2输入端［CH2 INPUT(Y)］。和通道1一样，但在X-Y方式时，作为Y轴输入端。

⑪、⑫、⑯、⑱交流-直流-接地(AC、DC、GND)

输入信号与放大器连接方式选择开关功能如下。

交流(AC)：放大器输入端与信号连接经电容器耦合。

接地(GND)：输入信号与放大器断开，放大器的输入端接地。

直流(DC)：放大器输入与信号输入端直接耦合。

⑩、⑮衰减器开关(VOLTS/DIV)：用于选择垂直偏转系数，共12挡。

如果使用的是10:1的探极，计算时将幅度×10。

⑭、⑲垂直微调旋钮(VARIBLE)：垂直微调用于连续改变电压偏转系数。此旋钮在正常情况下应位于顺时针方向旋到底的位置。将旋钮逆时针旋到底，垂直方向的灵敏度下降到2.5倍以上。

㊹断续工作方式开关CH1、CH2两个通道按断续方式工作，断续频率约为250kHz。如果在交替扫描时，需要“断续”方式可用此开关强制实现。

㊸、㊵垂直移位(POSITION)：调节光迹在屏幕中的垂直位置。

㊷垂直方式工作开关(VERTICAL MODE)：选择垂直方向的工作方式。

通道1(CH1)：屏幕上仅显示CH1的信号。

通道2(CH2)：屏幕上仅显示CH2的信号。

双踪(DUAL)：屏幕上显示双踪，交替或断续方式自动转换，同时显示CH1和CH2上的信号。

叠加(ADD)：显示 CH1 和 CH2 输入信号的代数和。

㊴CH2 极性开关(INVERT)：按此开关时 CH2 显示反相信号。

㊽CH1 信号输出端(CH1 OUTPUT)：输出约 100mV/div 的通道 1 信号。当输出端接 50Ω 匹配终端时，信号衰减一半，约 50mV/div。该信号可用于频率的计数信号。

3. 水平方向部分(HORIZONTAL)

⑳主扫描时间系数选择开关(TIME/DIV)：主扫描时间系数选择开关共 20 挡，在 0.1μs ~ 0.5s/div 范围选择扫描速率。

㉚X - Y 控制键：按下此键，垂直偏转信号接入 CH2 输入端，水平偏转信号接入 CH1 输入端。

㉑扫描非校准状态开关键：按入此键，扫描时基进入非校准调节状态，此时调节扫描微调有效。

㉔扫描微调控制键(VARIBLE)：此旋钮以顺时针方向旋转到底时，处于校准位置，扫描由 Time/div 开关指示；此旋钮逆时针方向旋转到底，扫描减慢 2.5 倍以上。当按键(21)未按入，旋钮(24)调节无效，即为校准状态。

㊲水平移位(POSITION)：用于调节光迹在水平方向移动；顺时针方向旋转该旋钮向右移动光迹，逆时针方向旋转向左移动光迹。

㊱扩展控制键(MAG ×10)：按下去时，扫描因数 ×10 扩展。扫描时间是 Time/div 开关指示数值的 1/10。

㉒接地端子：示波器外壳接地端。

4. 触发系统(TRIGGER)

㉙触发源选择开关(SOURCE)。

通道 1 X - Y(CH1，X - Y)：CH1 通道信号为触发信号，当工作方式在 X - Y 方式时，拨动开关应设置于此挡。

通道 2(CH2)：CH2 通道的输入信号是触发信号。

电源(LINE)：电源频率信号为触发信号。

外接(EXT)：外触发输入端的触发信号是外部信号，用于特殊信号的触发。

㉗交替触发(TRIG ALT)：在双踪交替显示时，触发信号来自于两个垂直通道，此方式可用于同时观察两路不相关信号。

㉖外触发输入插座(EXT INPUT)：用于外部触发信号的输入。

㉝触发电平旋钮(TRIG LEVEL)：用于调节被测信号在某选定电平触发，当旋钮转向“+”时显示波形的触发电平上升，反之触发电平下降。

㉜电平锁定(LOCK)：无论信号如何变化，触发电平自动保持在最佳位置，不需人工调节电平。

㉞释抑(HOLDOFF)：当信号波形复杂，用电平旋钮不能稳定触发时，可用“释抑”旋钮使波形稳定同步。

㉕触发极性按钮(SLOPE)：触发极性选择，用于选择信号的上升沿和下降沿触发。

㉛触发方式选择(TRIG MODE)。自动(AUTO)：在“自动”扫描方式时，扫描电路自动进行扫描。在没有信号输入或输入信号没有被触发同步时，屏幕上仍然可以显示扫描基线。

常态(NORM)：有触发信号才能扫描，否则屏幕上无扫描线显示。当输入信号的频低于50Hz时，请用“常态”触发方式。

单次(SINGLE)：当“自动”(AUTO)“常态”(NORM)两键同时弹出被设置于单次触发工作状态，当触发信号来到时，准备(READY)指示灯亮，单次扫描结束后指示灯熄，复位键(RESET)按下后，电路又处于待触发状态。

5. 读出功能

㉟光标测量。

光标开/关：按此键可打开/关闭光标测量功能。

光标功能：按此键选择下列测量功能。

ΔV：电压差测量

$\Delta V\%$：电压差百分比测量(5div = 100%)

ΔVdB：电压增益测量(5div = 0dB)

ΔT：时间差测量

$1/\Delta T$：频率测量

DUTY：占空比(时间差的百分比)测量(5div = 100%)

PHASE：相位测量(5div = 260°)

光标-▽-▼(基准)：按此键选择移动的光标，被选择的光标带有“▽”或“▼”标记；当两种光标均带有标记时，两光标可同时移动。

㊳位移：旋转此控制旋钮可将选择的光标定位。

读出开关：同时按下“光标开/关”键和“光标功能”键，可打开/关闭示波器读出状态。

探极 ×1/ ×10：指示探极状态 ×1/ ×10，按下“光迹-▽-▼(基准)”键的同时旋转光标“位移”(28)旋钮，可选择 ×1/ ×10 探极状态。

2.6.5　操作方法

1. 基本操作

按表 2 -6 设置仪器的开关及控制旋钮或按键。

表2－6　YB4225/45 示波器开关及控制旋钮或按键功能

项　目	编　号	设　置
电源(POWER)	(9)	弹出
辉度(INTENSITY)	(2)	顺时针 1/2 处
聚焦(FOCUS)	(4)	适中
垂直方式(MODE)	(42)	CH1
断续(CHOP)	(44)	弹出
CH2 反相(INV)	(29)	弹出
垂直位移(POSITION)	(40)(42)	适中
衰减开关(VOLTS/DIV)	(10)(15)	0.5V/div
微调(VARIABLE)	(14)(17)	校准位置
AC-DC-接地(GND)	(11)(12)(16)(18)	接地(GND)
触发源(SOURCE)	(29)	CH1
耦合(COUPLING)	(28)	AC
触发极性(SLOPE)	(25)	+
交替触发(TRIG ALT)	(27)	弹出
电平锁定(LOCK)	(22)	按下
释抑(HOLDOFF)	(24)	最小(逆时针方向)
触发方式	(21)	自动
TIME/DIV	(20)	0.5ms/div
扫描非校准(SWP UNCAL)	(21)	弹出
水平位移(POSITION)	(27)	适中
×10 扩展(×10MAG)	(26)	弹出
X－Y	(20)	弹出

按上述设定了开关和控制按钮后，将电源线接到交流电源插座，然后，按如下步骤操作。

(1) 打开电源开关，电源指示灯变亮，约 20s 后，示波管屏幕上会显示光迹，如 60s 后仍未出现光迹，应按上表检查开关和控制按钮的设定位置。

(2) 调节“辉度”(INTEN)和“聚焦”(FOCUS)旋钮，将光迹亮度调到适当且最清晰的程度。

(3) 调节 CH1 位移旋钮及光迹旋转旋钮，将扫线调到与水平中心刻度线平行。

(4) 将探极连接到 CH1 输入端，将 2Vp－p 校准信号加到探极上。

(5) AC-DC-GND 开关拨到 AC，屏幕上将会出现如图 2－26 所示的波形。调节聚焦(FOCUS)旋钮，使波形达到最清晰。

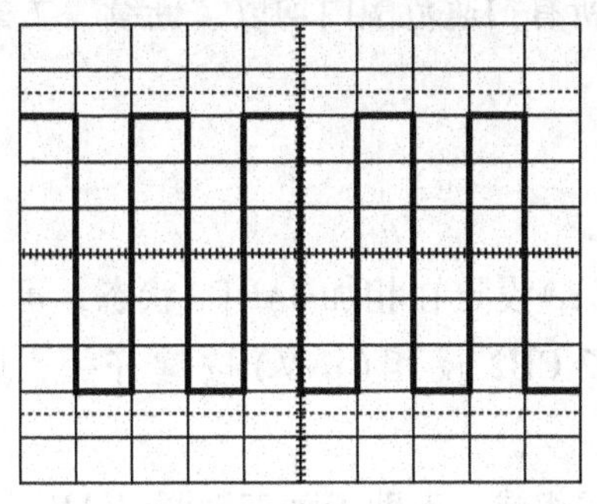

图 2-26 交流观测

(6) 为便于信号的观察，将 VOLTS/DIV 开关和 TIME/DIV 开关调到适当的位置，使信号波形幅度适中，周期适中。

(7) 调节垂直移位和水平移位旋钮到适中位置，使显示的波形对准刻度线且电压幅度(Vp-p)和周期(T)能方便读出。

上述为示波器的基本操作步骤。CH2 的单通道操作方法与 CH1 类似，进一步的操作方法在下面章节中逐一讲解。

2. 双通道操作

将 VERT MODE(垂直方式)开关置双踪(DUAL)，此时，CH2 的光迹也显示在屏幕上，CH1 光迹为校准信号方波，CH2 因无输入信号显示为水平基线。

如同通道 CH1，将校准信号接入通道 CH2，设定输入开关为 AC，调节垂直方向位移旋钮㊵和㊷，使两通道信号如图 2-27 所示。

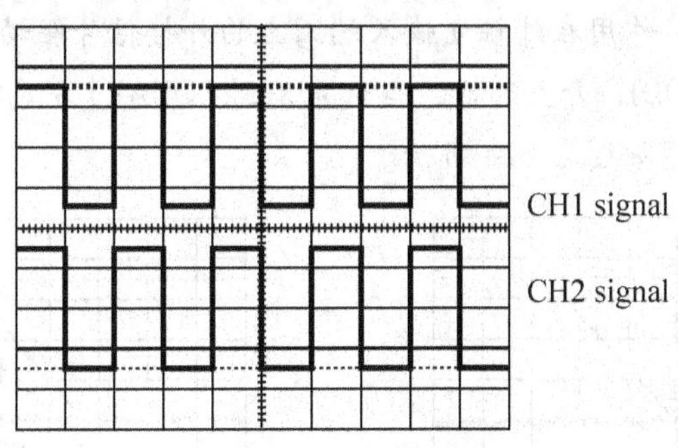

图 2-27 双通道观测

双通道操作时(双踪或叠加)，“触发源”开关选择 CH1 或 CH2 信号，如果 CH1 和 CH2 信号为相关信号，则波形均被稳定显示；如为不相关信号，必须使用“交替触发”(TRIG ALT)开关，那么两个通道不相关信号波形也都被稳定同步。但此时不可同时按下“断续”(CHOP)和“交替触发”(TRIG ALT)开关。

5ms/div 以下的扫速范围使用“断续”方式，2ms/div 以上扫速范围为“交替”方式，当“断续”开关按入时，在所有扫速范围内均以“断续”方式显示两条光迹，“断续”方式优先“交替”方式。

3. 叠加操作

将垂直方式(VERT MODE)设定在相加(ADD)状态，可在屏幕上观察到CH1和CH2信号的代数和，如果按下了CH2反相(INV)按键开关，则显示为CH1和CH2信号之差。

如要想得到精确的相加或相减，借助于垂直微调(VAR)旋钮将两通道的偏转系数精确调整到同一数值上。

垂直位移可由任一通道的垂直移位旋钮调节，观察垂直放大器的线性，请将两个垂直位移旋钮设定到中心位置。

4. X-Y操作与X外接操作

“X-Y”按键按下，内部扫描电路断开，由“触发源”(SOURCE)选择的信号驱动水平方向的光迹。当触发源开关设定为“CH1(X-Y)”位置时，示波器为“X-Y”工作，CH1为X轴、CH2为Y轴；当触发源设定外接(EXT)位置时，示波器便为“X外接方式”(EXT HOR)扫描工作。

X-Y操作：垂直方式开关选择“X-Y”方式，触发源开关选择“X-Y”，CH1为X轴，CH2为Y轴，可进行X-Y工作。水平位移旋钮直接用作X轴。波形图如图2-28所示。

注：X-Y工作时，若要显示高频信号则必须注意X轴和Y轴之间相位差及频带宽度。X外接(EXT)操作：作用在外触发输入端㉒上的外接信号驱动X轴，任一垂直信号由垂直工作方式(VERT MODE)开关选择，当选定双踪(DUAL)方式时，CH1和CH2信号均以断续方式显示，波形图如图2-29所示。

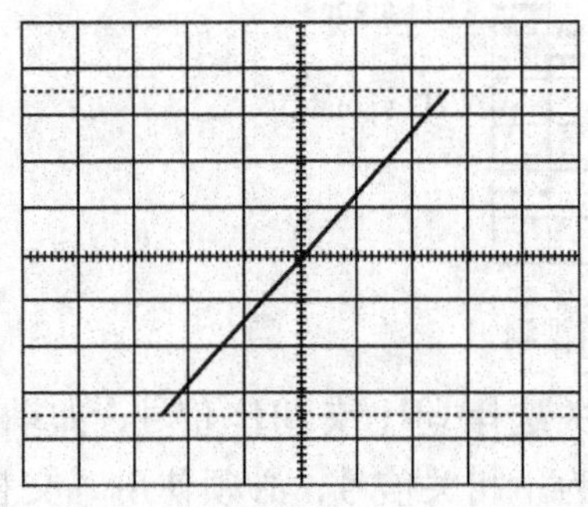

图2-28 X-Y操作方式波形图

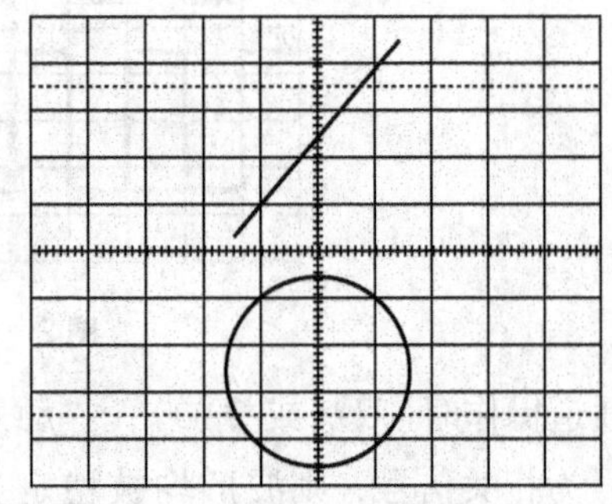

图2-29 X-Y双通道操作方式波形图

5. 触发

正确的触发方式直接影响示波器的有效操作，因此必须熟悉各种触发功能及操作方法。

（1）触发源开关功能：选择所需要显示的信号自身或是与显示信号具有时间关系的触发信号作用于触发，以便在屏幕上显示稳定的信号波形。

CH1：CH1 输入信号作触发信号。

CH2：CH2 输入信号作触发信号。

电源(LINE)：电源信号用作触发信号，这种方法用在被测信号与电源频率相关信号时有效，特别是测量音频电路，闸流管电路等工频电源噪声时更为有效。

外接(EXT)：扫描由作用在外触发输入端的外加信号触发，使用的外接信号与被测信号具有周期性关系，由于被测信号没有用作触发信号，波形的显示与测量信号无关。

上述触发源信号选择功能见表2－7。

表2－7　YB4225/45 触发源信号功能选择

垂直方式 / 触发源	CH1	CH2	DUAL	ADD
CH1	由 CH1 信号触发			
CH2	由 CH2 信号触发			
ALT	由 CH1 和 CH2 交替触发			
LINE	由交流电源信号触发			
EXT	由外接输入信号触发			

（2）耦合开关的功能：根据被测信号的特点，用此开关选择触发信号的耦合方式。

交流(AC)：这是交流耦合方式，由于触发信号通过交流耦合电路，而排除了输入信号的直流成分的影响，可得到稳定的触发。该方式在低频(10Hz 以下)，使用交替触发方式且扫速较慢时，如产生抖动可使用直流方式。

高频抑制(HF REJ)：触发信号通过交流耦合电路和低通滤波器(约 50kHz－2dB)作用到触发电路，触发信号中高频成分通过滤波器被抑制，只有低频信号部分能作用到触发电路。

电视(TV)：TV 触发，以便于观察 TV 视频信号，触发信号经交流耦合通过触发电路，将电视信号馈送到电视同步分离电路，分离电路拾取同步信号作为触发扫描用，这样视频信号能稳定显示。调整主扫描 TIME/DIV 开关，扫描速率根据电视的场和行作如下切换。TV－V：0.5s～0.1ms/div；TV－H：0.5μs～0.1μs/div。极性开关设定前后的波形变换情况如图2－30 所示，以便与视频信号一致。

DC：触发信号被直接耦合到触发电路，触发需要触发信号的直流部分或是需要显示低频信号以及信号占空比很小时，使用此种方式。

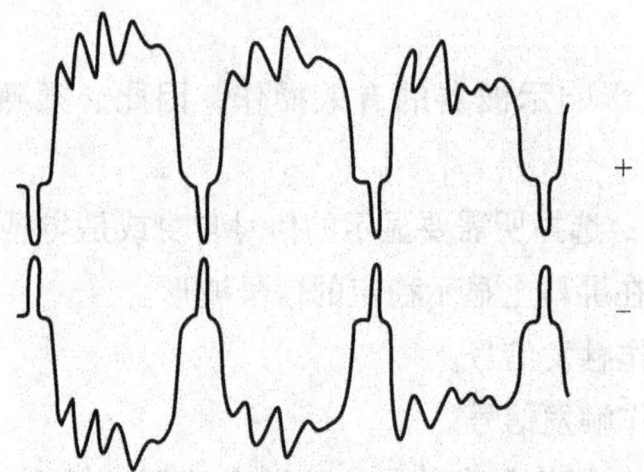

图2－30 极性开关设定前后的波形变换

（3）极性开关功能：该开关用于选择如图2－31所示的触发信号的极性。

“＋”当设定在正极性位置，触发电平产生在触发信号上升沿。

“－”设定在负极性位置，触发电平产生在触发信号下降沿。

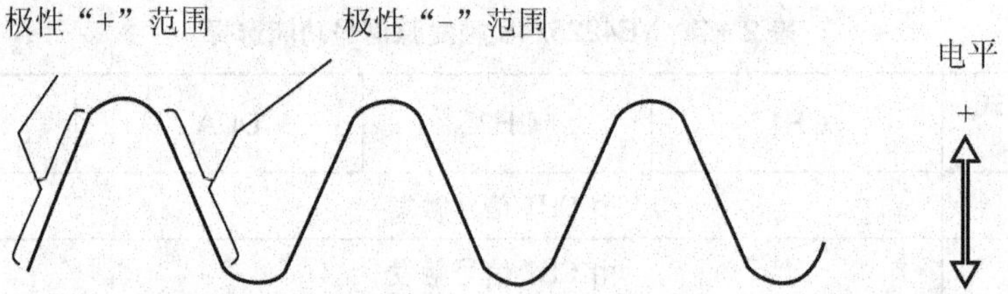

图2－31 触发信号的极性

（4）电平控制器控制功能：该旋钮用于调节触发电平以稳定显示图像，一旦触发信号超过控制旋钮所设置触发电平，扫描即被触发且屏幕上稳定显示波形，顺时针旋动旋钮，触发电平向上变化，反之向下变化，变化特性如图2－32所示。

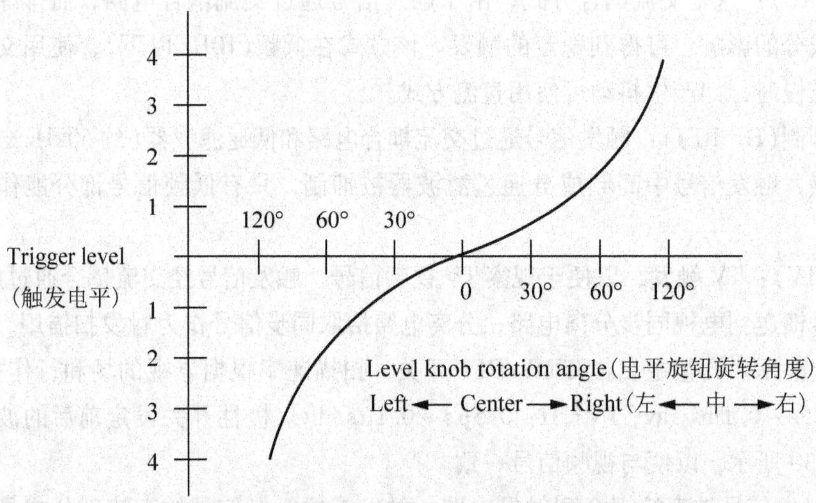

图2－32 YB4325/45触发电平变化曲线

电平锁定：按下电平锁定(LOCK)开关时，触发电平被自动保持在触发信号的幅度之内，且不需要进行电平调节可得到稳定的触发，只要屏幕信号幅度或外接触发信号输入电压在下列范围内，该自动触发锁定功能都是有效的。

YB4225 ：50Hz～20MHz≥2.0DIV(0.25V)

YB4245 ：50Hz～40MHz≥2.0DIV(0.25V)

(5)“释抑”控制功能：当被测信号为两种频率以上的复杂波形时，上述提到的电平控制触发可能并不能获得稳定波形。此时，可通过调整扫描波形的释抑时间(扫描回程时间)，能使扫描与被测信号波形稳定同步。

图2－33(a)所示为屏幕交叠的几条不同的波形，当释抑“HOLD OFF”按钮在最小状态时，很难观察到稳定同步信号。

图2－33(b)所示的信号不需要部分被释抑掉，波形在屏幕显示没有重叠现象。

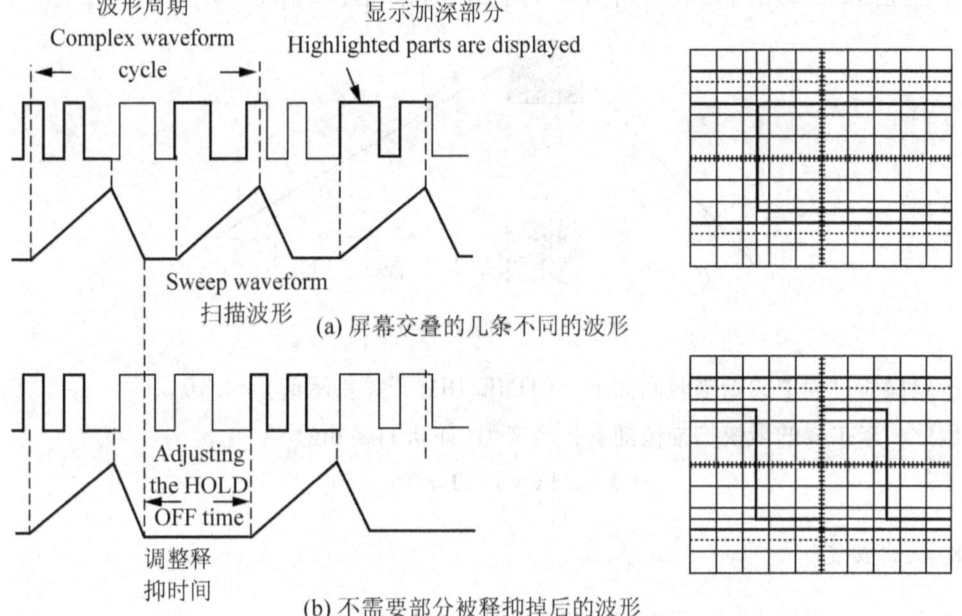

(a) 屏幕交叠的几条不同的波形

(b) 不需要部分被释抑掉后的波形

图2－33　“释抑”波形图

6. *单次扫描工作方式*

非重复信号和瞬间信号通过通常的重复扫描工作方式，在屏幕上很难观察。这些信号必须采用单次工作方式显示，并可拍照以供观察。

(1)“自动”和“常态”按钮均弹出。

(2)将被测信号作用于垂直输入端，调节触发电平。

(3)按下“复位”按钮，扫描产生一次，被测信号在屏幕上仅显示一次。测量单次瞬变信号，有以下几种方式。

将“触发”方式设定为“常态”。

① 将校准输出信号作用于垂直输入端，根据被测信号的幅度调节触发电平。

将“触发”方式设定为“单次”，即“自动”和“常态”均弹出，在垂直输入端重新接入被测量信号。

② 按下“复位”按钮，扫描电路处于“准备”状态且准备指示灯变亮。

(4) 随着输入电路出现单次信号，产生一次扫描把单次瞬变信号显示在屏幕上，但是它不能用于双通道交替工作方式。在双通道单次扫描工作方法中，应使用“断续”方式。

7. 扫描扩展

当被显示波形的一部分需要沿时间轴扩展时，可使用较快的扫描速度，但如果所需扩展部分远离扫描起点，此时欲加快扫速，它可能会跑出屏幕。在此种情况下可按下扩展开关按钮，显示的波形由中心向左右两个方向扩展为10倍，如图2-34所示。

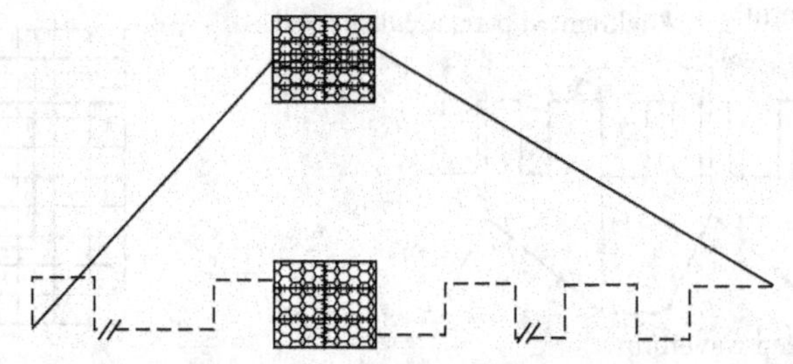

图2-34　扫描扩展波形图

扩展操作过程中的扫描时间如下：(TIME/DIV 开关指示值)×1/10。

因此，未扩展的最快扫描值随着扩展变为(如0.1μs/div)

$$0.1\mu s/div \times 1/10 = 10ns/div$$

8. 读出功能

选择的灵敏度输入、扫描时间等显示位置均如图2-35所示。

注：当“触发方式”为“常态”时，CRT上无任何光迹与信号点，欲观察信号按下“自动”按钮。

(1) CH1显示：当“垂直方式”开关为CH1，DUAL或叠加时，CH1的设定值显示在图2-35中的(1)区域，这些值在CH2方式时不显示。

(a) 当设定探极×10时显示“P10”。

(b) V/DIV校准位于“非校准”位置时，出现“>”符号。

(c) 显示选择的灵敏度为1mV~5V(探极×10时，10mV~50V)。

(d) 设定为X-Y按钮，垂直方式为CH2时下标出现“X”标志，在双踪时下标出现“Y1”标志。

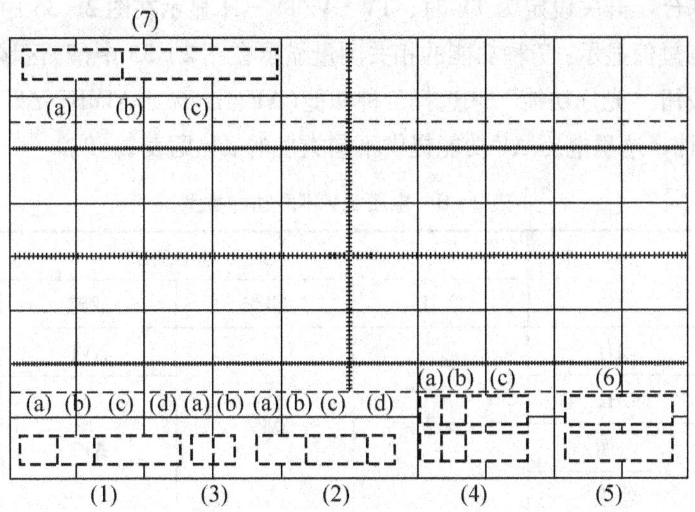

图2-35 自动触发方式下的设定值显示图

(2) CH2 显示："垂直方式"为 CH2、双踪或叠加时，CH2 信号的设定值显示值为图 2-35 中的(2)区域，这些值在 CH1 方式时不显示。

(a) 当设定探极 ×10 时显示"P10"。

(b)"＞"标志指 V/DIV 为"非校准"位置。

(c) 显示选择的灵敏度为 1mV～5V(探极 ×10 时，10mV～50V)。

(d) 设定为 X-Y 方式，垂直方式为 CH2 时，下标出现"Y"标志，在双踪时下标出现"Y2"标志。

(3) 叠加(相减)及 CH2 反相显示。

(a) 叠加、相减及反相功能显示为图 2-35 中的(3)区域。

(b)"+"表示垂直方式为"叠加方式"，CH1 和 CH2 的输入信号被叠加，按下 CH2 反相时，实现 CH1 和 CH2 相减。

(c)"↓"显示表明垂直方式为 CH2 或双踪，且使用了 CH2 反相按钮。

(4) 时基显示。

扫描时间显示如图 2-35 中的(4)区域所示。

(a) A 扫描时间前出现 A。

(b)"＝"表示正常，"＊"表示使用了 ×10 扩展，"＞"表示用了"扫描非校准"旋钮。

(c) 表示选择的扫描时间：10ns～0.5s，使用"X-Y"按钮会显示"X-Y"。

(5) 断续/交替显示。

垂直方式设定为"双踪"时，断续或交替显示如图 2-35 中(5)区域所示，按下 X-Y 按钮时，会出现"X_{EXT}"。

(6) TV-V/TV-H 显示。

当“触发耦合”开关设定为TV时，TV－V/TV－H显示在图2－35中的(6)区域。

(7) 光标测量值显示：7种功能的相关测量显示在图2－35中(7)区域。

(a) 通过按钮“光标功能”来选择7种功能(ΔV、$\Delta V\%$、ΔVdB、ΔT、$1/\Delta T$、DUTY、PHASE)中的一种，这里电压ΔV功能提供不同类型的ΔV见表2－9。

表2－8 电压ΔV不同功能类型

		垂直方式			
		CH1	CH2	双踪	叠加
触发源	CH1	$\Delta V1$	$\Delta V2$	$\Delta V1$	$\Delta V12$
	CH2			$\Delta V2$	
	电源				
	外接				
X－Y		*1	ΔV_Y	ΔV_{Y1}	*1

注：*1：当X－Y方式未设定到位时，将会出现错误信息“X－Y Mode error”。

(b) 在ΔV功能中，显示极性“＋”或“－”：“＋”表示“▽”光标在“▼”(基准)光标之上；“－”表示“▽”光标在“▼”(基准)光标之下。

(c) 显示7种光标测量功能的测量值与单位。

ΔV：0.0V～40.0V(400V在探极×10)

注：当V/DIV校准设定为非校准位置或是垂直方式为“叠加”但V/DIV上CH1和CH2灵敏度不相同时，测量单位以刻度显示(0.00～8.00div)。

$\Delta V\%$：0.0%～160%(5div＝100%基准)

ΔVdB：－41.9dB～＋4.08div(5div＝0dB基准)

ΔT：0.0ns～5.00s

注：当“扫描非校准”按钮按入时，测量值以刻度显示(0.00～10.00div)。

$1/\Delta T$：200.0mHz～2.500GHz

注：当“扫描非校准”按钮按进或两光标交叠时，显示“???”表示未知值。

DUTY：0.0%～200.0%(5div＝100%基准)

PHASE：0.0°～720°(5div＝260°基准)

注：除ΔT(%、dB)外，均可选择其他功能，如果使用了X－Y按钮，会出现未知值“???”。

9. 探极校准

如前所述，为使探极能够在本机频率范围内准确衰减，必须有合适的相位补偿，否则显示的波形就会失真，从而引起测量误差。因此在使用之前，探极必须作适当的补偿调节。将探极BNC接到CH1或CH2输入端，将VOLTS/DIV设定为5mV挡，将探极接到校

准电压输出端，调节探极上的补偿电容如图 2－36 所示，使屏幕上波形到最佳方波。

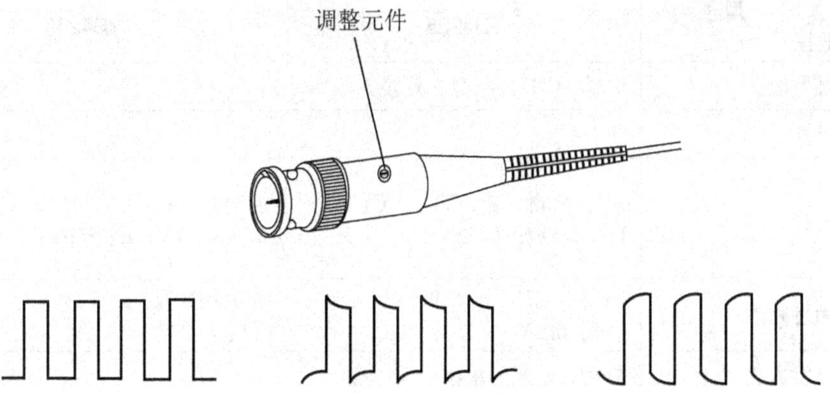

图 2－36　探极校准调节及波形变化示意图

2.6.6　技术指标

YB4325/45 技术指标见表 2－9。

表 2－9　YB4225/45 技术指标

<table>
<tr><th>项目</th><th>数据（型号）</th><th>YB4225</th><th>YB4245</th></tr>
<tr><td rowspan="14">垂直系统</td><td>偏转系数</td><td colspan="2">1～5V/DIV 1－2－5 进制分 12 挡；误差 ±5%（1～2mV ±8%）</td></tr>
<tr><td>偏转系数微调比</td><td colspan="2">≥2.5：1</td></tr>
<tr><td rowspan="2">频带宽度
（－2dB）</td><td>5mV～5V/DIV DC～20MHz
1～2mV/DIV DC～10MHz</td><td>5mV～5V/DIV DC～40MHz
1～2mV/DIV DC～15MHz</td></tr>
<tr><td colspan="2">AC 耦合：频率下限（－2dB）10Hz</td></tr>
<tr><td>上升时间</td><td>5mV～5V/DIV 约 17.5ns
1mV～2Mv/DIV 约 25ns</td><td>5mV～5V/DIV 约 8.8ns
1～2mV/DIV 约 22ns</td></tr>
<tr><td>瞬态响应</td><td colspan="2">上冲≤5%，阻尼≤5%（5mV/DIV）</td></tr>
<tr><td>工作方式</td><td colspan="2">CH1、CH2、双踪、叠加</td></tr>
<tr><td>相位转换</td><td colspan="2">180°（仅 CH2 通道可转换）</td></tr>
<tr><td>输入阻抗</td><td colspan="2">1MΩ ±2% 约 25pF；经探极：1MΩ ±5% 约 17pF</td></tr>
<tr><td>最大输入电压</td><td colspan="2">400V（DC＋Acpeak）频率≤1kHz</td></tr>
<tr><td>延迟时间</td><td></td><td>有：可观察到脉冲前沿</td></tr>
<tr><td>通道隔离度</td><td>20：1　20MHz</td><td>20：1　40MHz</td></tr>
<tr><td>共模抑制比</td><td colspan="2">1000：1　50kHz</td></tr>
</table>

续表

项目	数据 \ 型号	YB4225	YB4245
触发系统	触发源	CH1，CH2，电源，外接	
	极性	+/-	
	耦合	AC，高频抑制，TV，DC(TV 耦合能观察 TV-V 和 TV-H，由 TIME/DIV 自动转换，TV-V：0.5s~0.1ms/div；TV-H：50μs~0.1μs/div)	
	触发阈值	DC~20MHz：1.5DIV (外：0.2V)	DC~40MHz：1.5DIV (外：0.2V)
	触发方式	自动、常态、单次	
	电平锁定或触发交替	50Hz~20MHz 2div 外 0.25V	50Hz~40MHz 2div 外 0.25V
	外接输入阻抗	1MΩ±2%，约 25pF	
	最大输入电压	100V(DC+ACpeak)频率≤1kHz	
水平系统	水平显示方式	A	
	A 扫描时基	0.1μs~0.5s/div，1-2-5 进制分 21 挡 误差±5%(0~40℃)	
	扫描微调比	≥2.5∶1，连续可调	
	扫描释抑时间	可将释抑时间延长至最小扫描休止期的 8 倍以上，连续可调	
	延迟时间	1μs~5ms/div 连续可调	
	延迟晃动比		≤1∶10000
	线性误差	×1：±8%，扩展×10：±15%	
X-Y 工作方式	灵敏度	Y 同 CH2，X 同 CH1，误差±5%，扩展×10 ±10%	
	X 频带宽度 -2dB	DC~1MHz -2dB	DC~2MHz -2dB
	X-Y 相位差	≤2°，DC~50kHz	≤2°，DC~100kHz
		YB4225	YB4245
水平外接方式	阈值	约 0.1V/DIV，在 CHOP 方式时，可使用于外扫描观察两个相关信号的时间、相位。	
	频带宽度	到 1MHz-2dB	到 2MHz-2dB
触发系统	阈值	TTL 电平(负电平加亮)	
	频率范围	DC~5MHz	
	输入阻抗	约 5kΩ	
	最大输入电压	50V(DC+ACpeak)，频率≤1kHz	

续表

项目	型号/数据	YB4225		YB4245
探极信号	频率	方波：1kHz ±2%		
	幅度	0.5Vp - p ±2%		
示波管	类型	6 英寸，矩形屏		
	后加速电压	约 2kV	约 15kV	
	有效显示面积	8 ×10div		
光标读出	光标测量功能	ΔV、ΔV%、ΔVdB、ΔT、1/ΔT、DUTY、PHASE		ΔV、ΔV%、ΔVdB、ΔT、1/ΔT、DUTY、PHASE
	光标显示格式	▽(变量) ▼(基准)		▽(变量) ▼(基准)
	光标分辨率	1/25div		1/25div
	从中心刻度到光标所在处有效宽度	垂直：±2div 水平：±4div		垂直：±2div 水平：±4div
	面板设定显示	V/DIV、垂直方式、反相、交替/断续、非校准、叠加(相减)、×10 扩展、探极(×1/×10)、X - Y、A T/D、TV - V/H		V/DIV、垂直方式、反相、交替/断续、非校准、叠加(相减)、×10 扩展、探极(×1/×10)、X - Y、A T/D、TV - V/H
其余特性	整机尺寸	210W ×150H ×440D(mm)		
	重量	约 8kg		
	适应电源	220V ±10%，50 ±2Hz		
	额定功率	约 40W		
	工作环境	0 ~40℃，85% RH		
	储存环境	-10 ~ +60℃，70% RH		

2.6.7　示波器的使用

1. 基本操作要点

显示水平扫描线：将示波器输入耦合开关接地(GND)，垂直工作方式开关置于交替(ALT)，扫描方式置于自动(AUTO)，扫描时间系数开关置于 0.5ms/div，此时在屏幕上应出现两条水平扫描线，如果没有，可能是因为辉度太低，或是垂直、水平位置不当，应加以适当调节。

2. 参数的测量

1）电压的测量

通过电压衰减器开关所示位置，直接从示波器上测量出被测电压的高度(刻度数)，然后换算成电压值。计算公式为

$$U_{p-p}=V/\mathrm{div}\times H$$

式中：

H 为被测信号峰—峰值高度；

V/div 是电压衰减开关所示值。

在测量时应注意以下几点。

(1) 当被测信号是交流电压时，输入耦合方式应选择“AC”，调节 V/div 旋钮，使波形显示便于读数，显示图像如图 2-37 所示。

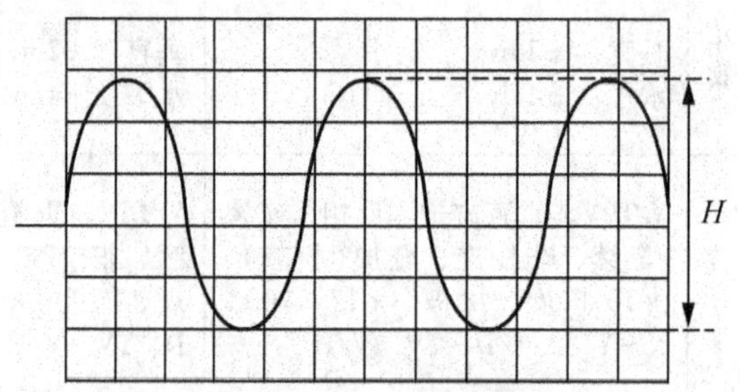

图 2-37　交流电压测量

(2) 当被测信号是直流电压时，应先把扫描线调整到零电平位置(即输入耦合方式选择“GND”，调节 Y 轴位移使扫描线在一合适的位置，此时扫描基线即为零电平基准线)，然后再将输入耦合方式选择到“DC”。参看图 2-38，根据波形偏离零电平基准线的垂直距离 H(div)及 V/div 的指示值，可以计算出直流电压的数值。

2）电流测量

用示波器不能直接测量电流。若要观察电流波形，应该在电路中串入一个“取样电阻”，如图 2-39 所示的电阻 R。这是因为电路中的电流流过电阻 R 时，在电阻 R 两端得到的电压和 R 中的电流完全一样，测出 U_R 就得到了该电路的电流，即 $i=U_R/R$。

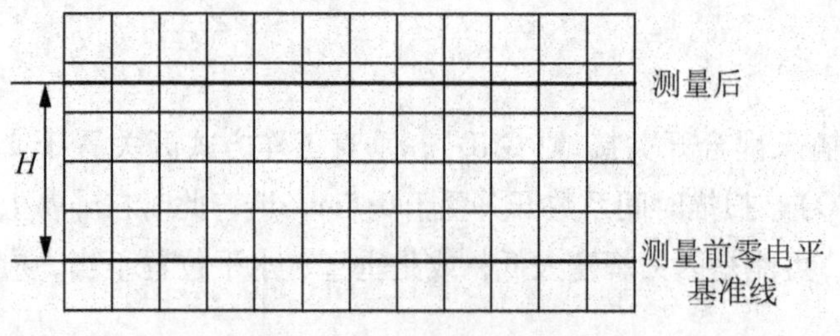

图 2-38　直流电压测量

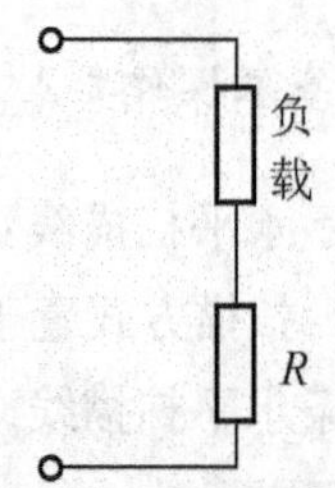

图 2-39　电流的测量

3）时间测量(周期或频率)

对信号的周期或信号任意两点间的时间参数进行测量时，首先水平微调旋钮必须顺时针旋至校准位置，然后调节有关旋钮，显示出稳定的波形，再根据信号的周期或需测量两点间的水平距离 D(div)，以及 t/div 旋钮的指示值，计算出时间 $T = t/\text{div} \times D$。

如图2－40 所示，A、B 两点间的水平距离 D 为7.4div，t/div 设置在2ms/div，则周期为 $T = 2\text{ms/div} \times 7.4\ \text{div} = 14.8\text{ms}$；对于周期性信号的频率测量，可先测出该信号的周期 T，再根据公式 $f = 1/T$ 计算出频率。

4）测量两个同频率信号的相位差

将触发源开关置于双通道模式，在屏幕上显示出两个信号波形。由于一个周期是360°，因此，根据信号一个周期在水平方向的长度 L(div)以及两个信号波形上对应点 A、B 间的水平距离 D(div)，如图2－41 所示，按公式计算出两信号的相位差 $\phi = 360°D/L$。

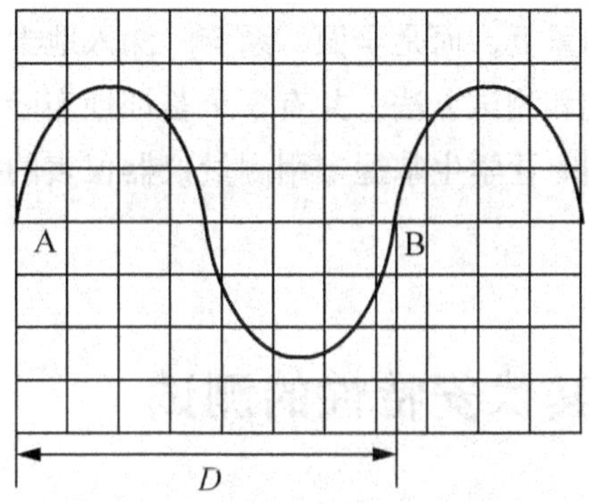

图2－40 信号周期的测量

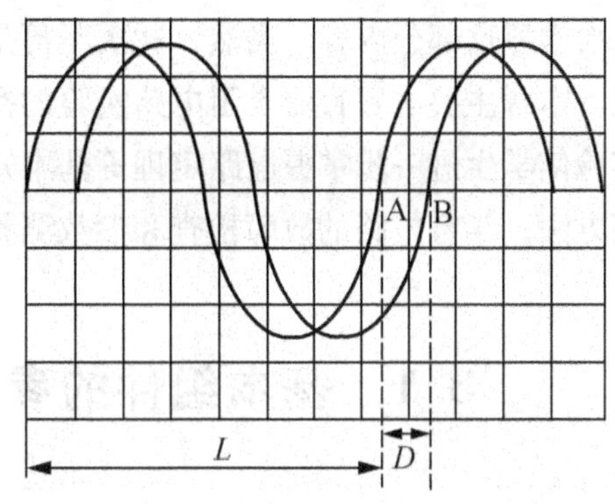

图2－41 同频信息的相位差测量

3. 使用注意事项

为了安全、正确地使用示波器，必须注意以下几点。

(1) 使用前，应检查电网电压是否与仪器要求的电源电压一致。

(2) 显示波形时，亮度不宜过高，从而延长示波管的寿命。若中途暂时不观察波形，应将亮度调低。

(2) 定量观察波形时，应尽量在屏幕的中心区域进行，以减小测量误差。

(4) 被测信号电压(直流加交流的峰值)的数值不应超过示波器允许的最大输入电压。

(5) 调节各开关、旋钮时，不要过分用力，以免损坏。

(6) 探头和示波器应配套使用，不能互换，否则可能导致误差或波形失真。

第3章 直流电路实验

工科专业的学生对直流电的知识已不再陌生，应该早在中学的物理课中就已接触到；进入大学后，在大学物理课中又加强了学习，并做了些简单的实验；在《电工学》中已是第3次学习这部分内容。当然，这次不再是简单的重复，而是全面、系统、深入地学习和实践。本章主要学习直流电阻电路实验的操作技能和测试方法，共有3个验证性实验，通过实验使学生进一步掌握电路定理等基本知识，同时让学生掌握常用测量仪器仪表的操作使用方法，学会电路的故障检查和参数测量。

3.1 基本组件的参数及其伏安特性的测试

3.1.1 实验目的

（1）学习万用表和直流毫安表的使用方法。

（2）练习用万用表、伏安法测量电阻值。

（3）学习测量电压、电流的基本方法。

（4）掌握线性电阻和非线性电阻的概念；掌握理想电压源和实际电压源的概念。

3.1.2 实验原理

电阻有专门制作的电阻组件，还有寄生电阻（或称固有电阻），如导线、电灯泡、电机、电感线圈、仪表壳等都具有电阻，只不过有大有小而已。小于1Ω的电阻称为小电阻，如导线的电阻、我们使用的电子沙盘上的插孔与导线的接触电阻，仅有几个毫欧；大于1Ω小于0.1MΩ的称为中值电阻，这种电阻在工作中遇到的机会较多，如电灯泡、镇流器、一般的电阻器、电位器、小电机绕组，还有电流表、电压表测量线圈的电阻；大于0.1MΩ的电阻称为大电阻，如导线的外皮、接线柱的外壳、绕制变压器和电机绕组的漆

包线上的绝缘漆、仪表的外壳、电子沙盘的基板。根据其特性又可分为线性电阻和非线性电阻。如常用的电阻器、电位器都属于线性电阻；二极管、三极管、电灯泡的电阻值不是常数，可被抽象为非线性电阻。

由于电阻值相差很大，其测量工具及测量方法也有所不同，在物理学实验中已有详细介绍。在此，我们用直接测量法和间接测量法练习中值电阻的测量。

什么是直接测量法呢？顾名思义就是直接测量要测的那个物理量。测量电阻所用的工具有欧姆表、万用表、电桥。在这里只练习用万用表测电阻的方法，如果你用的是指针式万用表，先选好倍率挡位，再作欧姆调零：将两只表笔短接，转动调零电位器，使指针指向 0Ω 刻度，即可测试，被测电阻的阻值等于表针指出的刻度数乘以所选挡位的倍数。以后，每更换一个挡位都要重新调零。如果你用的是数字万用表，要注意表内电池电压是否正常，选好欧姆挡位直接测试，液晶屏上显示的数值就是被测电阻的阻值。

间接测量法，就是先测出其他物理量，再通过计算来获得所要的物理量。在此，我们给电阻两端加上电压，然后测出电阻两端的电压和流过电阻的电流，根据欧姆定律 $R=U/I$ 即可算出其阻值。这种测量法叫伏安法。

1. 组件的伏安特性

电阻器与电位器的伏安特性是以施加在它两端的电压 U 及流过该组件的电流 I 之间的关系来表征的，以伏安特性 $U=f(I)$ 或 $I=f(U)$ 来表示。

线性电阻的阻值是常数，它两端的电压与流过的电流成正比，电阻器与电位器属于线性电阻。伏安特性曲线是一条通过原点的直线，如图 3－1 所示。它表明了线性电阻的 U、I 的比值 R 是一个常数，其大小与 U、I 的大小及方向无关。这说明线性电阻对不同方向的电流或不同极性的电压其性能是一样的，这种性质称为双向导电性。

非线性电阻的阻值不是常数，如电灯泡、二极管、稳压二极管等都可以抽象为一个非线性电阻组件，它们的伏安特性曲线不是直线而是曲线，如图 3－2 所示。本实验中加入非线性电阻的测试，仅仅为了与线性电阻相比较，以说明非线性的概念，实验对象选择了二极管，并不是为了研究它的完整特性，所以，只测其正向特性以说明问题。

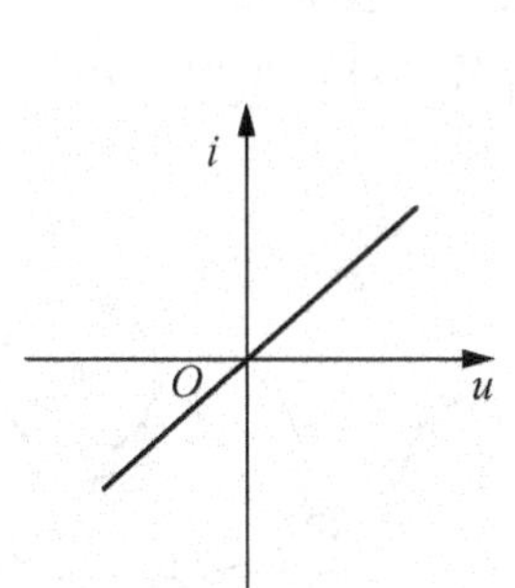

图 3－1 线性电阻伏安特性曲线

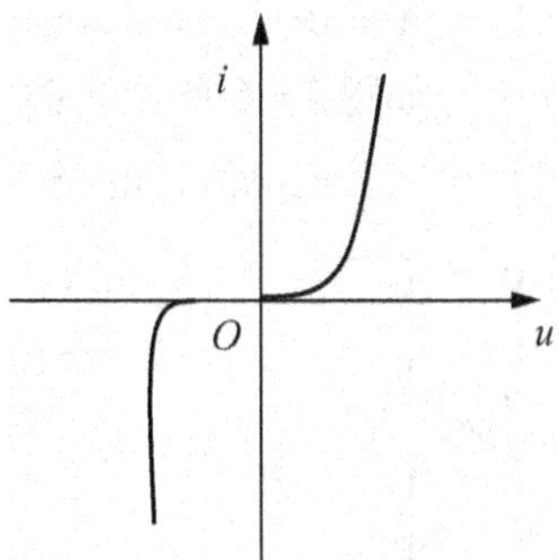

图 3－2 非线性电阻的伏安特性曲线

理想电压源的伏安特性：其端电压是固定的数值，无论负荷怎样变化，端电压保持一定，与通过它的电流无关。直流理想电压源的伏安特性曲线如图 3－3 所示。新的干电池或充满电的蓄电池、实验室里使用的稳压电源，在一定范围内具有这种特性。

实际电压源的伏安特性：在电路分析中，常把它用一个理想电压源与一个电阻串联的电路模型来描述，它的伏安特性曲线如图 3－4 所示。用久了的干电池、蓄电池，还有录放机使用的小电源，其伏安特性就是这样的。

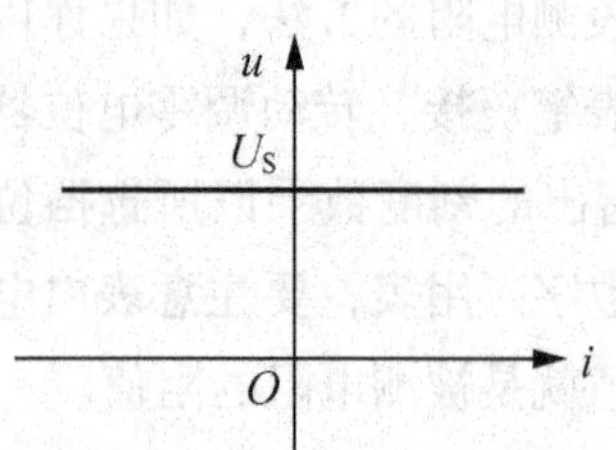

图 3－3　理想电压源的伏安特性曲线　　图 3－4　实际电压源的特性曲线

2. 电压与电流的测量

在本实验中的电量都是直流量。直流电压是有极性的，直流电流是有方向性的，直流测量仪表也是有极性的。在此，用万用表测电压，用毫安表测电流。

用万用表测量直流电压，首先调节万用表的旋钮指向 DC－V 的合适的挡位(选择量程)，这时万用表相当于一只直流电压表，测量时通过两只表针临时并联在被测电路的两端，红表棒一端为正极，要接高电位一侧，黑表棒一端为负极，要连到低电位一侧，连接反了表针会反偏。

测量电流的毫安表是通过电流插头、插座串联在被测电路中的，要保证电流从毫安表的正极流入，负极流出，否则，表针反偏。毫安表是在测量时临时串入电路的，不是固定接入的，这样可一表多用。在 DZ-I 型电子沙盘上有 4 个电流插口(电流插口在电路中的表示符号如图 3－5 所示)，在需要测量电流的每条支路中要各串入一个电流插口。测量电流时，将电流插头插入电流插孔内，电流表就串联到电路中了。电流插头是用双面覆铜板做的，涂红色标记的一侧焊接了一条红线，接到毫安表的正极测量端子上，另一侧的导线接到负极测量端子上，如图 3－6 所示。插入电流插口后若表针反偏时，拔出插头反过来再插入即可，由此还可以确定电流在电路中的实际方向。

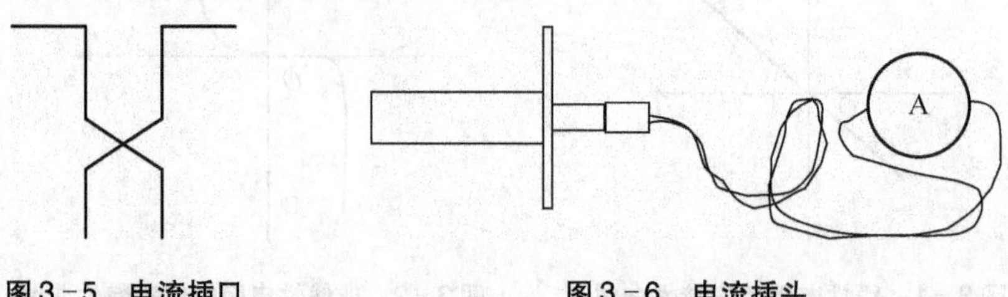

图 3－5　电流插口　　图 3－6　电流插头

3.1.3 实验内容及步骤

1. 电阻的测量

（1）练习用万用表测量组件的电阻：测量表 3－1 中列出的元器件的阻值(每测完一个器件，作记录，将器件放回原处，再找出另一个测试)。

表 3－1 各组件的阻值

元器件	电泡灯	镇流器	日光灯灯丝		三相交流电动机绕组		
阻值/Ω							

（2）从组件盒里取两个电阻并测出它们的阻值，然后在 DZ－I 型电子沙盘上把它们做串联连接，用万用表测出串联后的总电阻。串联电路的原理图如图 3－7(a)所示(要串入一个电流插口)。把测量值记入表 3－2。

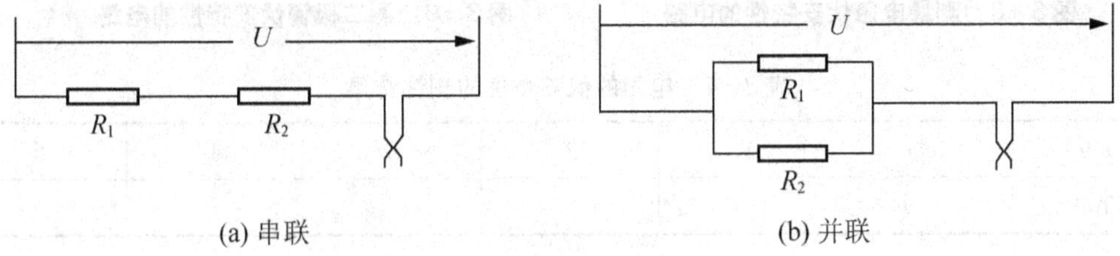

(a) 串联 (b) 并联

图 3－7 电阻的串联、并联电路

（3）用伏安法测量串联电阻。在串联电路两端接上 3V 的电压(用干电池或稳压电源)，然后用毫安表测量串联电路中的电流，用万用表测量电压。测量值记入表 3－2 中。

表 3－2 直接测量的结果

组件	R_1	R_2	串联	并联
阻值/Ω				

（4）把两个电阻改为并联连接，如图 3－7(b)所示，用万用表测出并联电阻值。测量值记入表 3－2 中。

（5）在并联电路两端接上 3V 的电压，测量其电流、电压值，记入表 3－3 中，计算阻值。

表 3－3 用伏安法测量的结果

	串联	并联
电压/V		
电流/mA		
电阻/Ω		

2. 组件伏安特性的测量

1）测量线性电阻的伏安特性

取 $R=200\Omega$ 的电阻作为被测组件，2.2kΩ 的电位器作分压器。按图 3－8 接好线路（实验用直流电源可用直流稳压电源，也可用干电池组）。根据表 3－4 中给定的参考电压值，测出对应的电流值并记录。

2）测量二极管的正向伏安特性

取硅二极管一只，200Ω 限流电阻一只，按图 3－9 接线。

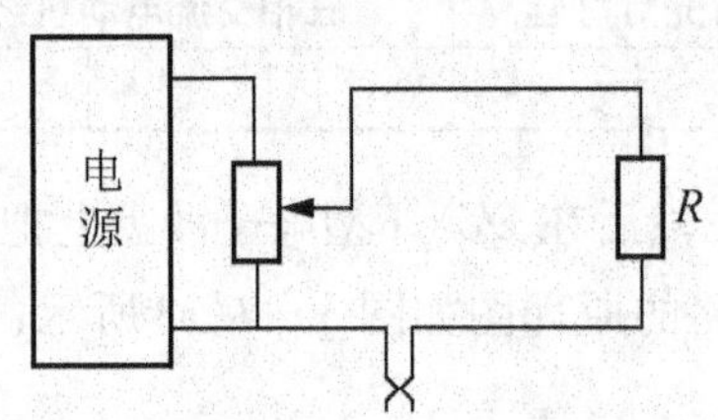

图 3－8　测量电阻伏安特性的电路

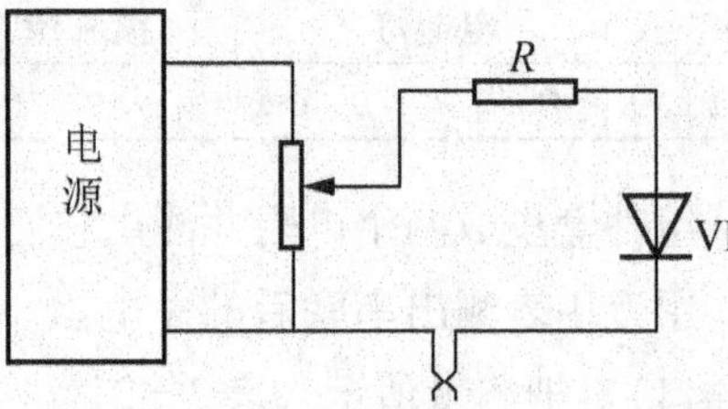

图 3－9　测二极管伏安特性的电路

表 3－4　电阻的伏安特性的测量结果

U/V	0.5	1	2	3	4	5
I/mA						

根据表 3－5 中给定的电压值，测出对应的电流值并记录。

表 3－5　二极管的伏安特性的测量结果

U/V	0.1	0.2	0.3	0.4	0.5	0.6	0.65	0.7
I/mA								

3）测量稳压电源（或新干电池）的伏安特性

把实验室用的稳压电源作为理想电压源，也可用 3 节新的干电池组。取限流电阻 $R_1=200\Omega$，可变电阻 $R_2=2.2\text{k}\Omega$。R_1 的作用是在 R_2 调为零时防止电源短路的；R_2 是作为可变负载用于调节电源输出电流的。按图 3－10 接线。调节稳压电源的输出电压 $U_o=6$V（空载）。根据表 3－6 中给定的电流值，测出对应的电压值并记录。

表 3－6　理想电压源的伏安特性的测量结果

I/mA	0	5	10	15	20	25	30
U/V							

4）测量实际电压源的伏安特性

如果你有小电源，可带来作为被测电源。如果没有，可选用实验室为你准备的干电池

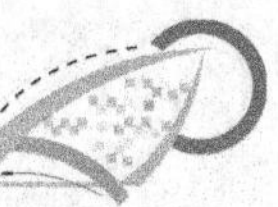

作被测对象。实验电路与图 3-10 相同，只要把稳压电源拆去，接上实际电源(你带来的小电源)即可。根据表 3-7 中给定的电流值测出对应的电压值。如果被测对象不能提供表中给定的较大的电流，你可另选几个电流值进行测试。

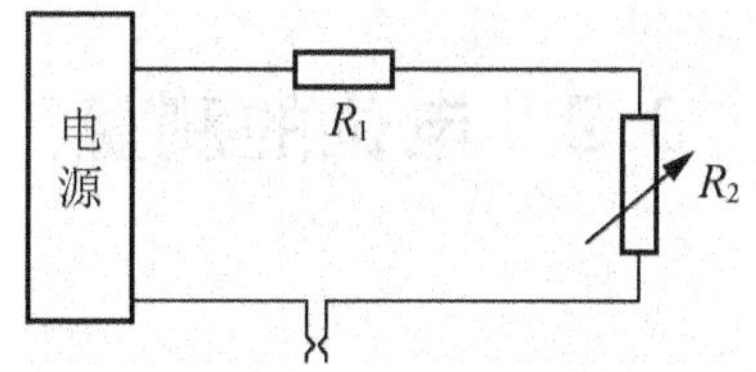

图 3-10 测量电源伏安特性的电路

表 3-7 实际电压源的伏安特性的测量结果

I/mA	0	5	10	15	20	25	30
U/V							

3.1.4 实验设备及器件

多路稳压电源或干电池盒两只
直流毫安表 一只
万用表 一只
电子沙盘 一只
电流电阻组件 二只
电位器 一只
电流插头 一只
导线 若干

3.1.5 实验报告要求

(1) 参考序言中关于编写实验报告的规则及要求，结合本实验的要求书写实验报告。

(2) 根据实验中所得数据，在坐标纸上绘制线性电阻、二极管、理想电压源、实际电压源的伏安特性曲线。

(3) 分析实验结果，并得出相应的结论。

3.1.6 预习要求

(1) 阅读本次实验项目的内容。

(2) 阅读实验项目中与《电工学》教科书中相关的知识，实验前应写出预习报告。

(3) 在预习报告的电路图中标出电压表(万用表)、毫安表接入电路时的极性。

3.2 电位的测量

3.2.1 实验目的

(1) 掌握测量电路中各点电位的方法，并通过对电路中各点电位的测量来加深电位、电压及它们之间的关系的理解。

(2) 继续练习万用表、直流毫安表的使用。

3.2.2 实验原理

(1) 如果在电路中取某一点作为电位的参考点，并令参考点的电位为0V，则电路中其他各点的电位就是这一点到参考点之间的电位差。电位是一个相对物理量。如果参考点选择不同，某点电位的数值也不同，但每两点之间的电位差是不变的。

(2) 在一电路中，由参考点开始沿某一回路循环，每经过通有电流的电阻，则电位就逐步下降(当循行方向和电流方向一致时)或逐步上升(当循行方向和电流方向相反时)。电位下降或上升的数值就等于经过的这一段电阻上的电压降；每经过一个电源，电位也有一升高(当循行方向和电势方向一致时)或降低(当循行方向和电势方向相反时)。其电位升高或降低的数值等于该电源的端电压。同时在任一闭合回路中，从某点出发绕回路一周回到该点，各段电位差的代数和等于零。

(3) 在一个电路中可能有电位相同的点。如果在两个同电位点之间存在有一条支路，将这条支路断开或短接，电路的工作状态不会改变。

3.2.3 实验内容及步骤

(1) 按图3-11接线，选A点为参考点，测量A、B、D、E、F各点的电位 V_A、V_B、V_C、V_D、V_E、V_F 及各段电压 U_{AB}、U_{BC}、U_{CD}、U_{DE}、U_{EF}、U_{FA}，并记录于表3-8中。(提醒：注意电位及电压的正负。)

(2) 选E点为参考点，重测 V_A、V_B、V_C、V_D、V_E、V_F 及各段电压 U_{AB}、U_{BC}、U_{CD}、U_{DE}、U_{EF}、U_{FA}，并记录。

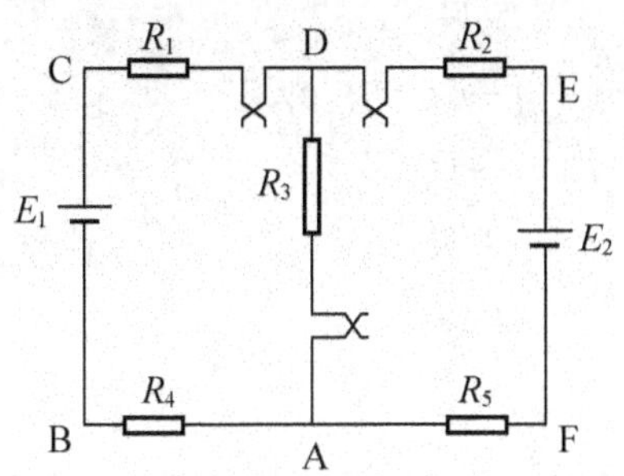

图3－11 步骤1、2的实验电路

表3－8 实验数据记录表

	V_A/V	V_B/V	V_C/V	V_D/V	V_E/V	V_F/V	U_{AB}/V	U_{BC}/V	U_{CD}/V	U_{DE}/V	U_{EF}/V	U_{FA}/V	I/mA
步骤1													
步骤2													
步骤3													
步骤4													
步骤5													

(3) 把电路改为图3－12所示的结构，研究等电位点的有关知识。选D点作参考点，测量表中各量。找出等电位点。测量等电位点之间那条支路的电流。

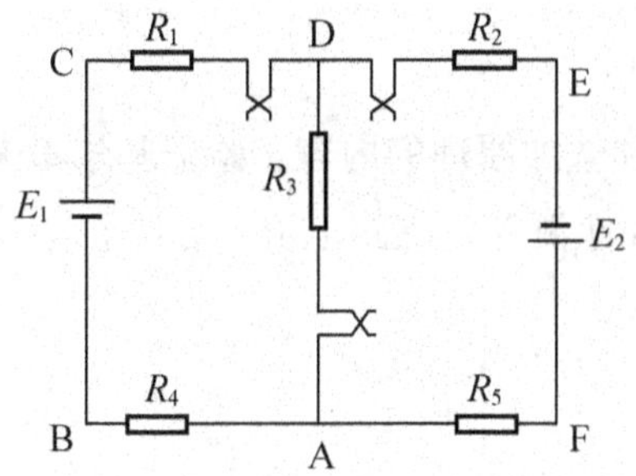

图3－12 步骤3、4的实验电路

(4) 把等电位点之间的支路断开，再测表中各量。

(5) 短接等电位点(不要把电流插口短接)，再测各点的电位及各个电压、电流。

3.2.4 实验设备及器件

(1) DZ－1型电子沙盘　　一个

(2) 稳压电源　　一台

(或干电池组两组)

(3) 电阻元件　　5只
(4) 万用表　　一只
(5) 直流毫安表　　一只
(6) 电流插头　　一只
(7) 鳄鱼夹线　　4条

3.2.5 实验报告要求

(1) 根据从实验步骤1、2中测得的数据，总结你对电位及电压的概念、相关理论的理解、认识。

(2) 根据步骤1测得的数据，计算回路CDABC的总电位差。这个计算可用来验证哪条电路定律？计算结果是否符合电路定律？若有差别，解释原因。

(3) 根据步骤3、5测得的电流结果，解释为何电流为零。

(4) 在步骤4、5中对电路结构改变后，为何不影响电路的工作状态。

3.3 基尔霍夫定律和叠加原理

3.3.1 实验目的

(1) 掌握基尔霍夫定律和叠加原理的内容，验证基尔霍夫定律和叠加原理的正确性。

(2) 学会用电流插头、插座测量各支路电流的方法。

3.3.2 实验原理

(1) 基尔霍夫定律是电路的基本定律。测量某电路的各支路电流及每个元件两端的电压，应能分别满足基尔霍夫电流定律(KCL)和电压定律(KVL)。

基尔霍夫第一定律，也称节点电流定律(KCL)：对电路中的任一节点，在任一时刻，流入节点的电流之和等于流出节点的电流之和，即对电路中的任一个节点而言，应有$\sum I=0$。

基尔霍夫第二定律，也称回路电压定律(KVL)：对电路中的任一闭合回路，沿回路绕行方向上各段电压的代数和等于零，即对任何一个闭合回路而言，应有$\sum U=0$。

运用该定律时必须注意各支路或闭合回路中电流的正方向，此方向可预先任意设定。

(2) 叠加原理。叠加原理是线性电路分析的基本方法，它的内容是：有线性电阻和多个独立电源组成的线性电路中，任何一支路中的电流(或电压)等于各个独立电源单独作用

时，在此支路中所产生的电流(或电压)的代数和。

当某个电源单独作用时，其余不起作用的电源应保留内阻，多余电压源作短路处理，多余电流源作开路处理。

3.3.3　实验内容及步骤

实验线路如图 3－13 所示。

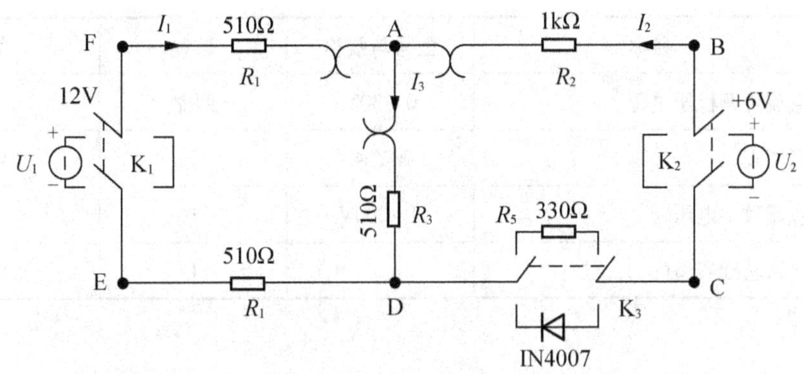

图 3－13　实验原理图

(1) 将两路稳压源的输出分别调节为 12V 和 6V，接入 U_1 和 U_2 处。

(2) 令 U_1 电源单独作用(将开关 K_1 投向 U_1 侧，开关 K_2 投向短路侧)。用直流数字电压表和毫安表(接电流插头)测量各支路电流及各电阻元件两端的电压，数据记入表 3－9 “线性” 栏。

表 3－9

实验内容 \ 测量项目		U_1/V	U_2/V	I_1/mA	I_2/mA	I_3/mA	U_{AB}/V	U_{CD}/V	U_{AD}/V	U_{DE}/V	U_{FA}/V
U_1单独作用	线性										
	非线性										
U_2单独作用	线性										
	非线性										
U_1、U_2共同作用	线性										
	非线性										

(3) 令 U_2 电源单独作用(将开关 K_1 投向短路侧，开关 K_2 投向 U_2 侧)，重复实验步骤 2 的测量和记录，数据记入表 3－9 “线性” 栏。

(4) 令 U_1 和 U_2 共同作用(开关 K_1 和 K_2 分别投向 U_1 和 U_2 侧)，重复上述的测量和记录，数据记入表 3－9 “线性” 栏。

(5) 将 R_5(330Ω)换成二极管 1N4007(即将开关 K_3 投向二极管 1N4007 侧),重复 1 ~ 4 的测量过程,数据记入表 3-9 “非线性”栏。

3.3.4 实验设备及器件

实验设备及器件见表 3-10。

表 3-10 实验设备及器件

序号	名称	型号与规格	数量	备注
1	直流可调稳压电源	0 ~ 30V	两路	
2	万用表	MY64	1	自备
3	直流数字电压表	0 ~ 200V	1	
4	电路基础实验(一)		1	DDZ-11

3.3.5 实验注意事项

(1) 所有需要测量的电压值,均以电压表测量的读数为准。U_1、U_2 也需测量,不应取电源本身的显示值。

(2) 用电流插头测量各支路电流时,或者用电压表测量电压降时,应注意仪表的极性,并应正确判断测得值的“+”、“-”号。

(3) 注意仪表量程的及时更换。

3.3.6 思考题

(1) 实验中,若用指针式万用表直流毫安挡测各支路电流,在什么情况下可能出现指针反偏?应如何处理?在记录数据时应注意什么?若用数字直流电流表进行测量时,则会有什么显示?

(2) 实验电路中,若有一个电阻器改为二极管,试问叠加原理还成立吗?为什么?

3.3.7 实验报告要求

(1) 根据实验数据,选定节点 A,验证 KCL 的正确性。

(2) 根据实验数据,选定实验电路中的任一个闭合回路,验证 KVL 的正确性。

（3）根据实验数据，分别在线性和非线性情况下对每一变量如 I_2、U_{AB} 等，验证叠加原理的正确性。

（4）根据实验数据表格，进行分析、比较，归纳、总结实验结论。

（5）心得体会及其他。

3.4　直流二端网络参数的测定

3.4.1　实验目的

（1）学习直流网络参数的测量方法。

（2）通过对含源二端网络端口特性及其等效电路端口特性的测试、比较，加深对“等效”概念的理解。

（3）学习测量等效电路参数的基本方法。

（4）进一步熟悉万用表、直流毫安表、稳压电源的使用方法。

3.4.2　实验原理

直流网络：常用的有单端口网络和双端口网络，如图 3－14 所示。这两种网络都有无源网络和有源网络两种类型，还可以根据网络的特性将其分为线性网络和非线性网络。本实验只研究直流线性单端口网络。

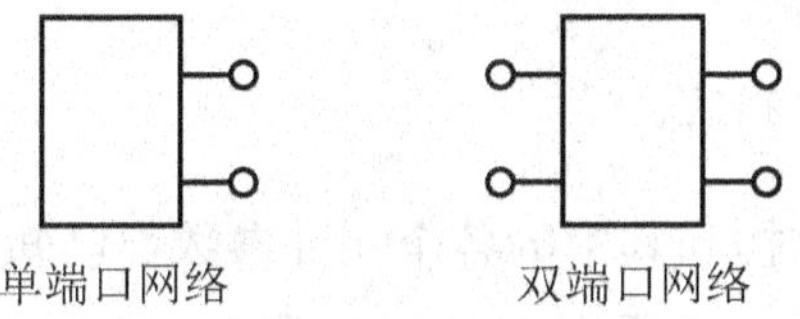

图 3－14　直流网络

单端口网络又称二端网络，是一个具有两个接线端的部分电路。直流线性无源二端网络是由若干线性电阻连成的电路，它可以被简化成一个等值电阻 R——称为该网络的输入电阻或入端电阻，用 Ri 表示，如图 3－15 所示。端口 AB 左边为研究对象，右边为外接负载。

有源二端网络是由线性无源二端网络和电源组成的网络。在此只研究含有独立电源的网络。任何一个由线性电阻和独立电源组成的含源二端网络，对外电路而言都有两种等效电路。其一是电压源—电阻以串联模式组成的戴维宁等效电路；其二是电流源—电阻以并联模式组成的诺顿等效电路，如图 3－16 所示。端口 CD 左边为研究对象，右边为外接负载。

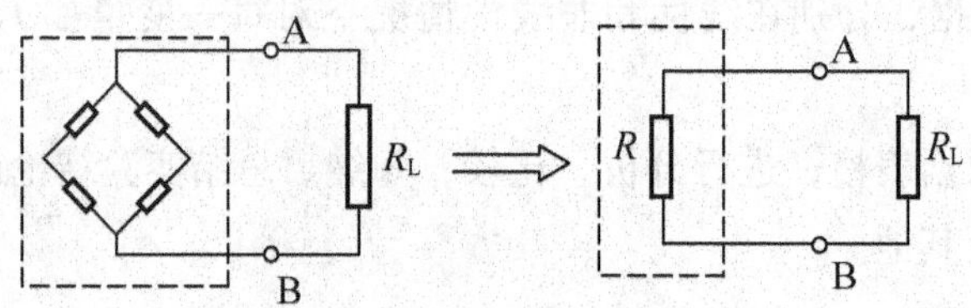

图 3-15　无源网络及其等效电路

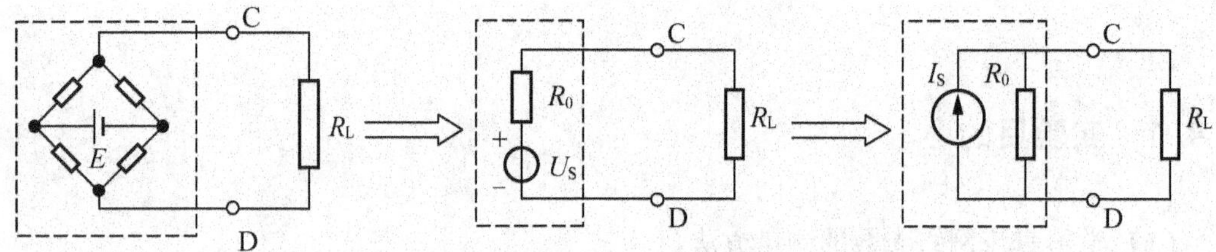

图 3-16　有源二端网络及其等效电路

1. 无源二端网络参数的测定方法

一个无源二端网络的结构和其中的各个元件参数都已知的条件下可通过理论计算确定其参数；如果不清楚的话，可用实验的方法测取它的参数。无源二端网络参数——R_i 的测定实际归结为对一个电阻的测定。这已不是新问题，在 3.3.1 节中我们曾练习了用万用表、伏安法测量电阻及其串并联电路的电阻值，那实际上就是无源二端网络，只是比较简单而已。在本实验中测量 R_i 时，首先根据戴维宁定理的内容，将电压源拆除并将其端口短路，再测 CD 端口开路时的电阻即为 R_i。

2. 有源二端网络参数的测定

一个有源二端网络的结构和其中的各个元件参数都已知的条件下可通过理论计算确定其参数；如果不清楚的话，可用实验的方法测取它的参数。有源二端网络的参数包括：等效电压源的源电压 U_S、等效电流源的源电流 I_S 及等值内阻(也称输出电阻) R_o。等效源电压 U_S 等于二端网络的开路电压 U_{OC}，等效源电流 I_S 等于二端网络的短路电流 I_{SC}，而输出电阻 $R_o = U_{OC} / I_{SC}$。因此，确定一个有源二端网络的等效电路的关键是获取其开路电压 U_{OC} 和短路电流 I_{SC}、输出电阻 R_o。下面介绍取得有源二端网络参数的几种实验测取法。

(1) 半偏法。电路图如图 3-17 所示。先调节可变电阻 R 为 0Ω，读取此时的电流值；再调节 R 使电流表的读数等于 R 为零时的读数的一半，则，此时 R 的阻值即为所求的入端电阻 R_i。也可改为用电压表测取 R 两端的电压。调节 R，使电压表的读数等于电源电压的一半，此时，R 的阻值即为所求的入端电阻的阻值(自己分析这种方法的原理)。

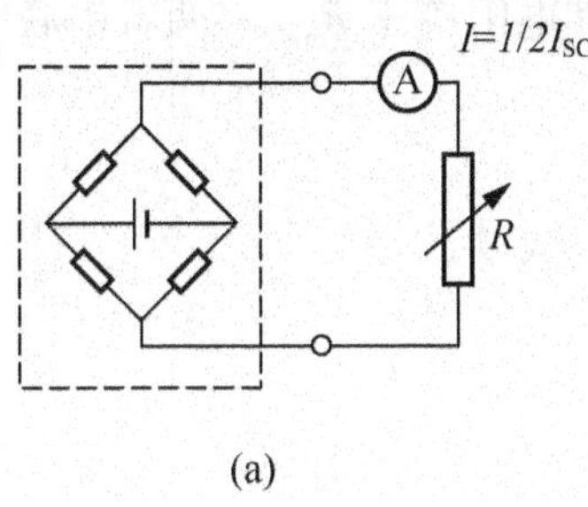

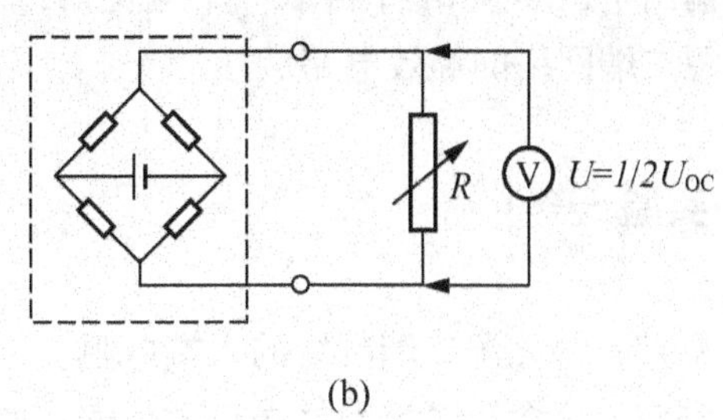

图3－17　半偏法测量电路

以上各种方法虽然都不如用电桥测量所得值精确，但是，只要选择精确度高的测量仪表及合理的测量电路也能够满足工程上的要求。

（2）开路—短路法。在网络端口允许短路的情况下，可用开路—短路法测量 U_{OC} 和 I_{SC}，如图3－18所示。（这种方法的使用是有限制的，只适用于等效内阻 R_o 较大，而且短路电流不超过额定值的情况，否则有损坏电源的危险。）

（3）直线延长法。在网络不允许短路的情况下可用“直线延长法”测量，其原理如图3－19所示。先测得网络的开路电压 U_{OC}，再接上一负载 R，测得此时的端电压 U 及端电流 I。在坐标上连接这两点（U_{OC}，0）、（U，I）并延长连接线至横轴交于点(0，I_{sc})，可求得 $I_S = I_{sc}$，于是，有源二端网络的参数为：$U_S = U_{OC}$；$I_S = \frac{U_{OC}}{U_{OC} - U}I$；$U_S = \frac{U_{OC} - U}{I}$。

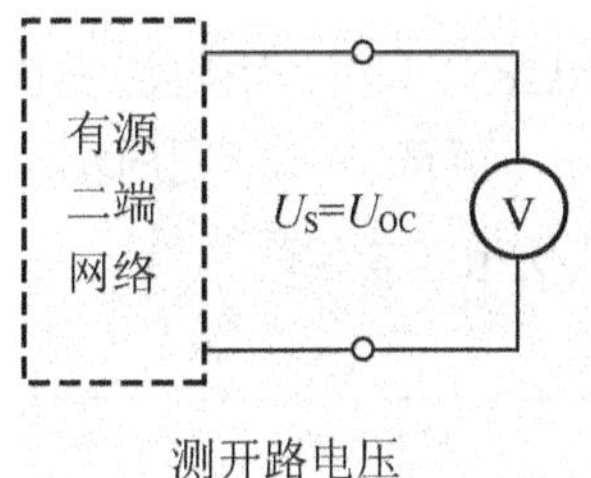

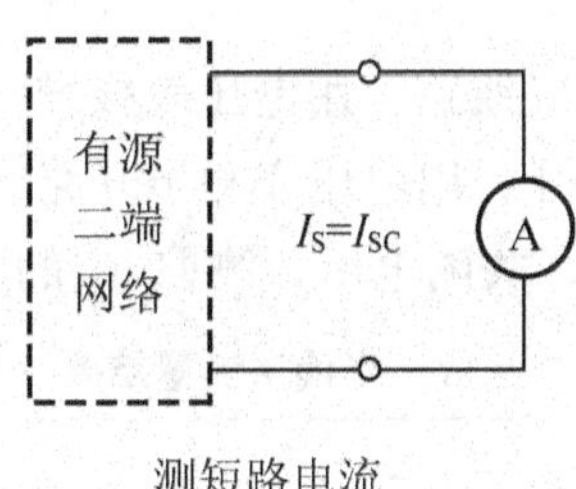

图3－18　开路—短路法

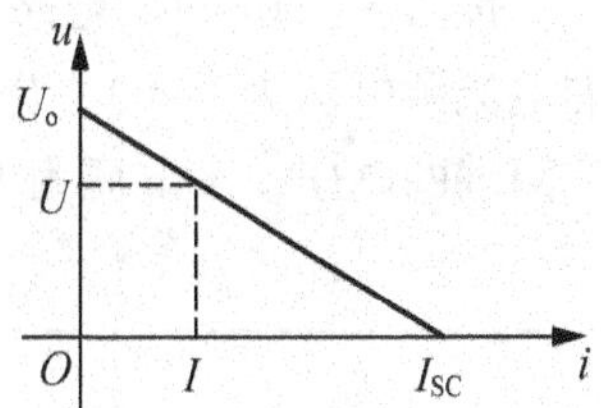

图3－19　直线延长线法

（4）两次电压法。如果图3－17中的 R_L 采用高精度的标准电阻，则可省去电流表，先测得开路电压 U_{OC}，再接上标准电阻 R，测得标准电阻两端的电压 U，可得：$U_S = U_{OC}$；$I_S = \frac{U}{R_L}\frac{1}{1 - U/U_{OC}}$；$R_o = \left(\frac{U_{OC}}{U} - 1\right)R_L$ 于是直线延长法就归结为电压的精确测量法。

在此应注意，即使采用精度很高的普通电压表，因其内阻总不会无限大，必然会由分流作用带来测量误差，特别是测量开路电压 U_{OC} 所产生的误差更显著。若要精确测量开路电压，可用补偿法和直流电位差计法。

除以上列出的方法外，还有其他方法。不论采用哪种方法，只要测得了有源二端网络的开路电压 U_{OC} 和等效电阻 R_o，便可确定出有源二端网络的戴维宁等效电路。调节稳压电源，使其输出电压等于 U_{OC}；再取一个电位器，调节其电阻等于 R_o。将两者串联起来，便构成了有源二端网络的等效电路。

3.4.3 实验任务

（1）测定一个无源二端网络的入端电阻。

（2）测定一个含源二端网络端口的伏安特性。

（3）测定该含源二端网络的戴维宁等效电路参数，并测试其等效电路端口的伏安特性。

3.4.4 实验内容及步骤

1. 用半偏法测量无源二端网络的参数 R_i

先按图 3-20(a)的电路测试。在沙盘上搭接好被测电路(串接电流表的位置接入电流插口)，用电阻箱(或多圈电位器)作可变电阻 R_L，稳压电源接入前，先调为 12V，电流源调为 10mA，关闭电源，接入电路中。将 R_L 调为 0，测取短路电流。再调节 R_L，使电流表指示到短路电流读数的一半。关闭电源，将 R_L 与电路断开，测取其阻值即是二端网络的入端电阻 R_i，记入表 3-11。

按图 3-20(a)的电路测试。接好线路，用电压表核准电压源电压为 12V，用电流表核准电流源电流为 10mA，先将 R_L 断开，用电压表测出开路电压 U_{OC}，再调节 R_L，同时测试其两端的电压，当电压为 $U_{OC}/2$ 时，关闭电源，测取 R_L 的阻值即为 R_i，记入表 3-11。

表 3-11 半偏法测量结果

	$R_o=R_i$	R_i(入端)
半电流		
半电压		

2. 测量有源二端网络的外特性 $U=f(I)$

按图 3-20(a)接线，在端口 AB 上接入可调负载电阻，改变负载的阻值，测出几组端口电压、端口电流，并记入表 3-12。开路电压 U_{OC} 与短路电流 I_S 可分别用数字万用表和直流毫安表直接测试，因万用表内阻的分流作用及毫安表内阻的分压作用造成的测量误差可忽略不计。

3. 测量等效电压源的外特性 $U'=f(I')$

由步骤 1、2 取得有源二端网络的开路电压 U_{OC} 及输出电阻 R_o(步骤 1 中取得的入端电

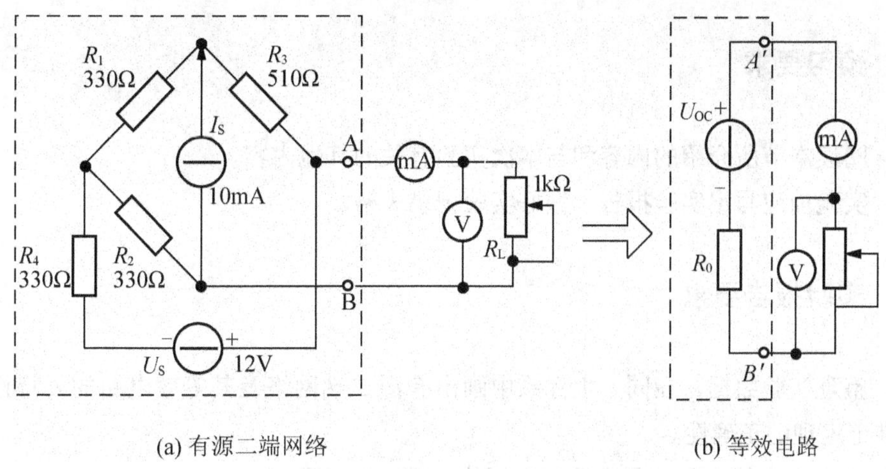

(a) 有源二端网络　　(b) 等效电路

图 3-20　戴维宁等效电路的测试

阻就是有源二端网络输出电阻 R_o）。将稳压电源的输出电压调为 U_{OC} 值，关闭电源，待用。

按图 3-20(b)接线，调节电位器，使 AB 间的电阻等于 R_o。由 U_{OC} 与 R_o 组成一个新的电压源，它就是图 3-16 电路中有源二端网络的戴维宁等效电源。调节负载电阻，测出几组端口电压、端电流，并记入表 3-12。开路电压、短路电流的测量参照步骤 2 进行。

表 3-12　外特性测量结果

	R/Ω	0	10	50	100	500	1k	5k	10k	50k	∞
有源二端网络	U/V										
	I/mA										
等效电路	U'/V										
	I'/mA										

3.4.5　实验设备及器件

（1）直流稳压电源　一台
（2）万用表　一块
（3）直流毫安表　一块
（4）DZ-I 型电子沙盘　一块
（5）电阻　5 支
（6）电位器　一只
（7）导线　若干

3.4.6 预习要求

（1）阅读本节所介绍的内容和与本次实验有关的其他内容。

（2）实验前应写出实验报告，做好实验记录表格。

3.4.7 实验报告要求

（1）整理实验数据，在同一坐标系中画出有源二端网络及其等效电路的外特性曲线，验证戴维宁定理的正确性。

（2）分析“半偏法”测量有源二端网络入端电阻的原理。

（3）回答：有源二端网络的参数是什么？本节介绍了哪几种取得有源二端网络参数的方法？这些方法的使用有无限制？

第4章

交流电路的实验

作用在电路中的电源是正弦交流电，电路中各部分的电压和电流也是正弦交流的，电压没有正极和负极之分，电流的方向时刻在变化，与直流电的性质完全不同；使用的测量仪表也是没有极性的。交流电路中的组件有交流电阻、电感、电容，它们的性质是不同的。当其中两种或三种组件同时存在于同一电路中时，电路的工作状态是丰富多彩的，电压、电流、功率间的关系也是复杂、微妙的。

同学们在实验中可能产生的疑问是“总电流怎么还不如某个支路电流大?”，这是因为忘记了交流电路的规律，用直流电路的规律来度量交流电路，当然对自己的测量结果会产生怀疑。如果做好预习就不会闹出这种笑话。

交流电路的实验有4个，电源是工频正弦交流电源或直接取自市电电网的50Hz的正弦交流电源，通过这一部分的实验，不仅可以使同学们加深对交流电路理论的认识，还能使学生学到安全用电常识，并能解决日常用电中出现的故障。

4.1 RLC串并联电路及功率因数的提高

4.1.1 实验目的

(1) 学习交流电压表、交流电流表及功率表的使用方法。

(2) 学习交流参数测量仪的使用方法。

(3) 研究正弦交流电路中电压、电流相量之间的关系。

(4) 了解提高感性负载功率因数的方法及意义。

(5) 了解日光灯电路的工作原理。

4.1.2 实验原理

正弦交流电是具有大小和相位的量，称为“相量”，以区别于“标量”、“矢量”。交流电的相位问题，必须特别注意。正弦交流电路的电压、电流、电势的大小和方向随时间周期性地变化，因此测量它们的瞬时值没有意义。在对正弦电路进行测量时，只要反映各电压、电流的大小和相位关系就可以了。实际中，用交流电压表、交流电流表分别测得正弦交流电路中的电压、电流的有效值，以反映电压、电流的大小；用相位表测得相位。也可利用相量运算求得各正弦量的大小和相位。

相量法的计算只限于正弦交流电路，不适用于非正弦交流电路。

在正弦交流电路中的任一闭合回路中，测得的各部分电压有效值的代数和一般是不满足基尔霍夫电压定律的，除非各部分电压的相位是相同的；同时测得汇集于任一节点的各电流有效值的代数和也是不满足基尔霍夫电流定律的，除非各个电流是同相位的。

图4-1(a)所示的电路中，电流的参考方向如图中所示，若用电流表测得 $I_C=0.6A$，$I_R=0.8A$，如果认为 $I=0.6+0.8=1.4A$，那就错了，由于 $\dot{I}_C$、$\dot{I}_R$ 的相位不同，不应将有效值相加，而应是相量相加。图4-1(b)所示的总电流有效值是 $\sqrt{I_C^2+I_R^2}=1A$。

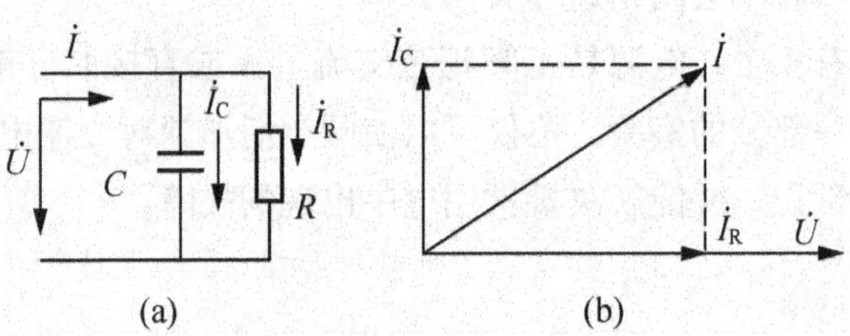

图4-1 RC并联电路与相量图

同样道理，用电压表测量图4-2(a)所示电路中的电压时，如果测得 $U_L=6V$，$U_R=8V$，总电压 U 并不等于13V，而应当按图4-2(b)所示的向量关系计算，总电压的有效值 $U=\sqrt{U_L^2+U_R^2}=10V$。

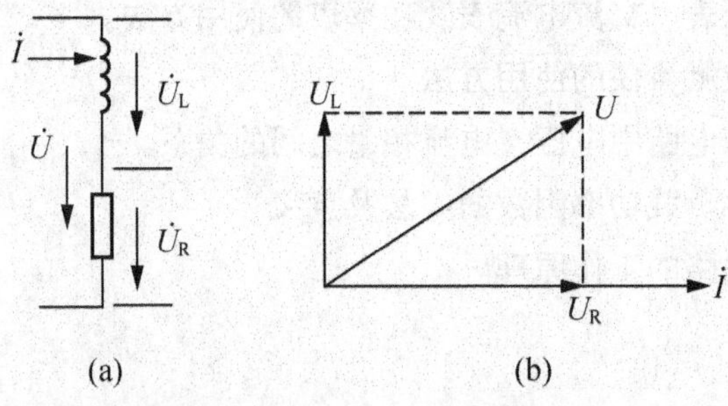

图4-2 RL串联电路与相量图

以上说明，在交流电路的测量过程中，要时刻注意各电压、电流的相位问题，不要将交流电路与直流电路同样看待。

交流电路的等效参数为电阻、电感、电容。实际组件并非是理想组件，每种组件呈现出不止一个参数，但在一定的条件下，电路中的每一个组件可用一定的等效参数来表示。

电阻组件在低频时可略去其寄生电感和分布电容看成纯电阻。在正弦交流电源的激励下，电阻两端电压 $\dot{U}$ 与其中的电流 $\dot{I}$ 的关系为

$$\dot{U} = \dot{I}R \quad U = IR$$

U 与 I 同相，电阻消耗的平均功率为

$$P = UI = I^2R$$

电容器有一定的漏电电阻存在，容量大的还有一定的电感，一个实际电容器的等效参数是电阻与电容的并联电路串联一个小电感，但在低频电路中，电感及漏电阻的影响可以略去，作为纯电容 C 处理。在正弦交流情况下，电容两端电压 $\dot{U}_C$ 与电流 $\dot{I}$ 的关系为

$$\dot{U}_C = -\mathrm{j}X_C\dot{I} = -\mathrm{j}\frac{1}{\omega c}\dot{I} = \frac{1}{\omega c}\dot{I}\ \angle -90°$$

$$U_C = IX_C = I\frac{1}{\omega c}$$

电容电压落后电流 90°，电容吸收的平均功率为零。

电容的瞬时功率的最大值为

$$Q_C = U_C I = X_C I^2$$

Q_C 称为无功功率，单位为乏(var)。

电感器：实际的电感线圈不仅有电感，还有电阻和匝间的分布电容。在工频正弦电路中，电感线圈的分布电容可以略去，但线圈的电阻一般不能忽略。在低频应用情况下，电感线圈可以用电阻和电感这两个参数表示，电路模型为二者的串联电路。在正弦交流电源激励的情况下，电感线圈的复阻抗

$$Z = R_L + \mathrm{j}X_L = R_L + \mathrm{j}\omega L = \sqrt{R_L^2 + (\omega L)^2}\ \angle\varphi$$

在电力系统中，当负载的有功功率一定、电源电压一定时，功率因数越小，供电线路中的电流越大，在供电线路上的功率损耗(称为线损)越大，线路上的压降越大，从而降低了电能的传输效率，影响供电质量，也使电源容量得不到充分利用。因此，提高功率因数具有重大的经济意义。

用电设备多数都是电感性负载，如电动机、变压器、电风扇、洗衣机等都是功率因数较低的感性负载，可用 RL 串联电路来表示。提高感性负载功率因数的方法是在 RL 电路两端并联电容器。其实质是利用电容器中超前于电压的无功电流去补偿 RL 支路中的滞后于电压的无功电流，以减小总电流的无功分量，也就是利用容性无功功率去补偿感性负载中的感性无功功率，以减小电源提供的总无功功率。从能量角度看，并联电容后使电场能

量与部分磁场能量相互交换，从而减小电源与负载间的能量交换。由此可见，提高功率因数的结果是减轻了电源所负担的无功电流和无功功率。整个电路对电源来说，功率因数提高了，但 RL 支路的电流、功率因数、有功功率并没有变化。

负载的功率因数可用三表法测出 U 、I、P 后，按公式 $\cos\varphi = \frac{P}{UI}$ 计算得到。也可用功率因数表或交流参数测量仪直接测得。

4.1.3 实验任务

（1）了解日光灯的各部件及工作原理。

（2）按图 4－3 接线，经指导老师复查后，再接通电源。

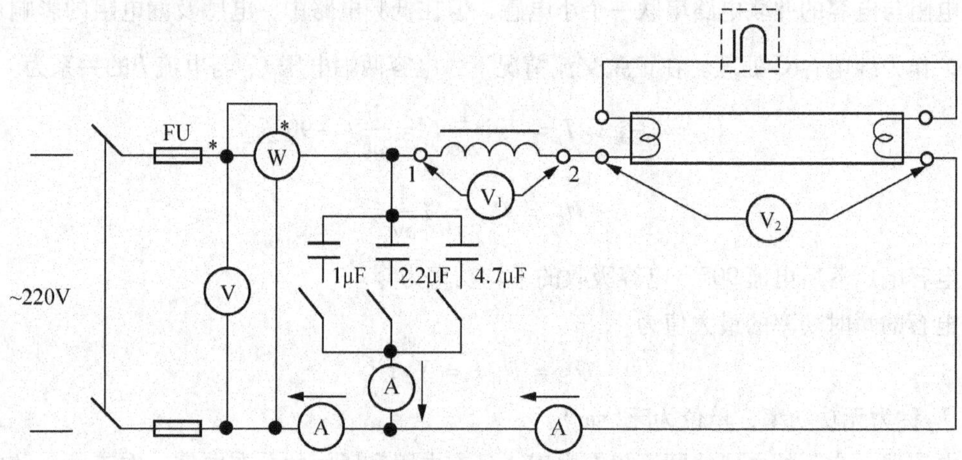

图 4－3 实验线路图

（3）在老师的指导下点亮日光灯(图中的启辉器用一开关代替)，并注意观察日光灯的点亮过程。(提醒：因日光灯的启动电流比较大，日光灯点亮之前，不可把电流表插头插入电流插口内，以免烧坏电流表。)

（4）完成表 4－1 所列项目的测试任务。

表 4－1 实验数据记录表

电容 C/μF	U/V	U_L/V	U_R/V	I_R/mA	I_C/mA	I/mA	P/W	cosφ(测量)	cosφ(计算)
不接									
1									
2.2									
3.2									
4.7									
5.7									
6.9									

7.9									

4.1.4　实验内容及步骤

实验线路图如图 4 -3 所示。

本实验线路选用了日光灯电路，主要组成部件有灯管、启辉器、镇流器等。

工作原理：日光灯管内壁上涂有荧光物质，管内抽成真空，并充入少量的水银蒸汽。灯管的两端各有一个灯丝串联在电路中，灯管的起辉电压在 300 ~ 500V 之间，起辉后管压降约为 100V 左右(30W 日光灯的管压降)，所以日光灯不能直接在 220V 的电压上使用。启辉器是一个小型氖泡，相当于一个自动开关。它有两个靠得很近的电极，其中一个电极是双金属片制成，在电路不通电和日光灯正常工作时，两电极是断开的。电路接通电源时，220V 交流电压全部加在启辉器两端，使两电极之间产生辉光放电，双金属片电极热膨胀后，使两电极接通，此时灯丝也被通电加热。当两电极接通后，两电极放电现象消失，双金属片因降温而收缩，使两极分开，电流消失。镇流器是一个带有铁心的大电感线圈，在两极断开、电流消失的瞬间，镇流器将产生很高的自感电压，该自感电压和电源电压一起加到灯管两端，使灯丝之间产生弧光放电并射出紫外线，激发涂在管壁上的荧光粉发出可见光。当灯管起辉后，镇流器又起着降压、限流的作用。

4.1.5　实验设备及器件

交流电压表	一块	电容箱	一只
交流电流表	一块	电流插口	3 只
功率表	一块	电流插头	一只
交流参数测量仪	一台	起辉器座	一只
日光灯管(20W)	一只	电压测试棒	一副
日光灯管座	2 只		

4.1.6　实验报告要求

(1) 根据在实验中测得的数据，求出日光灯电阻、镇流器电阻、镇流器电感。

(2) 根据测得的数据，计算出并联不同电容时的总负载的功率因数。

(3) 计算出总负载功率因数等于 1 时需并联的电容值。

(4) 解答思考题。

4.1.7 思考题

（1）若日光灯通电后，灯管两端发红或发白，但始终不能点亮，试解释故障原因。

（2）并联电容器后，对日光灯支路的电流、功率、功率因数有无影响？

（3）并联电容器后，电路中受影响的量有哪几个？

（4）并联电容器后，如何从电流的变化，判断功率因数的增减？

4.1.8 预习要求

（1）认真阅读实验内容，复习教科书相关知识。

（2）写出预习报告。

4.2 互感电路观测

4.2.1 实验目的

（1）观察两个线圈互感耦合受哪些因素的影响。

（2）判别两个线圈的同名端。

（3）学会互感系数以及耦合系数的测定方法。

4.2.2 原理说明

（1）图4-4(a)给出两个有磁耦合的线圈，设电流 i_1 从1号线圈的A流入，电流 i_2 从2号线圈的C流入，由线圈1产生而交链于2号线圈的互感磁通量为 ψ_{21}，i_2 产生的自感磁通量为 ψ_{22}，当 ψ_{21} 与 ψ_{22} 方向一致时，互感系数(互感) M_{21} 为正，则称1号线圈的端钮A和2号线圈的端钮C(或B和D)为同名端，若 ψ_{21} 与 ψ_{22} 方向不一致，如图4-4(B)所示，则称端钮A和端钮C(或B和D)为异名端(即A，D或B，C为同名端)。

（2）判断耦合线圈的同名端在理论分析和工程实际中都具有很重要的意义。例如，变压器、电动机的各相绕组、LC振荡电路中的振荡线圈等都要根据同名端的极性进行连接。对于具有耦合关系的线圈，若其绕向和相对位置无法判别，可以根据同名端的定义，用实验方法加以确定。

① 直流通断法。如图4-5所示，把线圈1通过开关K接到直流电源上，把一个直流

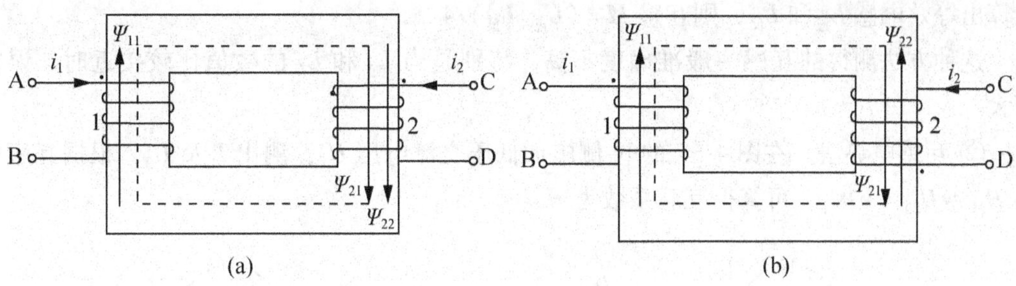

图4-4 两个线圈的耦合

电压表或直流电流表接在线圈2的两端。在开关K闭合瞬间，线圈2的两端将产生一个互感电势，电表的指针就会偏转。若指针正向偏转，则与直流电源正极相连的端钮A和与电表正极相连的端钮C为同名端；若指针反向偏转，则A、C端钮为异名端。

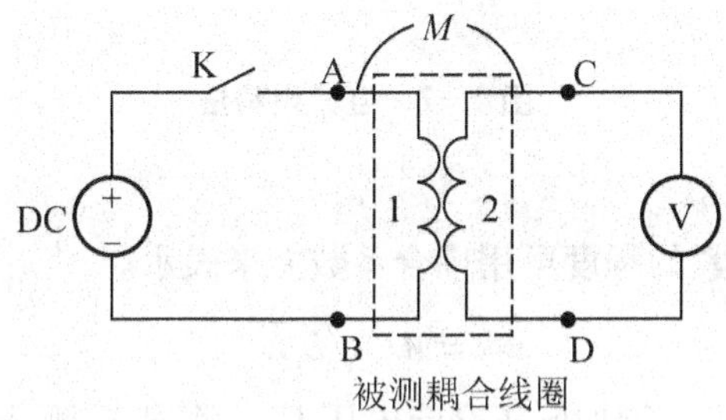

图4-5 直流通断法

② 等效电感法。设两个耦合线圈的自感分别为 L_1 和 L_2，它们之间的互感为 M。若将两个线圈的非同名端相连，如图4-6(a)所示，称为正向串联，则其等效电感为 $L_{正}=L_1+L_2+2M$。若将连个线圈的同名端相连，如图4-6(b)所示，称为反向串联，则其等效电感为 $L_{反}=L_1+L_2-2M$，显然等效电抗 $X_{正}>X_{反}$。

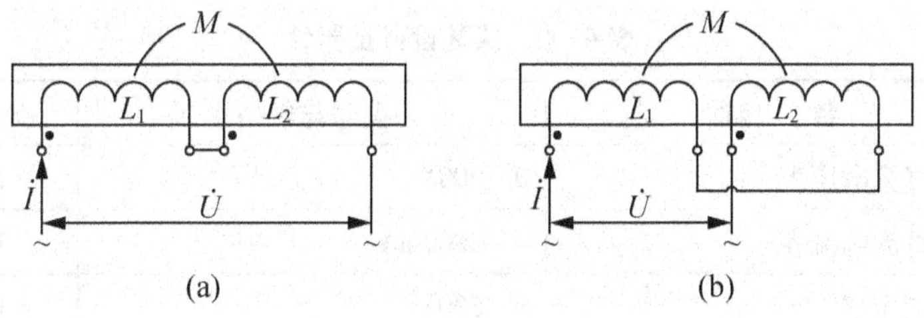

图4-6 两个线圈的串联

利用这种关系，在两个线圈串接方式不同时，加上相同的正弦电压，则正向串联时电流小，反向串联时电流大。同样，若流过相同的电流，则正向串联时端口电压高，反向串联时端口电压低。据此即可判断出两线圈的同名端。

(3) 互感M的测量方法。

① 等效电感法。用三表法测出两个耦合线圈正向串联和反向串联时的 U、I 和 P，并

计算出等效电感 $L_{正}$ 和 $L_{反}$，则互感 $M=(L_{正}-L_{反})/4$

这种方法测得的互感一般准确度不高，特别是当 $L_{正}$ 和 $L_{反}$ 的数值比较接近时，误差更大。

② 互感电势法。在图4-7的 N_1 侧施加低压交流电压 U_1，测出 I_1 及 U_2。根据互感电势 $E_{2M}\approx U_{20}=\omega MI_1$，可算得互感系数为 $M=U_2/\omega I_1$

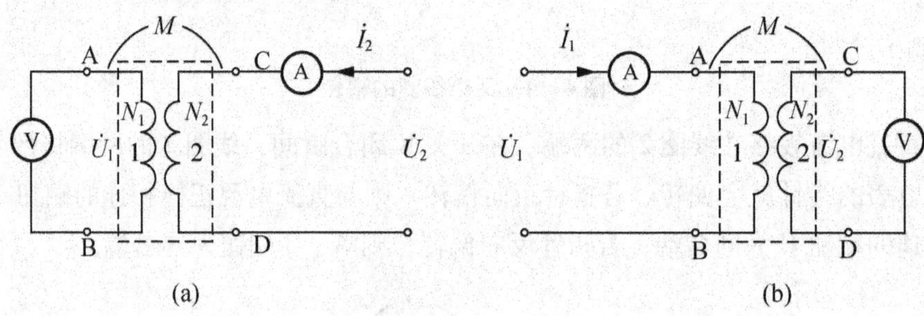

图4-7 互感电势法

③ 耦合系数 k 的测定。

两个互感线圈耦合松紧的程度可用耦合系数 k 来表示。

$$k=M/\sqrt{L_1L_2}$$

如图4-7所示，先在 N_1 侧加低压交流电压 U_1，测出 N_2 侧开路时的电流 I_1；然后再在 N_2 侧加电压 U_2，测出 N_1 侧开路时的电流 I_2，求出各自的自感 L_1 和 L_2，即可算得 k 值。

4.2.3 实验设备及器件

实验设备及器件见表4-2。

表4-2 实验设备及器件

序号	名　称	型号与规格	数量	备注
1	数字直流电压表	0~200V	1	
2	数字直流电流表	0~2000mA	1	
3	交流电压表	0~500V	1	
3	交流电流表	0~5A	1	
5	空心互感线圈	N_1为大线圈、N_2为小线圈	1对	
6	自耦调压器		1	
7	直流稳压电源	0~30V	1	
8	粗、细铁棒、铝棒		各1	
9	变压器	36V/220V	1	DDZ-20

4.2.4 实验内容及步骤

(1) 按图4-5接线，用直流通断法测定互感线圈的同名端。先将两线圈的任意两端串联并串入电流表接通电源前，应首先检查自耦调压器是否调至零位，确认后方可接通交流电源。缓慢调节施加的交流电压，设线路中电流为0.8A，测取端口电压，并记录；改变相互串联的两端，重复再一次测取端口电压，若第二次测得的端口电压高于第一次的，则第二次应为顺接，相连的两个端互为异名端，否则应互为同名端。

(2) 按照图4-6连接实验电路，用交流法测定互感线圈的同名端。

本方法中，由于加在 N_1 上的电压较低，直接用屏内调压器很难调节，因此采用如图4-8所示的线路来扩展调压器的调节范围。将 N_2 放入 N_1 中，并插入铁棒。Ⓐ为2.5A以上量程的电流表，N_2 侧开路。

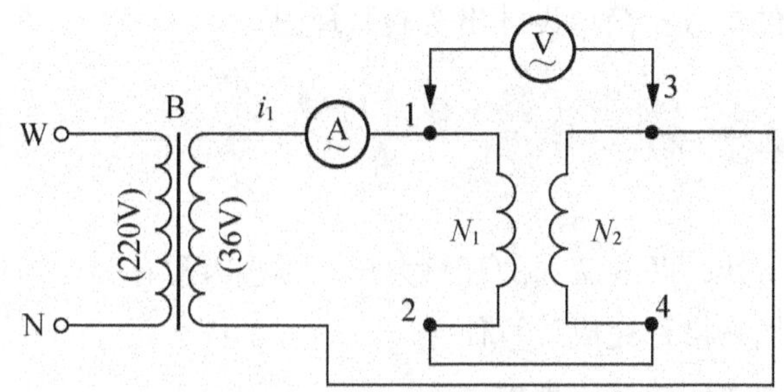

图4-8 用交流法测定互感线圈的同名端

接通电源前，应首先检查自耦调压器是否调至零位，确认后方可接通交流电源，令自耦调压器输出一个很低的电压(约12V左右)，使流过电流表的电流小于1.3A，然后用交流电压表测量 U_{13}，U_{12}，U_{34}，判定同名端。

拆去2、4连线，并将2、3相接，重复上述步骤，判定同名端。

(3) 按图4-7(b)缓调调压器，使 $I_1=1\text{A}$，N_1 侧开路连线，测 U_1，U_2，计算出 M。

(4) 将低压交流电加在 N_2 侧，使流过 N_2 侧电流小于1A，N_1 侧开路，测出 U_2、I_2、U_1，计算出 M。

(5) 用万用表的 R×1 挡分别测出 N_1 和 N_2 线圈的电阻值 R_1 和 R_2，用三表法分别测出 N_1、N_2 的 I、U、P，求出 L_1，L_2，从而计算 k 值。

(6) 观察互感现象：在图4-8的 N_2 侧接入交流电压表。

① 将铁棒慢慢地从两线圈中抽出和插入，观察交流电压表的变化，记录现象。

② 将两线圈改为并排放置，并改变其间距，以及分别或同时插入铁棒，观察交流电压表的变化及仪表读数。

③ 改用铝棒替代铁棒，重复步骤(1)、(2)，观察交流电压表变化，记录现象。

4.2.5 实验注意事项

(1) 测定同名端及其他测量数据的实验中，都应将小线圈 N_2套在大线圈 N_1中，并插入铁棒。

(2) 做交流试验前，首先要检查自耦调压器，要保证手柄置在零位。因实验时加在 N_1上的电压只有 2 ~3V，因此调节时要特别仔细、小心，要随时观察电流表的读数，不得超过规定值。调压时边观察电表边调压，不得超过电表规定的数值。

4.2.6 思考题

(1) 判断同名端有何作用?

(2) 怎么测定 L 的参数? 简单设计出实验原理图。

4.2.7 实验报告要求

(1) 从实验观察所知，两线圈间的互感大小与哪些因素有关? 为什么?

(2) 自拟测试数据表格，完成计算任务。

(3) 解释实验中观察到的互感现象。

(4) 心得体会及其他。

4.3 三相交流电路实验

4.3.1 实验目的

(1) 练习电阻性三相负载的各种连接方法。

(2) 认识三相四线制供电系统中线的作用。

(3) 学习三相交流电源的安全使用常识。

(4) 研究三相负载在对称及不对称情况下的线电压与相电压、线电流与相电流之间的关系及测量方法。

(5) 比较三相供电方式中的三线制和四线制的特点。

4.3.2　实验原理

1. 三相交流电源

工业和生活用的交流电源通常都是三相四线制低压电源，这是目前电力系统主要的供电方式。三相四线制中有三根相线，大家习惯称为火线，过去用 A、B、C 表示，现在用 L_1(U)、L_2(V)、L_3(W)表示；还有一根中线，常称之为零线，过去用 0 表示，现在记为 N。任意两根相线之间的电压称之为线电压，为 380V，线电压之间相位互差 120°，任意一根相线与中线之间的电压称作相电压，为 220V，线电压为相电压的 $\sqrt{3}$ 倍，并且线电压的相位超前相应相电压 30°。三根相线由三相开关(如三刀开关、空气开关——又称空气断路器)控制通断。电源总开关用空气开关，分路开关用容量小一点的空气开关或刀开关，刀开关的动触点一般在下方，经过三根保险丝(熔断器)接至负载，定触点在上方，接向电源，如图 4－9 所示(参看实验室的配电盘)。中线(零线)不经任何开关控制，也不允许接保险丝。电源的中点与大地相接，因此有人把零线称作地线，但严格说来它们是有区别的。

常用电器设备及家用电器多数使用额定电压为 220V 的电源，应接在一根火线与零线之间。使用单相电器设备在接电源时，一定要区分清楚哪根是火线哪根是零线，开关和保险丝一定要接在火线上，绝不能接在零线上。可用试电笔区分相线和零线，当用试电笔触及相线时，笔中的氖灯就会发光，触及中线时不会发光。同理，当人体站在地上触及一根相线时就会有电流通过人体流入大地，这就是单相触电，当电流超过 50mA 时，就有生命危险。因此，要注意安全用电，常用的安全措施有以下两类。

(1) 用电设备外壳保护性“接地”或“接零”。一般固定性设备外壳与大地相接，称为接地；移动性的设备可将外壳与零线相接，称为接零，如图 4－10 所示。标准的单相用电器的电缆和插头应是三芯的，分为火线、零线、地线三根。地线是与设备外壳接在一起的。相应的电源插座也应是三芯的，标记为“⏚”的一只孔是地线，接于室内地线上，若没地线，也可接于接地良好的自来水管道或深埋于地下的金属管道上，但切勿接到煤气管道上。标记为 L 的孔接火线，标记为 N 的孔接零线。

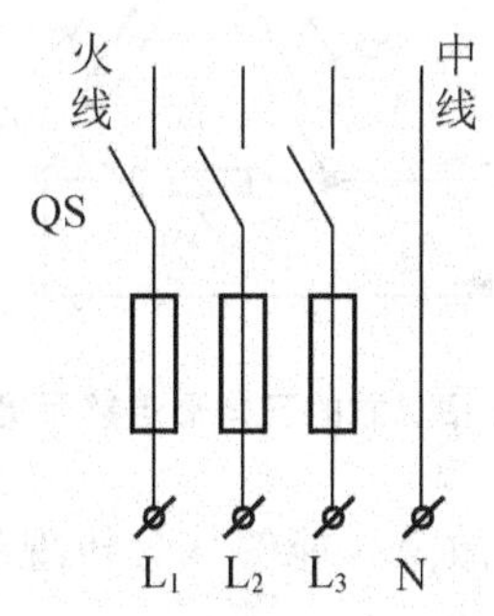

图 4－9　实验台供电示意图

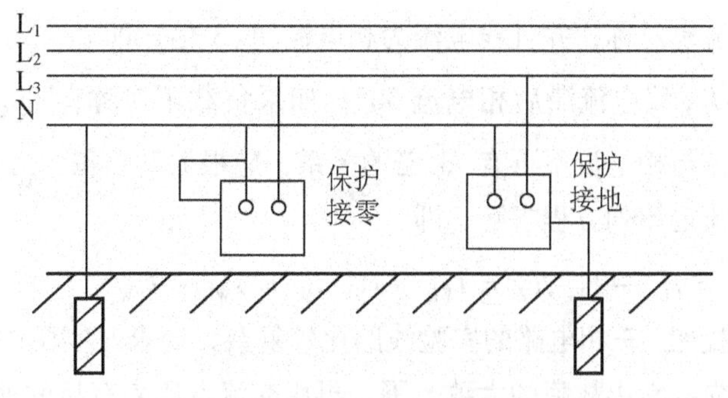

图 4－10　接零保护和接地保护示意图

注意：对于电子测量仪器的接地，要根据具体情况，审慎从事。

(2) 采取隔离措施，增大人体对地的绝缘电阻。对于各种电子测量仪器可用隔离变压器将其与市电电网隔离开来(我们实验台的电源就是加了隔离变压器的)。在电气人员工作的地上铺设木板或橡胶绝缘垫，以增大其对地的绝缘电阻。

2. 负载的星形(Y)连接

当负载的额定电压等于电源的相电压时，应采用星形连接。星形连接的负载如图4－11所示。

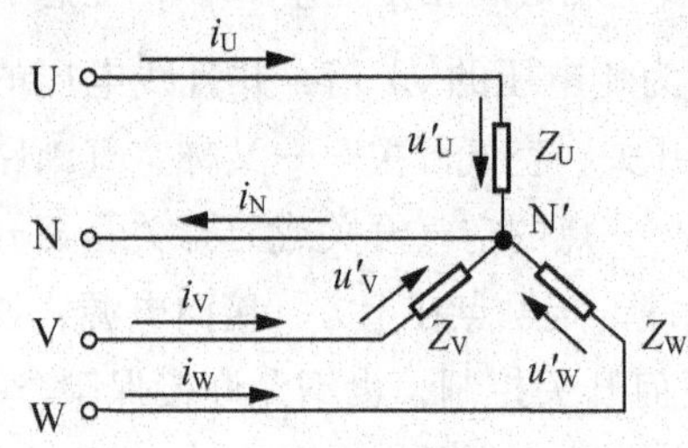

图4－11　三相负载的星形连接示意图

三相对称负载可以不接中线即采用三相三线制供电(如：三相交流电动机)；三相不对称负载必须接中线，采用三相四线制供电。

不论负载对称还是不对称，只要有中线，各相电压、线电压都是对称的，并且都存在 $U_L = \sqrt{3}U_P$ 的关系。不同的是，负载对称时，中线电流 $I_N = 0$；负载不对称时，中线电流 $I_N \neq 0$。

负载对称，去掉中线，负载中点 N′电位不会偏移，与电源中点 N 之间没有电位差，中点电压 $U_{N'N} = 0$，各相电压、线电压保持对称，仍存在 $U_L = \sqrt{3}U_P$ 的关系。

负载不对称，去掉中线，负载中点电位发生偏移，$U_{N'N} \neq 0$，有的负载相电压可能偏高，超过额定电压；有的负载相电压偏低，负载不能正常工作，负载的相电压不再对称，不存在 $U_L = \sqrt{3}U_P$ 的关系(这种情况在实际供电系统中是绝不允许出现的)。

3. 负载的三角形(Δ)连接

当负载的额定电压等于电源的线电压时，应采用三角形连接，原理图如图4－12所示。无论负载对称还是不对称，各相负载电压总是对称的。不同的是，负载对称时，各相电流对称、线电流也对称，并且线电流为相电流的 $\sqrt{3}$ 倍，即 $I_L = \sqrt{3}I_P$，线电流滞后相电流30°；如果负载不对称，线电流与相电流不再有 $\sqrt{3}$ 倍的关系，应根据基尔霍夫电流定律列方程求解，即

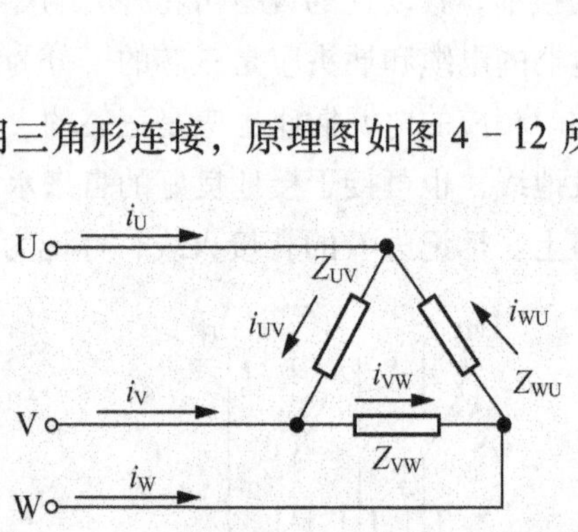

$$\dot{I}_U = \dot{I}_{UV} - \dot{I}_{WU}, \dot{I}_V = \dot{I}_{VW} - \dot{I}_{UV}, \dot{I}_W = \dot{I}_{WU} - \dot{I}_{VW}$$

图4－12　三相负载的三角形连接示意图

提醒：三相电路的实验线路比较复杂，要求对实验中出现的故障，能够从分析现象入手，先判断出故障的大致范围，再用交流电压表有目的地进行查找。

4.3.3　实验内容及步骤

（1）用交流电压表测量实验台上三相电源的线电压及相电压。

（2）做负载 Y 形连接时的实验

① 用 9 只额定电压为 220V、25W 的灯泡作负载，每相 3 只灯泡，作星形连接，在各相及中线上串入电流插座，每只灯泡各接入一只开关。使用 220V 的交流电源。（提示：先确定好三相负载的三个始端 U、V、W，将负载的三个末端相连即为负载中点 N′。）

② 测量有中线、对称负载（灯全亮）时的各个线电压、相电压、线电流、中线电流。测量结果记入表 4－3 中。

③ 做无中线时的测量，观察灯泡亮度有无变化，测量各个线电压、相电压、中点电压、线电流。测量结果记入表 4－3 中。

④ 做无中线、负载不对称时的测量，U 相亮一只灯，V 相亮两只，W 相全亮，观察灯泡亮度的变化，分析原因。测量各个线电压、相电压、中点电压、线电流。测量结果记入表 4－3 中。

⑤ 做有中线、负载不对称时的测量，观察灯泡亮度与未接中线时有无不同，测量各个线电压、相电压、线电流、中线电流。测量结果记入表 4－3 中。

表 4－3　负载星形连接实验的数据记录表

负载	中线	线电压/V			相电压/V			中点电压/V	线电流/mA			中线电流/mA
		U_{UV}	U_{VW}	U_{WU}	U_U	U_V	U_W	$U_{N'N}$	I_U	I_V	I_W	I_0
对称	有											
	无											
不对称	有											
	无											

⑥ 以上 5 步完成后，将测量结果交指导老师查看后再做下面的内容。

（3）做负载三角形连接时的实验。

① 把三相负载接成三角形方式，每一条火线中接入一个电流插口，每一相负载中接入一个电流插口。（说明：为了安全，采取降压措施进行实验，即相电压调为 127V，这是为什么？提示：确定好三相负载的三个始端 U、V、W，然后按首尾相接的关系连接。注意：最好将三个始端定在同一侧。）

② 通电源后，分析亮度的变化原因。

③ 做负载对称时的测量，参考表 4－4 的内容，并将结果记入表 4－4 中。

④ 做负载不对称时的测量，U 相、V 相、W 相分别亮 1、2、3 只灯，按表 4 - 4 再测各量。

⑤ 在负载对称情况下，断开一相负载，按表 4 - 4 测量并记录各量。

⑥ 在负载对称情况下，断开一条相线，按表 4 - 4 测量并记录各量。

表 4 - 4 负载三角形连接实验的数据记录表

负载	线电压/V			线电流/mA			相电流/mA		
	U_{UV}	U_{VW}	U_{WU}	I_U	I_V	I_W	I_{UV}	I_{VW}	I_{WU}
对称									
不对称									
一相断开									
一线断开									

4.3.4 实验设备及器件

(1) 交流电压表　1 块
(2) 交流电流表　1 块
(3) 交流参数测量仪　1 台
(4) 电流插口　6 只
(5) 开关盒　2 只
(6) 电流插头　1 只
(7) 电压测试棒　1 副
(8) 灯泡盒　3 只

4.3.5 预习要求

(1) 复习三相电路的理论知识。

(2) 分别画出负载星形连接和三角形连接的实验电路图(要标出电源电压、文字符号)。电流插座、开关都要画到电路图中。

(3) 阅读本实验中所用仪表的使用说明。

4.3.6 思考题

(1) 负载作星形连接时，接入中线能起什么作用？为什么中线不允许接保险丝或开关？

(2) 怎样测量中点电压 $U_{N'N}$？有中线时 $U_{N'N}$ = ？

(3) 负载不对称，星形连接，有中线时各灯泡的亮度是否一样？断开中线后各灯泡亮度是否还一样？不知你注意到没有，在不接中线的情况下，当开关某一相负载的开关时，另一相的灯的亮度也跟着变化，你能解释这一现象吗？

（4）在负载对称的情况下，星形连接，无中线，如果有一相负载发生短路或断路故障时，对其余两相负载如何影响？灯泡亮度如何变化？

（5）负载对称，三角形连接，如果有一根火线发生断路故障时对各相负载如何影响？灯泡亮度如何变化？

4.3.7　实验注意事项

（1）本次实验，电路连线较多，线路复杂。为防止错误，避免故障和事故的发生，器件的排列应整齐有序，同一相的器件要卡装到一条卡轨上，并仔细检查，经教师允许后方可接通电源。

（2）实验时，首先要将电源插头的两根连线接在电流表上不要拆下，以免误将电压测试棒接在电流表上去测电压，而烧坏电流表。

（3）实验中如果发生故障，要冷静分析故障原因，在教师指导下尽快找出故障点并与以处理，要不断提高分析故障与排除故障的能力。电路出现的故障有以下几种。

① 短路故障：最严重的是负载短路，这种情况将立即使电源短路，烧断保险丝，如果电流表接在电路里，还可能把电流表烧坏。遇到这种情况，应立即断电，查明原因，排除故障。

② 断路故障：这种故障是电路中某个器件损坏或导线没有接好造成的，可用电压表逐点测量电位的方法查找故障点。

4.3.8　实验报告要求

（1）画出实验电路图。列出实验数据表格。

（2）根据实验数据，按一定比例尺分别画出对称负载星形连接和三角形连接时的电压电流相量图。

（3）从相量图上分别求出线电压、线电流的数值，并与实验的测量结果进行比较，验证对称负载星形连接和三角形连接时 U_L 与 U_P、I_L 与 I_P 之间的 $\sqrt{3}$ 倍关系。

（4）根据实验的数据及观察到的现象说明三相四线制供电系统设置中线的必要性。

4.4　三相电路功率的测量

4.4.1　实验目的

（1）掌握用一瓦特表法和二瓦计法测量三相电路的有功功率。

（2）了解测量对称三相电路无功功率的方法。

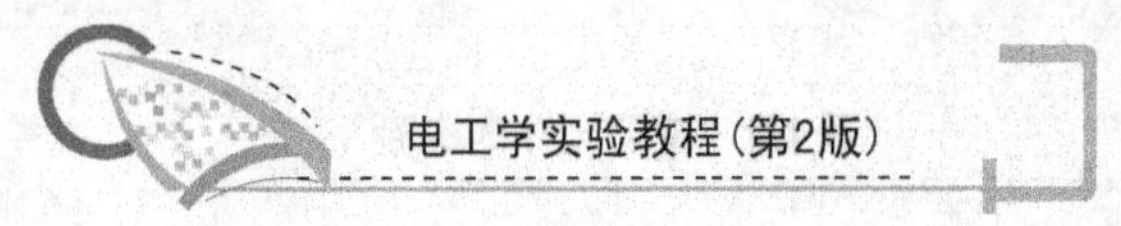

(3) 进一步熟练掌握功率表的接线和使用方法

4.4.2 原理说明

(1) 根据电动系单相功率表的基本原理，在测量交流电路中负载所消耗的功率时，其读数 P 决定于式 $P = UI\cos\varphi$。式中，U 为功率表电压线圈所跨接的电压；I 为流过功率表电流线圈的电流；φ 为 $\dot{U}$ 何 $\dot{I}$ 之间的相位差角。单相功率表也可以用来测量三相电路的功率，只是各功率表应采取适当的接法。

(2) 三相四线制供电的三相星形连接的负载(即 Y_0接法)，可用一只功率表测量各相的有功功率 P_A、P_B、P_C，则三相功率之和为三相负载的总有功功率值。这就是一瓦特表法，如图 4-13 所示。若三相负载是对称的，则只需测量一相的功率，再乘以 3 即得三相总的有功功率。

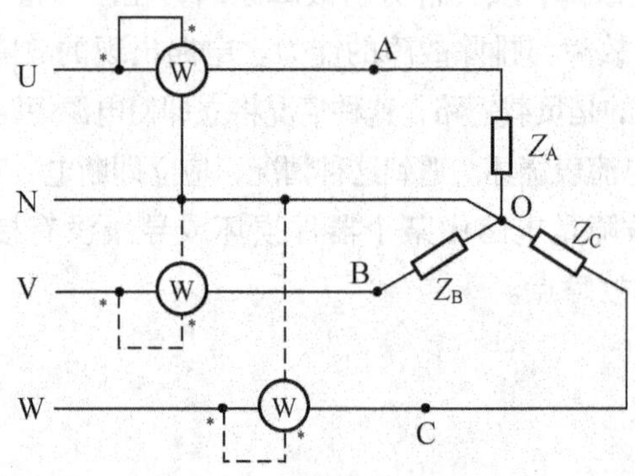

图 4-13 Y_0 电路的功率测量

(3) 在三相三线制电路中，通常用两只功率表测量三相负载的功率，称为二瓦计法。如图 4-14 所示，三相负载所消耗的总有功功率 P 为两只功率表读数的代数和，即

$$P = P_1 + P_2 = U_{AC}I_A\cos\varphi_1 + U_{BC}I_B\cos\varphi_2 = P_A + P_B + P_C$$

式中，P_1和 P_2分别表示两只功率表的读数。利用功率的瞬时表达式，不难推出上述结论。

(4) 用二瓦计法测量三相功率。

① 二瓦计法适用于对称或不对称的三相三线制电路，而对于三相四线制电路一般不适用。

② 图 4-14 中只是二瓦计法的一种接线方式，而一般接线原则如下。

(a) 两只功率表的电流线圈分别串接入任意两项火线，电流线圈的发动机端(* 端)必须接在电源侧。

(b) 两只功率表的电压线圈的发动机端必须各自接到电流线圈的发电机端，而两只功率表的电压线圈的非发电机端必须同时接到没有接入功率表电流线圈的第三相火线上。

③ 在对称三相电路中，两只功率表的读数与负载的功率因数之间有如下关系。

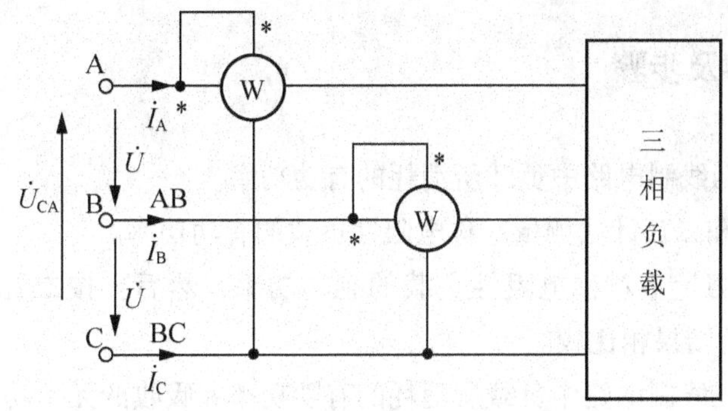

图 4－14　二瓦计法测量三相负载的功率

（a）负载为纯电阻（即功率因数等于 1）时，两只功率表的读数相等。

（b）负载的功率因数等于大于 0.5 时，两只功率表的读数均为正。

（c）负载的功率因数等于 0.5 时，某一只功率表的读数为零。

（d）载的功率因数小于 0.5 时，某一只功率表的指针会反向偏转。为了读数，应把功率表电流线圈（或电压线圈）两个端钮接线互换，使指针正向偏转，但读数为负值。有的功率表上带有专门的换向开关，将开关由“＋”转换至“－”的位置，功率表内的电压线圈被反向连接，于是功率表的指针就会改变偏转方向。

（5）三相负载的总功率等于两只功率表的代数和，即 $P=P_1+P_2$。单独一只功率表的数值没有意义。

（6）在对称三相电路中，还可以用二瓦计法测得的读数 P_1 和 P_2 来求出负载的无功功率 Q 和负载的功率因数角 φ，其关系为

$$Q=\sqrt{3}(P_1-P_2)$$

$$\varphi=\arctan\sqrt{3}\left(\frac{P_1-P_2}{P_1+P_2}\right)$$

（7）对称三相电路中的无功功率还可以用一只功率表来测量。将功率表的电流线圈串接在任一项火线，而电压线圈跨接到另外两项火线之间，如图 4－15 所示，则有 $Q=\sqrt{3}P$

式中 P 为功率表的读数。

当负载为感性时，功率表正向偏转；负载为容性时，功率表反向偏转（读数取负值）。

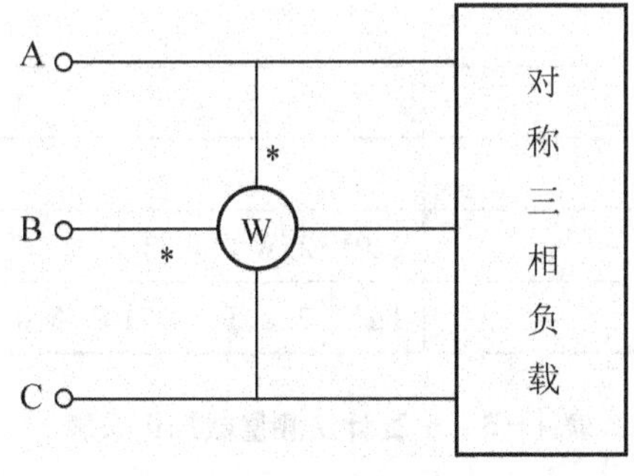

图 4－15　对称三相电路中无功功率的测量

4.4.3 实验内容及步骤

(1) 测量三相四线制电路中负载所消耗的有功功率。

① 用一瓦计法和二瓦计法测量对称电阻性负载的有功功率。

② 用一瓦计法测量不对称电阻性负载的有功功率，然后再按二瓦计法接线和测量，并与一瓦计法测得的结果相比较。

(2) 测量三相三线制电路中负载所消耗的有功功率和吸收的无功功率。

① 用二瓦计法测量对称感性或容性负载的有功功率。用一只功率表测量三相负载吸收的无功功率，并与用二瓦计法测量值计算得出的无功功率相比较。

② 用二瓦计法测量不对称负载的有功功率(选做实验)。使用功率表测量时，功率表的电流线圈通过电流插头接入电路，电压线圈通过测试表笔接到被测点。

③ 将测得数据记入表4-6和表4-7中。

4.4.4 实验注意事项

(1) 注意功率表的接线方式、电压量程和电流量程的选择以及功率表的读数方法。

(2) 负载端线电压不得超过给定值。

4.4.5 实验设备及器件

实验设备及器件见表4-5。

表4-5 实验设备及器件

序号	名 称	型号与规格	数量	备注
1	交流电压表	0~500V	1	屏上
2	交流电流表	0~5A	1	屏上
3	单相功率表		1	屏上
3	万用表		1	自备
5	三相交流电源		1	屏上
6	三相灯组负载	220V/25W 白炽灯	6	DDZ-13
7	电容	1μF、2.2μF、4.7μF/ 500V	若干	DDZ-13

表4-6 一瓦计法测量数据记录表

负载情况	开灯盏数			测量数据			计算值
	A 相	B 相	C 相	P_A/W	P_B/W	P_C/W	$\sum P$/W
Y_0接对称负载	3	3	3				
Y_0接不对称负载	1	2	3				

表 4－7　二瓦计法测量数据记录表

负载情况	开灯盏数			测量数据		计算值
	A 相	B 相	C 相	P_1/W	P_2/W	$\sum P$/W
Y 接对称负载	3	3	3			
Y 不对称负载	1	2	3			

4.4.6　思考题

（1）复习一瓦特表法测量三相对称负载功率的原理。

（2）测量功率时为什么在线路中通常都接有电流表和电压表？

4.4.7　实验报告要求

（1）总结、分析三相电路功率测量的方法与结果。

（2）心得体会及其他。

第5章 谐振电路和瞬态过程实验

含有电容、电感等储能元件的电路称为动态电路。在已经做过的实验中所测得的数据都是电路的稳态值，而这部分实验研究电路的过渡过程，由于电路中的电压、电流是随着时间变化而变化的，要用示波器或光线示波器才能观察到整个变化过程。对于大时间常数的电路可用示波器观测到单次接通直流电压时的过渡过程，而小时间常数的电路的过渡过程非常短暂，单次接通直流难以观测，因为开关的动作、直流输入等的时间相对于电路的时间常数大得多，在示波器上只能看到它们的稳态值，要在示波器上观察到瞬态过程的波形，必须使其周期性的重复出现。为此，可用能快速通断的电子开关给电路通断直流，实验中使用函数信号发生器产生的方波电压，利用它的前沿替代单次接通的直流电压或阶跃电压，但方波电压的半个周期必须大于被测电路时间常数的3~5倍，这样在方波的半个周期内就能完成一次瞬态过程，用示波器观测到的结果与单次的变化过程是完全相同的。

同时具有电容和电感的RLC电路称为二阶电路，当激励信号与线路固有频率一致时，电路发生谐振。一方面谐振现象在通信等领域得到广泛应用，另一方面在某些情况下发生谐振又会影响正常工作。因此对于谐振的研究具有重要的实际意义。

5.1 一阶电路的过渡过程

5.1.1 实验目的

（1）学习用示波器观察和分析电路的过渡过程。

（2）学习用示波器测定RC电路的过渡过程的时间常数的方法。

（3）研究时间常数对微分电路和积分电路输出波形的影响。

（4）学习示波器和函数信号发生器的使用。

（5）学习使用万用表测试大容量电解电容器的方法。

5.1.2　实验原理

从电路接通电源到电压、电流处于稳定状态需要一段时间，这一阶段称电路的过渡过程(瞬变过程)，也称时域特性，是由于电路中存在惯性储能组件而引起的。电路的瞬变过程的应用可推广到各种电的和非电的工程控制系统中。诚然，描绘工程系统的过渡过程的数学形式往往比较复杂，但常常可以把它们分解为若干简单的典型环节，如比例、积分、微分、一阶惯性和二阶惯性等环节。除比例环节不含惯性储能组件外，一般只含一个或两个储能组件，可以用一个电路来模拟。因此，测量简单的电路过渡过程的方法可以很方便地推广到工程系统动态过程的测定中加以应用。这部分内容只安排了对一阶电路瞬变过程的研究。为研究方便，我们选取了 RC 一阶电路作为本次的实验电路。

为了研究瞬态电路的测试方法，首先了解一下典型系统的瞬态过程的时间常数。以电容器的充、放电过程来说，其输出电压为

$$u_c(t) = u_c(\infty) + [u_c(0^+) - u_c(\infty)]e^{-\frac{t}{\tau}}$$

充、放电曲线为指数曲线，如图 5－1 所示。曲线的形状主要取决于时间常数 τ，它是系统的输出量 $u_c(t)$ 由初始值 $u_c(0^+)$ 变化到稳态值 $u_c(\infty)$ 的 63.2% 所需的时间。RC 电路的充、放电过程理论上需要无穷长的时间才能结束，从工程应用角度考虑，可以认为当 $t=(3\sim5)\tau$ 时基本结束。简单电路中，$\tau=RC$，取决于电路参数。

1. 微分电路

将 RC 电路的电阻 R 两端作为输出端，输入端加方波电压，适当选择 RC 电路参数，使之满足 $\tau << t_p$，则输出电压 u_R 近似的与输入电压对时间的微分成正比，故称微分电路。电路图与波形图如图 5－2 所示。输出脉冲波实际上反映了输入信号的跃变部分。

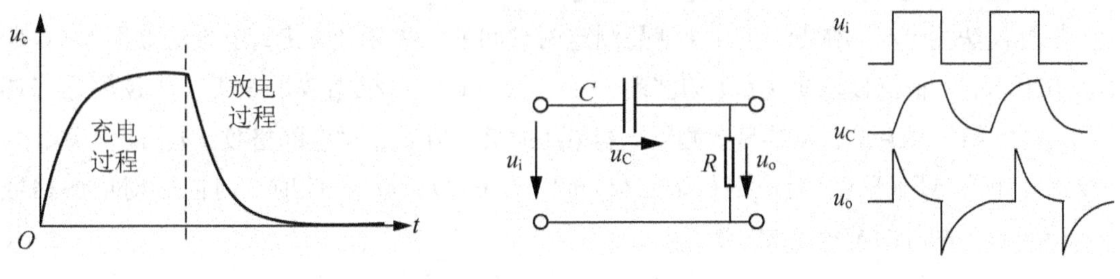

图5－1　充、放电曲线　　　图5－2　微分电路及波形

$$u_c(t) = u_c(\infty) + [u_c(0^+) - u_c(\infty)]e^{-\frac{t}{\tau}}$$

2. 积分电路

将 RC 电路的电容的两端作输出端，输入端加方波电压，适当选择 RC 电路参数使之

满足 $\tau \gg t_p$，则输出电压近似正比于输入电压对时间的积分，故此电路成为积分电路。电路图与波形图如图 5-3 所示。

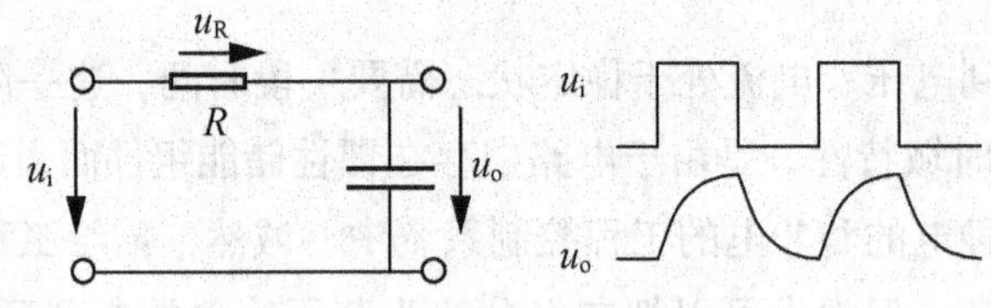

图 5-3　积分电路及波形

3. 耦合电路

电路结构与微分电路相同，不同的是时间常数要满足 $\tau \gg t_p$，则电阻两端的电压不再是尖脉冲，而与输入电压很近似，这就是放大电路中所使用的级间耦合电路。电路图与波形图如图 5-4 所示。

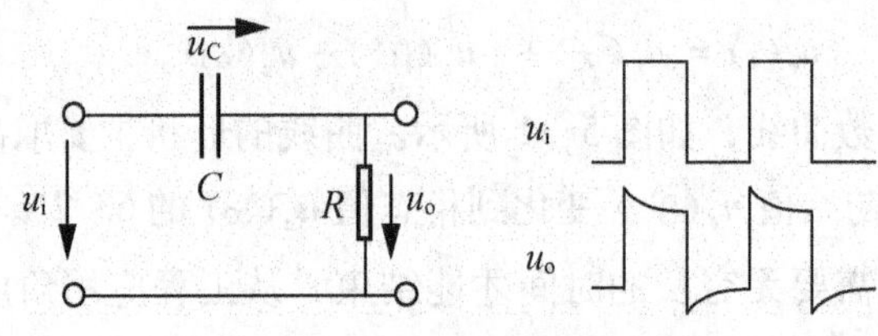

图 5-4　耦合电路与波形

4. 时间常数 τ 的测量

将信号电压接到 RC 电路输入端，用示波器(Y 轴输入开关置于 DC 位置)观察电路的输入电压 $u_i(t)$、电阻电压 $u_R(t)$ 和电容电压 $u_C(t)$ 的波形。用 $u_C(t)$ 的波形测定电路的时间常数为例进行说明，测试电路按图 5-5 连接。

用标尺法测定时间常数 τ 值：(就是测定两点间的水平距离)其测定方法如图 5-6 所示。调节 X、Y 轴位移，使 $u_c(t)$ 的波形处于适当位置，再根据波形是否便于读测适当调节扫描时间和 Y 轴衰减，从屏幕上测得电容电压的最大值 U_{CM} 对应的格数：$a(\text{cm}) = U_{CM}$，$t = \tau$ 时，电容电压(P 点)对应的格数：$b(\text{cm}) = 0.632a(\text{cm})$，此时，时间轴对应的格数为：$C(\text{cm})$，则时间常数 τ 为

$$\tau = S(\text{ms})/\text{cm} \times C(\text{cm})$$

式中，$S(\text{ms})/\text{cm}$ 为“扫描时间开关 ”指示值。

5. 大时间常数的测量

大时间常数通常是指秒级的，首先用 MF-47 型指针式万用表的欧姆挡判断电解电容的好坏，并用秒表(可用具有秒功能的手表或实验台电源控制面板上的定时器)测试由此构成

的 RC 一阶电路的时间常数，其原理说明如图 5－5 所示。

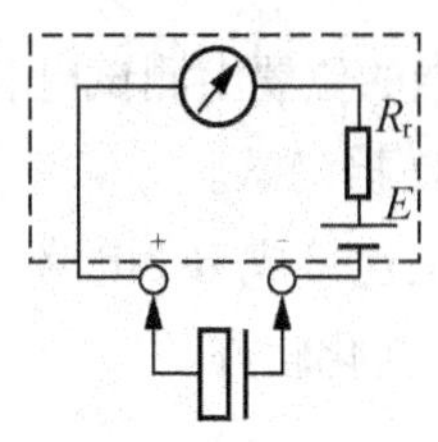

图 5－5　万用表测电容的原理图

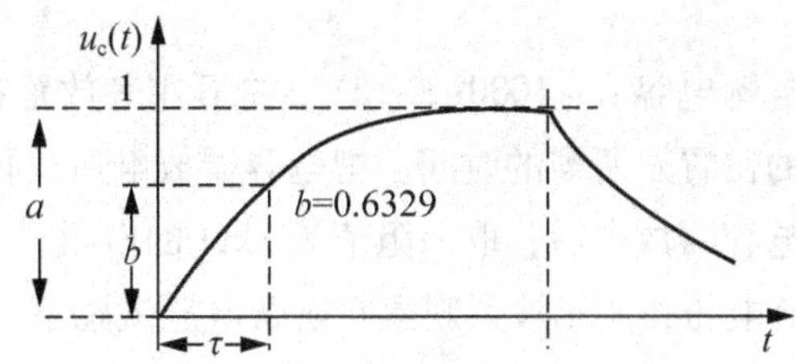

图 5－6　测定时间常数 τ 的示意图

测试电路如图 5－5 所示。图中 R_r 为万用表某欧姆挡的中心阻值，E 为表内电池。先将电容充分放电，选择万用表的 R×100Ω、R×1kΩ 两挡测试。黑表棒(电池正极一侧)连电容正极，红表棒(电池负极一侧)连电容的负极，可定性观察表头指针摆动的快慢及最终停留的位置，由此判断组件的好坏。比较 R×100Ω、R×1kΩ 两挡测量中有什么不同。

将电容放完电后，再选一电阻，参照图 5－3 的电路结构在电子沙盘上连接成 RC 电路，输入端接入 10V 的直流电源，用示波器观察在阶跃电压激励时电容器上的电压的变化轨迹。注意示波器要选在慢扫描状态，当扫描光点刚从荧屏左端出现时，接通电源开关，观察光迹，若不能观看到整个过程，调整光点在荧屏上的上下位置或扫描时间。

5.1.3　实验内容与步骤

1. 观测 RC 微分电路输入、输出信号的波形

取 $R=20\text{k}\Omega$、$C=0.01\mu\text{F}$ 在 DZ-I 型电子沙盘上按图 5－2 连接成微分电路，在输入端施加 5V、频率为 1000Hz 的方波信号电压，观察电路的输入电压 $U_i(t)$ 和输出电压 $U_o(t)$ 的波形。测取 τ 值并描绘波形图。

2. 观测耦合电路的输入、输出电压波形

改变电路参数，观察电路输出电压波形的变化。将微分电路的电容 C 更换为 10μF，输入信号同上，测绘输出波形。

3. 观测 RC 积分电路的输入、输出信号电压的波形

把 RC 电路改为图 5－3 所示的积分电路，在输入端施加 5V、频率为 1000Hz 的方波信号电压，观察电路的输出电压 $U_o(t)$ 的波形。测取 τ 值并描绘波形图。

改变电路参数，观察电路输出电压波形的变化。

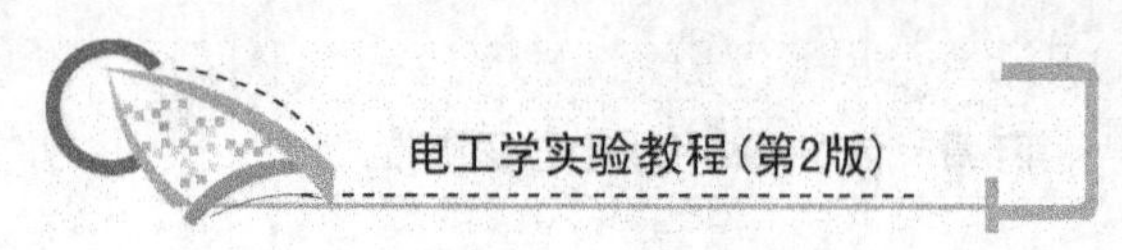

4. 大时间常数 RC 电路的观测

取电解电容 $C = 1000\mu F/15V$，将万用表放置在 R×1kΩ 挡的位置上测试电容，注意最终停留的位置及所需的时间。把电容器放电后，再用 R×100Ω 挡测试。

把电容器放电后，取一阻值为 1kΩ 的电阻，在电子沙盘上连接成 RC 电路，输入端接 10V 直流电压，用示波器观察在阶跃电压激励下电容器电压的变化轨迹。

5.1.4 实验设备及器件

(1) DZ-I 型电子沙盘　　1 块
(2) 长余辉示波器　　1 台
(3) 函数信号发生器　　1 台
(4) 万用表　　1 只

5.1.5 预习要求

(1) 阅读教材中有关 RC 电路过渡过程及其应用的内容。

(2) 阅读关于示波器、函数发生器的使用方法及相关知识。

(3) 根据实验中使用的方波电压的频率及给定的 R、C 值，预先计算出方波信号的宽度 t_p，微分、积分电路的时间常数。

5.1.6 实验报告要求

(1) 整理实验数据，画出各个电路的输入、输出波形图，标明各个特征值。

(2) 分析电路参数对输出波形的影响。

(3) 根据实验结果说明 RC 电路用作微分电路和积分电路的条件。

(4) 说明用示波器测定时间常数的方法，将所测得的数值与计算数值比较，分析误差原因。

(5) 总结时间常数对 RC 电路瞬变过程的影响。

5.2　RLC 串联谐振电路的研究

5.2.1　实验目的

（1）观察 RLC 串联电路谐振时的特殊现象。
（2）学习测量 RLC 串联电路的频率特性曲线。
（3）研究谐振现象和电路参数对谐振特性的影响。
（4）学习毫伏表、信号发生器、示波器的使用方法。

5.2.2　实验原理

含有电感和电容组件的电路，在一定条件下可以呈现电阻性，即整个电路的总电压与总电流同相位，这种现象称为谐振。由于电路结构不同，谐振现象可以分为串联谐振和并联谐振。

谐振现象在测量仪器和无线电通信领域得到广泛的应用，而在电力供电系统中如果出现谐振又会发生危及系统正常工作的情况，所以对谐振现象的研究有重要的实用意义。

1. RLC 串联电路

如图 5－7 所示，这种电路产生的谐振叫串联谐振，条件是 $2\pi fL=1/2\pi fC$，这说明电路是否产生谐振决定于电路的参数和电源的频率。当电路的参数一定时，适当调节电源的频率，可使电路发生谐振；当电源的频率一定时，改变电路的参数 L 或 C 的数值也可使电路发生谐振。

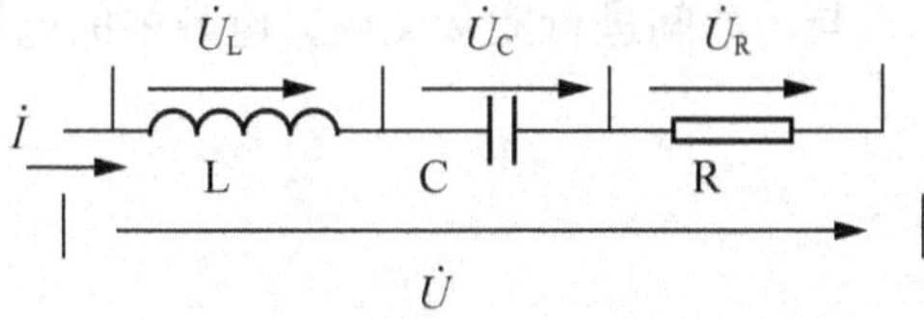

图 5－7　RLC 串联电路

电路谐振时的角频率

$$\omega_0 = \frac{1}{\sqrt{LC}}$$

频率

$$f_0 = \frac{1}{2\pi\sqrt{LC}}$$

串联谐振电路具有以下主要特征。

(1) 由于 RLC 串联电路发生谐振时，电路的电抗等于零，所以谐振时电路的复阻抗 $Z = R + \mathrm{j}X = R$，此时阻抗值最小，电路对外呈现纯电阻性。

(2) 谐振时电路中的电流有效值为 $I_0 = \frac{U}{R}$，若电源电压 U 保持不变，发生谐振时电路的电流达到最大值，这是串联谐振电路的一个重要特征。

(3) 谐振时电路的电抗为零，但电路的感抗和容抗还是存在的，两者大小相等，对外的作用相互抵消。谐振时的感抗和容抗的数值称为电路的特性阻抗，用 ρ 表示。

$$\rho = \omega_0 L = \frac{1}{\omega_0 C} = \sqrt{\frac{L}{C}}$$

电路的特性阻抗和电阻的比值称为电路的品质因数(或称共振系数)，用 Q 表示，即

$$Q = \frac{\rho}{R} = \frac{\omega_0 L}{R} = \frac{1}{\omega_0 CR} = \frac{1}{R}\sqrt{\frac{L}{C}}$$

电路的品质因数 Q 的大小完全取决于电路的参数，Q 值的大小是标志谐振电路质量优劣的一个重要指标。

(4) 电路谐振时，电感和电容上的电压分别为

$$\dot{U}_{L0} = \mathrm{j}\omega_0 L\dot{I}_0 = \mathrm{j}\omega_0 L\frac{\dot{U}}{R} = \mathrm{j}Q\dot{U}$$

$$\dot{U}_{C0} = \frac{1}{\mathrm{j}\omega_0 C}\dot{I}_0 = -\mathrm{j}\frac{\dot{U}}{\omega_0 CR} = -\mathrm{j}Q\dot{U}$$

谐振时电感上的电压和电容上的电压大小相等，相位相反，它们的数值都是电源电压的 Q 倍，当电路的 Q 值远大于 1 时，电感和电容上的电压将很大，因此串联谐振也称电压谐振。

(5) 电路谐振时，不再与电源间进行能量交换，电容中的电场能和电感的磁场能相互交换。

RLC 串联电路的电流

$$I = \frac{U}{\sqrt{R^2 + \left(\omega L - \frac{1}{\omega C}\right)^2}}$$

当电源电压和电路参数 RLC 保持不变时,电路的电流是电源频率的函数。电源频率等于谐振频率时，电路的电流达到最大值，电源频率偏离谐振频率时，称为“失谐”，电路中的电流变小，逐渐改变电源的频率，可以做出电流随频率变化的曲线，如图5-8(a)所示。表示电流随频率变化的关系曲线称电流谐振曲线。

为了方便地研究电流和频率的关系，X 轴用 $\frac{\omega}{\omega_0}$ 之比刻度，Y 轴用 $\frac{I}{I_0}$ 来刻度，也就是将谐振时的数值当作 1 来分析其他频率时电流的百分比，这种方法称为归一化，这种刻度画出的曲线称为“归一化谐振曲线”。其变化规律为

$$\frac{I}{I_0}=\frac{1}{\sqrt{1+\frac{1}{R^2}\left(\omega L-\frac{1}{\omega C}\right)^2}}=\frac{1}{\sqrt{1+Q^2\left(\frac{\omega}{\omega_0}-\frac{\omega_0}{\omega}\right)^2}}$$

上式也就是串联谐振的幅频特性，根据上式可画出不同 Q 值时的幅频特性曲线，如图 5－8(b)所示。由图可知，串联谐振电路对不同频率的信号有不同的响应，这种性能在无线电技术中称作选频特性，电路的 Q 值越高，选频特性越好。即选用 Q 值较高的电路有利于从许多不同频率的信号中选择出所需频率的信号，抑制其他信号。

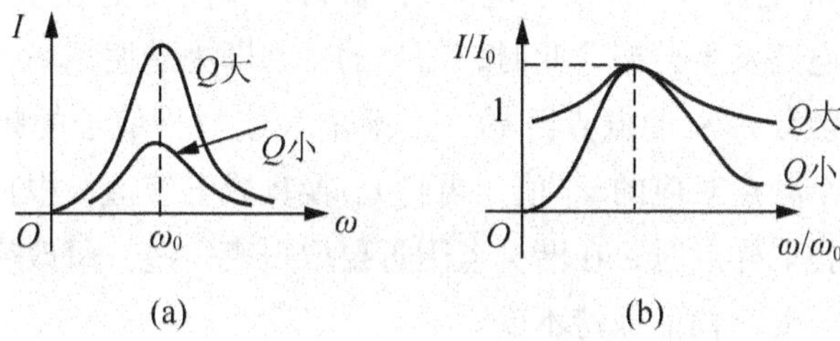

图 5－8 电流谐振曲线

通频带：应用谐振电路传递信号时，应完整地传送信号中所包含的各个不同频率的分量，保证输出信号不致产生失真，这一技术指标，可用通频带来反映，习惯上把幅频特性曲线上 $\frac{I}{I_0}\geqslant 0.707$ 所包含的频率范围定义为电路的通频带，即幅值之比下降到最大值的 70.7% 时所对应的两个频率之差，一端频率高于 f_0 记作 f_2，另一端频率低于 f_0 记作 f_1，二者分别称作上三分贝、下三分贝频率，通频带用 B 表示，即

$$B=f_2-f_1 \quad 或 \quad B=\frac{f_0}{Q}$$

如图 5－9 所示，电路的通频带大于信号的频带宽度时，对信号不失真有利，但选频特性差。电路的 Q 值越高，通频带越窄。

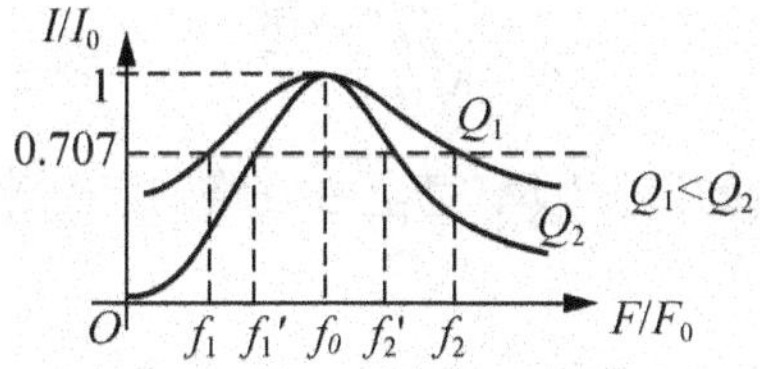

图 5－9 谐振曲线的通频带

串联谐振电路的主要测试内容：当电路的参数固定时确定电路的谐振频率；电源频率

一定时，电感大小一定，确定电路发生谐振时的电容数值；改变电源的频率，测试电流谐振曲线；比较不同 Q 值电路谐振曲线的不同特点；等等。

谐振频率 f_0 的测试方法常用以下几种。

(1) 改变信号源的频率，但信号源输出的电压幅值应保持不变，用晶体管毫伏表测量电阻两端的电压 U_R，电路中的电流最大时，U_R 也最大，此时信号的频率就是谐振频率 f_0，反复多次调节以求测试的准确。

(2) 通过测试电感、电容上的电压判断谐振，由于谐振时 $\dot{U}_L = -\dot{U}_C$，两者大小相等相位相反，但实际的电感线圈总有一定的电阻，因此随着电源频率的改变，当 U_L略大于 U_C 时，或 U_{LC} 近似为零时，电路发生谐振，此时信号的频率即为电路的谐振频率 f_0。

(3) 用双踪示波器同时观察信号电压 u 与电阻两端的电压 u_R 的波形判断谐振。因为 u_R 与 i 同相位，所以 u_R 的波形可以反映电流 i 的波形。逐渐改变信号源的频率，当 u 与 u_R 的波形相位相同时，电路发生谐振，此时，信号的频率即为谐振频率。

电流谐振曲线的测绘。从谐振点开始，逐渐增大或减小信号的频率，选取若干取样点，用毫伏表测量每个频点对应的 u_R 值，再将 u_R 换算成电流值，根据测试的结果便可绘出电流谐振曲线。选择取样点时，在谐振点附近要取得密一些，每改变一次信号频率，都应校正一次信号电压，使其幅值保持不变。

改变电路的电阻 R 的阻值，可得到不同 Q 值时的电流谐振曲线。

为了使谐振电路具有良好的选频能力，与串联谐振电路相接的信号源，必须具有低的内阻。

2. 并联谐振电路(选做内容)*

并联谐振电路有电阻、电感线圈、电容并联电路及电感线圈与电容并联的电路。本实验选用后一种电路，如图 5-10 所示，图中电阻 R 为线圈本身的固有电阻。

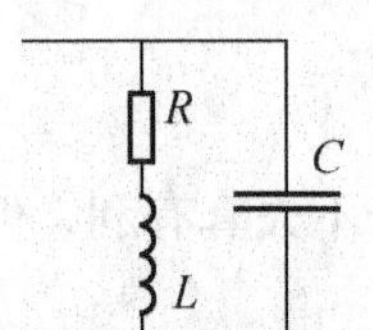

图 5-10 并联谐振电路

电路发生并联谐振的条件是

$$\frac{\omega L}{R^2 + (\omega L)^2} = \omega C$$

谐振频率

$$\omega_0 = \frac{1}{\sqrt{LC}}\sqrt{1 - \frac{CR^2}{L}} \quad 或 \quad f_0 = \frac{1}{2\pi\sqrt{LC}}\sqrt{1 - \frac{CR^2}{L}}$$

由以上表达式可以看出，电路的谐振频率完全由电路的参数来决定。

并联电路的品质因数

$$Q = \frac{1}{R}\sqrt{\frac{L}{C}}$$

谐振频率写为

$$\omega_0 = \frac{1}{\sqrt{LC}}\sqrt{1-\frac{1}{Q^2}} \quad 或 \quad f_0 = \frac{1}{2\pi\sqrt{LC}}\sqrt{1-\frac{1}{Q^2}}$$

可见，当 Q 值较高时 $Q^2 \gg 1$ 时，则谐振频率为

$$\omega_0 = \frac{1}{\sqrt{LC}} \quad f_0 = \frac{1}{2\pi\sqrt{LC}}$$

并联电路的主要特征有以下几个方面。

（1）总电压与总电流相位相同，整个电路相当于一个电阻，此时，电路的阻抗 Z_0 等于 R_0，即

$$Z_0 = R_0 = \frac{R^2+(\omega_0 L)^2}{R} = \frac{L}{RC}$$

谐振时的电流接近最小

$$I_0 = \frac{RC}{L}U$$

（2）并联谐振时，电感支路和电容支路的电流等于总电流的 Q 倍，故称电流谐振。

$$I_{L0} = (1-\mathrm{j}Q)I_0 \quad I_{C0} = \mathrm{j}QI_0$$

当 Q 值较高时，可认为

$$I_{L0} = I_{C0} = QI_0$$

并联电路的测试电路如图 5－11 所示，图中 R_1 是用来测电流的附加电阻，先测得电阻 R_1 上的电压 U_1，再转换成电流 $I = \frac{U_1}{R_1}$。

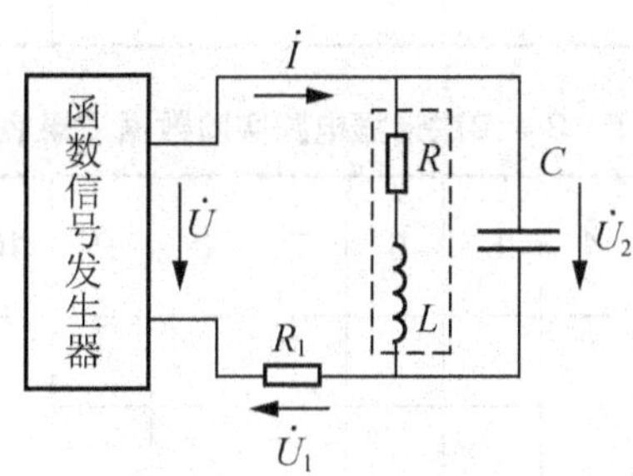

图 5－11 并联谐振电路

（3）并联谐振频率的测定。逐渐改变信号源的频率，同时注意保持信号电压的数值不变，当电路的电流达到最小值时，即 U_1 达到最小值，可认为电路发生谐振，此时，信号的频率等于谐振频率。为了使测得的谐振频率更准确，再用双踪示波器同时观察 u 和 u_1 的波形，通过微调信号的频率，使 u 和 u_1 达到同相位，此时，信号源的频率就是电路的谐振频率 f_0。

（4）并联谐振曲线的测绘。先调节信号源的频率使电路处于谐振状态，再调节信号电压，使电流为某一值，即使 U_1 为某一值（一般取 1～2V），用毫伏表测取 U_2 的值。然后，在谐振频率两侧各取若干个频点，测取每个频点对应的电压 U_2，根据测量结果，便可绘出并联谐振电路的电压谐振曲线。实验过程中，要始终保持 U_2 的数值为初始值。

5.2.3 实验内容及步骤

(1) 把领取的 RLC 组件在 DZ-1 型电子沙盘上按图 5－7 连接电路。用所给的测量仪表，应用两种方法判断电路是否发生谐振。根据表 5－1 所给出的条件，测取表中各量的数值，并填入表中。

(2) 参考表 5－2，测绘不同 Q 值时的电流谐振曲线。在 f_0 附近取点要密一些。实验中改变信号频率时，注意保持输入电压数值不变。

(3) 测量图 5－11 所示电路的并联谐振频率 f_0，并测绘电压谐振曲线。再给电感线圈串入一个 10Ω 的电阻，改变电路的 Q 值，再测出不同 Q 值时的电压谐振曲线。

(4) 参考表 5－2 自拟数据记录表格。

表 5－1 谐振时实验数据记录表

条件 / 项目		f_0	U_{R0}	U_{C0}	U_{L0}	U_{LC0}	I_0	Q
$U=1V$ $R=10\Omega$	计算值							
	测量值							
$U=1V$ $R=47\Omega$	计算值							
	测量值							

表 5－2 串联谐振电路实验数据记录表

次数频率 / 条件		1	2	3	4	5	6	7	8	9	10	11	12	13	14	15
$U=1V$ $R=10\Omega$	U_R															
	I															
$U=1V$ $R=47\Omega$	U_R															
	I															

表中的电流 I 为计算值。

5.2.4 实验设备及器件

(1) 晶体管毫伏表 1 台　　(5) 电阻器 2 只

(2) 函数信号发生器 1 台　　(6) 电感组件 1 只

（3）2 双踪示波器　　1 台　　（7）电容器　　1 只
（4）DZ-I 型电子沙盘　　1 块

5.2.5 预习要求

（1）阅读关于示波器、函数信号发生器、毫伏表使用方法的说明。

（2）根据给定的实际组件参数，计算出图 5－1 和图 5－2 所示电路的谐振频率 f_0，计算出表 5－1、表 5－2 中的各计算值，并填写在预习报告中。

（3）做出实验步骤 3 所需要的数据测试记录表格。

5.2.6 实验报告要求

（1）根据测试结果，绘出不同 Q 值时的串联谐振电路的电流谐振曲线。分析 Q 值的大小对谐振曲线的影响，总结串联谐振电路谐振时的特征。

（2）根据测试结果，绘出串联谐振电路的电压谐振曲线。总结串联谐振时的特征。

（3）由绘得的各谐振曲线确定电路的通频带、Q 值、f_0，与计算结果相比较，分析误差原因。

（4）在实验中，当 RLC 串联电路发生谐振时，是否有 $U_R = U$ 和 $U_L = U_C$？若关系不成立，试分析其原因。可以用哪些方法判别电路处于谐振状态？

*（5）完成并联谐振时(1)～(3)的要求。

第6章

电机及继电接触控制实验

不管是从事电气工程还是其他工程行业，总离不开仪器设备，设备面板上往往装有各种功能的按钮，有按钮就有控制电路，有的简单，有的复杂。这里给出了几个最基本的控制电路的接线和读图。读图就是分析一个电路的结构、工作原理、实现的功能以及使用的电器、接入的电源等。连接电路、检查电路、分析电路都是离不开电路图的，否则将无法处理电路的问题。在以前的教学中，就发现总有个别同学忽视电路图，只对着一个个的电器、一条条的导线低着头发愁，不知道手中的导线该接到哪个点上去。我告诉他，你去请教一下电路图吧，它会告诉你导线该连接到哪里去的。图上的每一个符号都是与实物一一对应的，接线要按电路图进行，不能按自己的主观意愿，要切记这一点。

只要熟练掌握了基本控制电路的读图、接线、查找故障的技术，处理复杂一些的控制电路的问题也就不困难了，因为再复杂的控制电路都是基于这些基本控制单元电路的。

本章将会认识生产中常用到的各种控制电器，并学会怎样用它们连接成具有某种控制功能的控制电路。研究这部分内容的思想方法与其他部分是完全不同的。以前使用过的元器件结构都是很简单的，本章所接触的电器，必须详细地了解它的结构、每个机构的动作原理以及与其他电器的配合，否则就不知道怎样使用它们。一只电器上有很多不同的部件，在电路中担负不同的任务，分布在电路的不同部位，但它们的名称(或称标识符)是相同的，这是识别它们的标记。

6.1 异步电动机的点动、连续控制电路

6.1.1 实验目的

(1) 了解交流接触器、热继电器、控制按钮的结构和使用方法。

(2) 练习几种典型控制电路的接线。

(3) 训练检查、排除电路故障的能力。

（4）加深理解几种典型控制电路的工作原理及各环节的作用。

（5）学习交流电动机的正确使用方法。

6.1.2　实验原理

（1）三相交流异步电动机的使用常识。电动机在使用之前都要做一些检查工作，如机械机构检查、绝缘电阻检查。初次使用电动机时，还要仔细辨认铭牌上的数据及连接方式所对应的电压。

（2）电动机出厂时将三相绕组的始末端已引至接线盒的接线端子上，供作△形或Y形连接用。三个始端的标记分别为U_1、V_1、W_1；三个末端分别为U_2、V_2、W_2。为实验时接线方便，实验室把两台电动机安装到了一辆小车上，其中一台驱动一套传动机构。安装传动装置的那台电动机已作Y形连接，只把三个始端从接线盒里连到了接线端子板上，标记为U、V、W，另一台电机的端子全部引到了接线板上，标记为U_1、V_1、W_1和U_2、V_2、W_2。

（3）由继电器、接触器和按钮等控制电器实现的对电机的控制，叫作继电接触控制。任何复杂的控制线路，都是由一些基本的电路组成的。鼠笼式电动机的直接起动控制电路是最基本的控制电路，该线路在实现对电机的起停控制的同时，还具有短路保护、过载保护和零压保护作用。该线路是电动机控制线路的基础，一台乃至多台电动机的各种功能的控制线路都可以由它演变出来。

（4）控制电器的安装与固定：现在生产的控制电器(除按钮外)，多数都具有安装固定的机构，仔细观察电器的底部，你会发现一边有槽沟，另一边有可以伸缩的舌簧，这就是用来固定的机构。在电器控制柜内安装上卡轨，控制电器就卡装到卡轨上。在我们的实验台上就装有工业用的两种卡轨，中间的两条是C35型卡轨，顶部和底部那两条是D1型的。接触器只能卡装到C35型的卡轨上，接线板(见电机车上的)只能卡装到D1型卡轨上。有的电器没有卡装机构，我们实验室设计制作了一种两用卡座，把没有卡装机构的电器或印刷电路板安装上卡座，即可以固定在D1型卡轨上，又可以固定在C35型卡轨上，使用很方便。这种卡座也可以用于工业上。

（5）导线连接技术：在生产中，只有原理图是不行的，还要有安装图(或叫作施工图)。安装图标明了每个电器的安装位置以及导线的布线状态。在原理图和安装图上所有的导线都编了号码，相通的导线(或同一节点上的导线)其编号应是一样的。导线的连接与查验就是根据导线号码识别的。在电气工程中，导线端头套上号码管，用冷压钳压上冷压端头，再固定到电器端子上。我们在实验室里只套号码管，不压冷压端头，但要把导线的金属丝螺旋状地绕在自身的线皮上，然后固定到电器上。

6.1.3 实验内容及步骤

(1) 观察 B9 型接触器的外形，找出线圈、主触头的接线位置。

轻轻用手按压动骨架，观看各触头的动作。

(2) 检查接触器的线圈额定电压是否与本实验线路电压一致。用万用表电阻挡检查接触器、热继电器、按钮的触点通断状况是否良好。

(3) 接线（导线长短要合理搭配）先接主电路，后接控制电路，先接串联电路，后接并联电路。要求在任一连接点上不超过两根导线以保证接线的牢靠、安全。同一连接点上的两根线可套同一个号码管。

(4) 按图 6-1 连接点动控制电路。连接完毕，复查无误，再经老师认可，方可通电操作。

(5) 拆除点动控制电路，按图 6-2 连接直接启动控制电路。

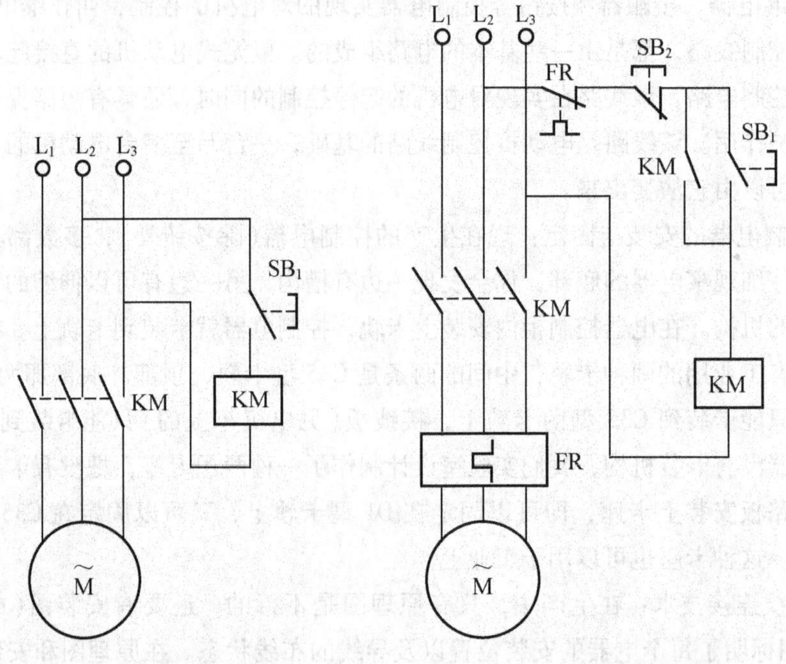

图 6-1 点动控制电路　　图 6-2 连续控制电路

(6) 第 5 步做完后，记住电机转向，断电，将接电机的三根线中的任意两根对调，通电，重新启动电机，观察电机转向是否改变。

(7) 连接两台电机的顺序控制电路 *（考虑第二台电动机的 6 个端子怎样连接）。

6.1.4　实验注意事项

（1）短时间内启动不可太频繁。按下启动按钮时，听接触器吸合的声音、看电动机的转动是否正常，若发现电动机转速很慢或只是嗡嗡振动而不转，这是缺相状态，要立即断电，检查线路和电源，排除故障再通电实验。

（2）远离转动部分，以免发生人身或设备事故。

6.1.5　实验设备及器件

（1）电机车	1 辆	（4）按钮	1 套
（2）交流接触器	2 只	（5）万用表	1 只
（3）热继电器	1 只		

6.1.6　预习要求

（1）了解三相异步电动机铭牌数据的意义。

（2）查找三相电动机三个绕组的 6 个端子在接线盒内的排列方式图。

（3）复习本实验中用到的控制电器的结构、用途、工作原理。

（4）复习三相电动机直接启动控制电路的工作原理，并理解自锁及点动的概念，以及短路保护、过载保护、零压保护的概念。

（5）复习顺序启动控制电路的工作原理。

（6）分别画出点动控制电路、直接启动控制电路、顺序启动控制电路的主电路和控制电路。

6.1.7　实验报告要求

（1）画出本次实验的控制电路图，说明各环节的作用。

（2）回答思考题。

6.1.8　思考题

（1）接线完毕，检查过后给电路上电，按下启动按钮，接触器不动作，是主电路有故障还是控制电路有故障？如果按启动按钮后，接触器动作，但电机不转，又是哪个电路有故障？

(2) 热继电器用于过载保护作用，是否可以用于短路保护？为什么？

(3) 零压保护是如何实现的？

6.2 异步电动机的正反转控制电路

6.2.1 实验目的

(1) 进一步掌握常用控制电器的结构、动作原理、使用方法。

(2) 学习复式按钮的连接方法、所起的作用。

(3) 加深理解三相电动机的正反转控制电路的工作原理。

(4) 明确正反转控制电路中两只接触器互锁的必要性。

6.2.2 实验原理

1. 正反转

有许多生产机械，例如吊车、刨床等都需要上下、左右两个方向的运动，早期是用机械装置实现的，后来通过改变电动机的旋转方向实现两个方向的运动，这就有了正反转控制电路。由三相异步电动机的工作原理可知，只要改变通入电动机定子绕组的三相电源的相序，就可改变电动机的转向，具体实现是调换接向电动机的三根相线中任意两根的接线位置。在上次实验中大家已经试验过了。在控制电路中是用接触器改变相序的，如图6-3所示，在主电路中，当正转接触器 KM_1 的主触点闭合时，接入电动机三个始端 U、V、W 的相线分别是 L_1、L_2、L_3；当反转接触器 KM_2 的主触点闭合时，接向 U、V、W 的相线分别是 L_3、L_2、L_1，接入定子绕组的相序变了，电动机的转向也就变了。

2. 自锁与互锁

控制电路中与起动按钮相并联的 KM_1、KM_2 为自锁触点，自锁触点的应用在上次实验中已做过了，回忆它的作用。

与起动按钮相串联的 KM_1、KM_2 为互锁触点。KM_1 作用是保证电动机正转时，断开反转接触器线圈的通路；KM_2 作用是保证反转时，断开正转接触器线圈的通路，以防止两接触器同时动作使主电路发生短路事故。

6.2.3　实验内容及步骤

（1）观察 B9 型接触器的辅助触点模块 CA7-01 型的结构和固定辅助触点模块的动骨架，琢磨辅助触点模块是怎样卡装到动骨架上去的。CA7-01 触点的两个接线位置的编号是什么。未弄清辅助触点模块的卡装方法时，不可鲁莽行事，以免弄坏模块或骨架。

（2）辅助触点模块装上后，轻轻按压动骨架，看动作是否灵活，若卡住不动或不灵活要重新卡装辅助触点模块。

（3）将电器卡装到卡轨上，位置要合理，以方便接线为原则。

（4）接线要先接主电路（暂不接电动机），后接辅助电路，先接串联电路，后接并联电路，同一接点上有多个接点相连时，以最近点相连为宜。导线长短搭配要合理。实验电路图如图 6－3 所示。

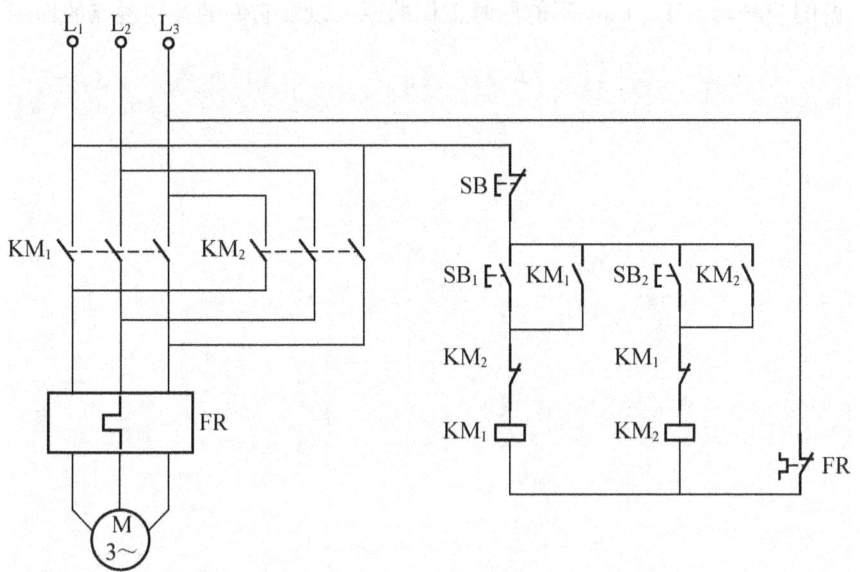

图 6－3　异步电动机正反转控制电路

（5）电路的调试。接完线后先自查，认为无误再让老师复查。通电试验：按下正转起动按钮 SB_1，看正转接触器 KM_1 是否吸合，按下停止按钮 SB，KM_1 是否释放；按下反转起动按钮 SB_2，看反转接触器 KM_2 是否吸合，按下停止按钮 SB，KM_2 是否释放。

（6）上述动作无误后，断电，接上电动机，通电，实验。

6.2.4　实验设备及器件

（1）接触器　　　2 只

(2) 按钮　　　1套

(3) 热继电器　　2只

(4) 电机车　　　1辆

6.2.5 预习要求

(1) 复习三相电动机正反转控制电路的工作原理，搞清各控制组件的动作过程。

(2) 为什么必须保证两个接触器不能同时工作？采取什么措施可以解决这一问题？

6.2.6 实验报告要求

(1) 画出三相电动机正反转的控制线路图。

(2) 说明接触器 KM_1、KM_2 不能同时工作的原因以及它们的互锁触点的作用。

第7章

模拟电子技术实验

本章所研究的电路是各种模拟电路，所谓模拟电路是指输入量与输出量之间具有某种形式的比例关系的电路。模拟电路有用分立组件组成的，也有用集成电路组成的。现在放大电路基本都是用集成电路组成的，不得已时才使用分立组件。这部分电路相对于前几章的电路称为弱电电路，因为施加到电路上的电压一般在 ± 15V 以内。组成放大电路的核心组件有晶体三极管、场效应晶体管、运算放大器，这些器件都属于有源器件；而电阻、电容、电感、二极管都属于无源器件，直接把信号电压施加在由这些无源器件组成的电路的输入端，在输出端就可得到所需要的信号电压。而有源器件则不这么简单，要它们将信号从输入端传输到输出端，必须有直流电源的支持，例如通常把三极管的集电极、场效应晶体管的漏极通过电阻接到电源上，将发射极、源极接地，集成电路都有专门接电源、接地的端子，接正电源的端子标记有：E_C、U_{CC}、U_{DD}、V_{CC}、V_{DD}；接负电源的端子标记有：U_{SS}、V_{SS}；接地的端子标记为 GND。在实际应用中，有时也将 U_{SS}、V_{SS} 接电源的地。因此，做电子电路的实验时，不仅接信号源，还必须先接上直流电源，请务必记住这个规则。

在这部分实验中，同学们将接触许多新鲜的东西，从理论知识、分立组件、集成电路、实验电路插板、到实验仪器等。在这里将学会怎样把一个个的电子组件连接成一个能处理信号的放大电路或具有运算功能的运算放大电路，实验室里已经准备好了许多电子元器件，还有插接组件的电子沙盘、仪器仪表，但是必须做好预习工作，实验才能成功。

7.1 单管交流放大电路

7.1.1 实验目的

（1）学习用万用表判别晶体管的类型和管脚。

（2）学习单级放大电路的调整、测试方法。

(3) 观察电路参数的变化对放大电路静态工作点、电压放大倍数、输出波形的影响。

(4) 理解旁路电容、负载电阻对电压放大器性能的影响。

(5) 学习直流稳压电源、示波器、函数信号发生器、毫伏表的综合应用。

7.1.2 实验原理

(1) 在生产和生活中，以各种设施获取的微弱的电压信号必须用电压放大器加以放大才能用于推动后级电路工作，常用的单管放大电路如图 7-1 所示，采用了分压式、电流负反馈偏置电路，这种偏置电路具有自动调节工作点的能力，当环境温度变化或更换管子时静态工作点基本保持不变。放大电路的参数 E_C、R_C、R_E、R_{B2} 往往是固定的，用改变 R_{B1} 中的电位器 R_W 的阻值的方法来调整放大器静态工作点 Q。当 R_W 阻值过大时，Q 点过低，放大器出现截止失真；R_W 阻值过小时，Q 点过高，出现饱和失真。适当调整 R_W 的阻值，使 Q 点在合适的位置，就可使输出的电压的非线性失真减到最小。

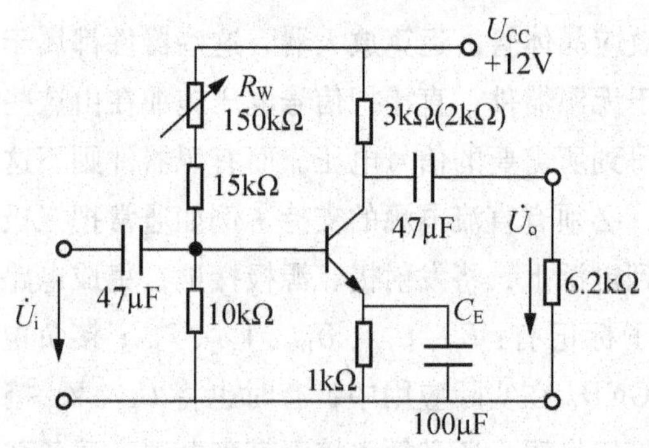

图 7-1 单管放大电路

为了得到最大不失真的输出电压，静态工作点应选在交流负载线的中点，例如：收音机的功放级(甲类)。并非所有实验都要调到中点，如果输入信号较小，在不失真的前提下，为了减少管子的功耗和噪声，工作点可选得低一点，如：收音机的高放级和中放级。

要调整最大不失真输出电压，方法是在放大电路的输入端加一个 1kHz 的正弦小信号 (3mV)，用示波器观察输出波形，逐渐加大输入信号幅度，直到输出波形出现失真为止，若出现上下波形失真对称，则说明静态工作点处在交流负载线的中点，出现上下波形失真对称的原因是信号幅度太大。若出现某个半波失真，可调节 R_W 使波形不失真，然后继续加大输入信号幅度，直到再次出现失真为止，于是，再次调节 R_W，使失真消除，如此往复，直至出现上下波形不失真对称为止，达到最大不失真输出。

最大不失真输出调好后，R_W 就不能再动了，此时把输入信号降为 0mV，测出晶体管各极对地的电压(分别为 U_{BQ}、U_{CQ}、U_{EQ})，就可以计算出放大器的静态工作点。

$$U_{CEQ} = U_{CQ} - U_{EQ}$$

$$I_{CQ} \approx I_{EQ} = \frac{U_{EQ}}{R_E}$$

$$U_{BEQ} = U_{BQ} - U_{EQ}$$

如果知道管子的电流放大系数β，即可求出I_{BQ}。

如果为小信号放大电路，则在上面调节的基础上，再调节R_W，使Q点上移或下移，达到所需要求。在调整过程中，以及在以后的测量中，为了避免机壳间的干扰，所有仪器的接地端都要连接在一起。

在调节静态工作点的过程中，可以看到静态工作点对输出波形的影响，当R_W阻值过大时，静态工作点过低，放大电路出现截止失真，在失真不严重时，将看不到削波现象，只是波形正半周变钝，这是晶体管的非线性的特征造成的(起始段弯曲)，为了看到削波现象，可适当加大输入信号的幅度。当R_W阻值过小时，静态工作点过高，放大电路出现饱和失真，波形负半周顶被削。输出正弦波的电压相量$\dot{U}_o$与输入正弦波的相量$\dot{U}$i之比，即电压放大倍数。

(2) 电压放大倍数。放大器的电压放大倍数，是指输入信号u_i为正弦波时，有

$$\dot{A} = \frac{\dot{U}_O}{\dot{U}_i} = A\angle\varphi$$

式中，A为输出电压与输入电压有效值的比值(即电压放大倍数)，本实验电路中，$A = \frac{\beta R'_L}{r_{be}}$，$R'_L = R_O // R_L$。$\varphi$角是输出电压的正弦波与输入电压的正弦波之间的相位差，在中频段，$\varphi = -180°$。从这里可以看出，电压放大倍数A与负载电阻有关，开路时的电压放大倍数大于带负载时的放大倍数。

若不加旁路电容C_E，则放大倍数为

$$A = \frac{\beta R'_L}{r_{be} + (\beta + 1)R_E}$$

显然，不加旁路电容，电压放大倍数减小了，这是由于负反馈所引起的。

由于$r_{be} = 200\Omega + (\beta + 1)\frac{26}{I_{EQ}}\Omega$，因而当$\beta$和$R'_L$保持不变时，改变射极静态电流$I_{EQ}$、$r_{be}$就要改变，因而电压放大倍数就要改变，可见电压放大倍数与静态工作点有关。

测量电压放大倍数：其方法是在放大电路的输入端加一信号电压，测出输出电压和输入电压，两者之比即为电压放大倍数。测量时要用示波器观察输出波形，要在波形不失真的情况下进行测量。

电路中的放大组件是晶体管，当不知道晶体管的三个管脚分别对应哪一个极，又没有晶体管手册可查时，可用万用表来识别晶体管的类型和管脚。

由于基极B和集电极C、发射极E分别是两个PN结，它们的正向电阻都很小，反向

电阻都很大，根据这个特点，可以先判定晶体管的基极，方法如下。

使用指针式万用表判别：把万用表置于欧姆挡，一支表笔接到某一管脚上，另一表笔分别和其余两个管脚相接。如果测出的电阻都很大(或都很小)，然后将两支表笔对换，再重复上述测量，测出的电阻都很小(或都很大)，则那个固定的管脚就是基极。否则，可另换管脚，重复上述操作，直到找出基极为止。

管型：当红表笔(即电池的负极)和基极相接，黑表笔(电池的正极)分别于集电极 C、发射极 E 相接时，测出的电阻都是低阻值时，被测管子为 PNP 型。同理，如果黑表笔与基极相接，红表笔分别与另外两个管脚相接时，测出电阻均为低阻值时被测管子为 NPN 型。

辨别集电极 C 和发射极 E：利用测量晶体管电流放大倍数β的大小可以判断集电极 C 和发射极 E。如果万用表上有测量β(hFE) 挡位，可假定出集电极 C 和发射极 E，把晶体管插入测试插座上对应的 E、B、C 插孔内(注意管型)，测出β值，交换 C、E 管脚，重新插入插座内测出β，β值大的那次插入插孔的管脚极性与插孔的标记相对应。如果表上没有β(hFE) 测试挡，可用万用表欧姆挡测量 C、E 之间电阻的方法，估测β值辨别集电极与发射极。先假定出集电极和发射极，在基极与集电极之间连接一支电阻，黑表笔(电池正极)接集电极，红表笔(电池负极)接发射极，记下表针的偏转位置；交换假定的集电极与发射极再测，比较两次表针的偏转位置，偏转大的那次的假定是正确的。测试中使用的电阻也可用人体电阻代替，一只手捏住接集电极的黑表笔，用笔尖碰触基极，看表针的偏转角度，再换另一管脚重试，偏转角度大的那次，接黑表笔的为集电极。

对于 PNP 型的管子，红表笔接集电极，黑表笔接发射极时，表针偏转角度大，反之则小。

测量时，一般用 100Ω 或 1kΩ 挡，不要用高阻挡，因表内高阻挡用的是高压电池，以免将 PN 结击穿。也不要用低阻挡，防止因电流过大烧坏管子。

用数字万用表测试晶体管：数字万用表的红表笔为正极，黑表笔为负极，与指针式万用表相反。将量程旋转开关置于二极管挡，黑表笔插入“COM”插孔，红表笔插入“VΩ”插孔，红表笔接某一管脚，黑表笔分别接另外两个管脚，若两次测得的读数都为二极管的正向压降(硅管为 750mV 左右；锗管为 250mV 左右)，交换两只表笔再重复测量，测得的读数都为 1(开路状态或超量程状态)，则被固定测试的管脚为基极。红表笔接基极测试的读数为正向压降时管子是 NPN 型；黑表笔接基极测得的读数为正向压降时，管子是 PNP 型。管型确定后再用以上介绍的测β(hFE) 的方法确定集电极与发射极。

本实验电路的每一个组件都由同学插到实验板上，组件布置要合理，便于检查和测试。

7.1.3 实验内容及步骤

(1) 用万用表测量晶体管判定管脚和类型。

（2）调整放大电路的静态工作点。

按图7－1在电子沙盘上把电路插接好（插完后最好画出组件布置图），不接 R_L，接上12V的直流电压 E_C，在输入端接上1kHz、3mV的正弦信号，按照“实验原理”中介绍的方法调整电路使之达到最大不失真输出。

① 用万用表测量静态工作点。拆掉放大电路输入端的信号线，用万用表直流电压挡测量此时晶体管各电极电位 U_{CQ}、U_{BQ} 和 U_{EQ}，记入表7－1中。

② 用示波器测量静态工作点。将示波器选择开关拨到直流测试挡（DC），记住基准线位置（输入为零时的扫描线位置）衰减微调旋钮置校准位置。选择适当的衰减挡，测 U_{CQ}、U_{BQ} 和 U_{EQ} 的数值，记入表7－1中，并与万用表测量值相比较。为计算 I_{BQ}，把晶体管的 β 值记到表上。

表7－1 静态工作点测量数据记录表

项目 / 仪器	测量值			计算值		
	U_{CQ}/V	U_{BQ}/V	U_{EQ}/V	$U_{CEQ}=U_{CQ}-U_{EQ}$	$I_{CQ}=\frac{U_{CC}-U_{CQ}}{R_C}$	$I_{BQ}=\frac{I_{CQ}}{\beta}$
万用表						
示波器						

（3）测量放大电路的电压放大倍数。

保持原来最佳静态工作点不变，将10mV、1kHz的正弦信号加到放大电路的输入端，用毫伏表和示波器分别测量在改变 R_C 和 R_L（表7－2）时的输出电压 U_o 的数值，计算电压放大倍数，记入表7－2中。了解 R_C、R_L 变化对电压放大倍数的影响，并学会用示波器测量交流电压的方法。

表7－2 电压放大倍数测量数据记录表（保持 $U_i=10$mV，$f=1$kHz不变）

R_L 值	R_C 值	输出电压 U_O（V）电压				计算放大倍数 $\lvert A_u \rvert$
		毫伏表测量值		示波器测量值		
$R_L=\infty$	$R_C=2\text{k}\Omega$					
	$R_C=3\text{k}\Omega$					
$R_L=2\text{k}\Omega$	$R_C=2\text{k}\Omega$					

用示波器测量交流电压时，要把选择开关拨到交流测试挡（AC），衰减微调旋钮置校准位置。选择合适的衰减挡，测量交流波形的峰—峰值 U_{p-p}，则交流电压的有效值为 $U=\frac{U_{p-p}}{2\sqrt{2}}$。

电压的峰—峰值 U_{p-p} 可按下式计算：

$$U_{p-p} = H(\mathrm{div}) \times V/\mathrm{div}$$

式中：H（div）——正负波峰垂直距离所占的格数；

V/div ——灵敏度开关指示的每格所代表的电压值。

如果采用“衰减”10 倍的探头，电压的峰—峰值则为

$$U_{pp} = H(\mathrm{div}) \times V/\mathrm{div} \times 10$$

（4）静态工作点的位置对输出波形非线性失真的影响。

① 保持 U_i =10mV 不变，按表 7－3 前三项条件调 R_W 改变 R_{B1} 值，用示波器观察并描绘输出电压 u_o 的波形，同时用万用表测量相应的 U_{CE} 值，记入表 7－3 中。

② 仍取 U_i =10mV，按表 7－3 第四项条件调 R_{B1} 使 u_o 的波形恢复到失真状态。然后逐渐加大输入信号的幅度(注意：信号幅度过大会损坏晶体管)，直到 u_o 的波形产生饱和失真与截止失真为止。描绘波形并测量 U_{CE} 值，填入表 7－3 中。

表 7－3　静态工作点的位置对输出波形非线性失真的影响

工作点的设置	U_{CE}/V	输出电压的波形	结　论
R_{B1} 数值适中，工作点位置合适			
R_{B1} 数值太小，工作点位置偏高			
R_{B1} 数值太大，工作点位置偏低			
R_{B1} 数值适中，工作点位置合适			

（5）观察旁路电容 C_E 对电压放大倍数的影响。

输入信号为 10mV，去掉 C_E，观察输出波形的变化，并测出此时的输出 $U_o(V)$，计算电压放大倍数，与步骤 3 的结果相比较。

7.1.4　实验设备及器件

（1）直流稳压电源　1 台　　（5）万用表　1 块
（2）函数信号发生器　1 台　　（6）电子沙盘　1 块
（3）示波器　1 台　　（7）电子组件、导线　1 宗
（4）毫伏表　1 块

7.1.5　预习要求

（1）复习晶体管放大电路的有关内容及本次实验内容。

（2）给定 R_{B1} =50kΩ，β =60，按原理图中的参数，估算静态工作点和电压放大倍数。

（3）熟悉函数信号发生器、示波器、毫伏表、电子沙盘的用法。

7.1.6 实验报告要求

（1）画出实验电路图，整理实验数据，画出波形曲线。

（2）分析静态工作点的位置对放大电路输出电压波形的影响，以及分压式偏置电路稳定静态工作点的原理。

（3）分析元件 R_C 及 R_L、旁路电容 C_E 对放大电路电压放大倍数的影响。

7.2 两级阻容耦合及负反馈放大器

7.2.1 实验目的

（1）了解多级阻容耦合放大器组成的一般方法。

（2）了解负反馈对放大器性能指标的改善。

（3）掌握两级放大器与负反馈放大器性能指标的调测方法。

7.2.2 实验原理

（1）阻容耦合放大器是多级放大器中最常见的一种，其电路如图 7－2 所示。

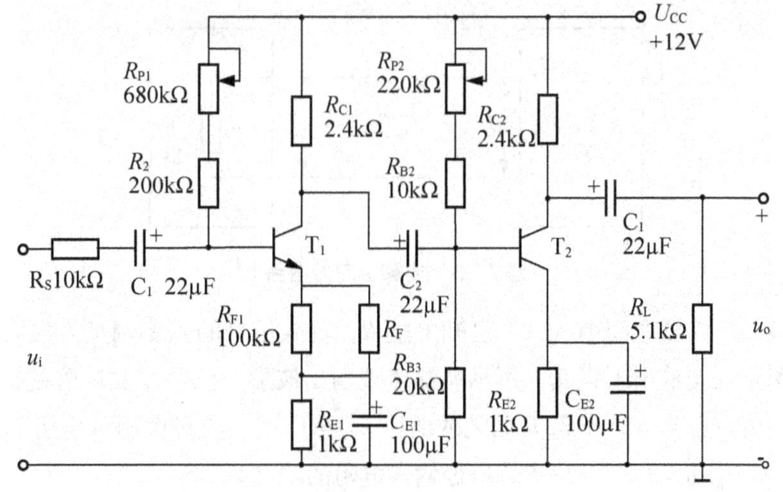

图 7－2　两级阻容耦合放大器原理图

图 7－2 所示为一个典型的两级阻容耦合放大器。由于耦合电容 C_1、C_2 和 C_3 的隔直流作用，各级之间的直流工作状态是完全独立的，因此可分别单独调整。但是，对于交流

信号，各级之间有着密切的联系，前级的输出电压就是后级的输入信号，因此两级放大器的总电压放大倍数等于各级放大倍数的乘积，即 $Au = A_{u1} \cdot A_{u2}$，同时后级的输入阻抗也就是前级的负载。

（2）负反馈放大器。

① 负反馈放大电路的基本形式。负反馈电路的基本形式很多，但就其基本形式来说可分为 4 种：电压串联负反馈、电压并联负反馈，电流串联负反馈以及电流并联负反馈。

在分析放大器中的反馈时，主要应抓住以下 3 个基本要素。

（a）反馈信号的极性。如果反馈信号是与输入信号反相的就是负反馈，反之则是正反馈。

（b）反馈信号与输出信号的关系。如果反馈信号正比于输出电压，就是电压反馈；若反馈信号正比于输出电流，就是电流反馈。

（c）反馈信号与输入信号的关系。从反馈信号的输入端看，反馈信号(电压或电流)与输入信号并联接入称为并联反馈；串联接入称为串联反馈。

② 负反馈对放大器性能的影响。负反馈能有效地改善放大器的性能，主要体现在输入电阻、输出电阻、频带宽度、非线性失真、稳定性等方面。但是放大器性能的改善是以降低其增益为代价的，因此在应用负反馈电路时，必须考虑电路性能改善的同时会引起电路增益的减小。

（3）放大器的输入电阻 R_i 及输出电阻 R_o。

放大器的输入电阻 R_i 是向放大器的输入端看进去的等效电阻，定义为输入电压 u_i 与输入电流 i_i 之比，即 $R_i = u_i/i_i$。测量输入电阻 R_i 的方法很多，例如替代法、电桥法、换算法等。本实验采用最常用的一种方法——换算法，测量电路如图 7－3 所示。

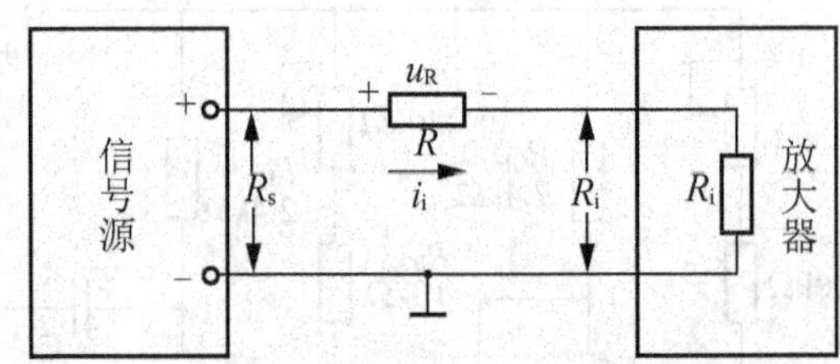

图 7－3　换算法测量电路

在信号源与放大器之间串入一个已知电阻 R，输入信号的频率调整为放大电路的中频段，而幅度调整到使输出不失真。用示波器监视输出波形，然后用晶体管毫伏表分别测 R 两端对地的交流电压与 u_i，求得 R 两端的电压 $U_R = u_s - u_i$，流过电阻的电流 i_R 即为放大器的输入电流 $i_i = U_R/R = (u_s - u_i)/R$。根据输入电阻的定义有

$$R_i = u_i/i_i = u_i/U_R/R = [u_i/(u_s - u_i)] \times R$$

放大器输出电阻 R_o 是将输入电压源短路时，从输出端向放大器看进去的等效电阻，其测量方法如图 7－3 所示。

（4）放大器的幅频特性。阻容耦合放大器中因有电抗元件存在，放大倍数随信号频率而变，高、低频段的放大倍数均会降低。放大器幅频特性曲线测试方法有以下两种。

① 逐点测试法。维持输入信号电压 u_i 的幅度不变，改变输入信号的频率，测量放大器的输出电压 u_o，计算对应于不同频率放大器的电压增益。由 $A_u = u_o / u_i$，便可得到放大器增益的幅频特性。由此可知，要测若干个点，才能求得曲线，故这种方法精度高，但比较烦琐。

② 三点法。三点法用于精度要求不高从简从快的情况。首先测出中频电压增益 A_u，然后增大或降低频率，将增益下降到中频增益的0.707倍(按分贝算即下降3dB)，测出此时对应的上下限频率，f_H 与 f_L 之差就称为放大电路的通频带，即 $\Delta f_{0.7} = f_H - f_L$。

7.2.3 实验设备及器件

（1）实验电路。

① 两级阻容耦合放大器(图7－2)。

② 电压串联负反馈放大器(图7－4)。

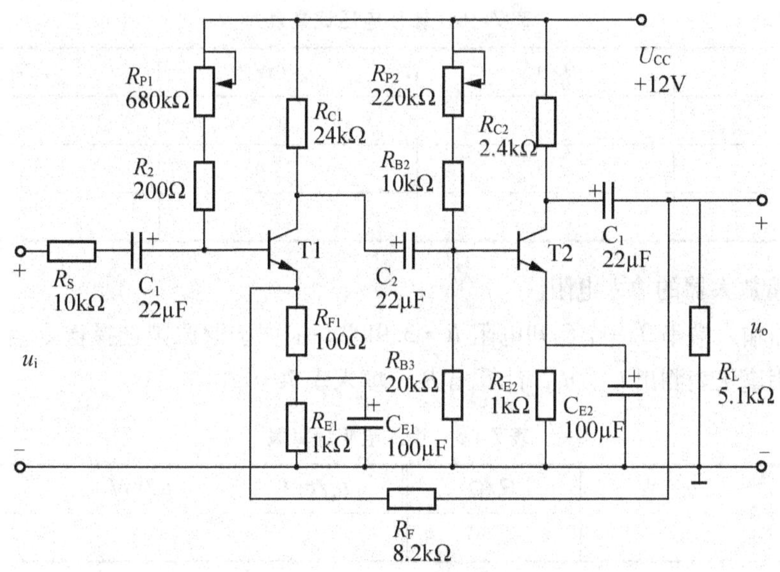

图7－4 负反馈放大器实验电路图

（2）仪器仪表。

① 直流稳压电源。

② 示波器。

③ 晶体管毫伏表。

④ 数字万用表。

7.2.4 实验内容及步骤

1. 两级阻容耦合放大器

(1) 按图7-2连好电路。

(2) 测量放大器的静态工作点并计算出放大倍数，填入表7-4中。

表7-4 放大倍数计算表

	U_{CEQ}	U_{RC}	I_{CQ}
T_1			
T_2			

(3) 测量放大器的电压放大倍数 A_u。

选择输入信号的频率 f 与幅频 u_i 大小，测出放大器在不同电源下的输出电压值，填入表7-5中。

表7-5 输出电压记录表

U_{CC}	u_i/mV	u_o/mV	A_u
8			
10			
12			

(4) 测量放大器的输入电阻。

在放大器输入端串联一个已知电阻 $R = 3.9\text{k}\Omega$。根据选取原则选择输入信号的频率和幅度，然后用毫伏表测出 u_s、u_i，计算出 R_i，填入表7-6中。

表7-6 输入电阻计算表

u_s/mV	u_i/mV	R_i/Ω	u_s/mV	u_i/mV	R_i/Ω

(5) 测量放大器的输出电阻。

选择输入信号的频率和幅度，然后用毫伏表测出空载(即 R_L 不接入)和有负载(即 R_L 接入)时的输出电压 u_o 和 u_o'，计算出 R_o，填入表7-7中。

(6) 测量放大器的幅频特性。

测量原理如前所述。为简便起见，本实验要求用三点法，只测三个特殊频率点，即 f_o、f_H 及 f_L。选择输入信号的频率 f_o 和幅度 u_i，用毫伏表测出中频时的输出电压 u_o。然后分别增大或降低信号源的频率(注意在改变频率时应保持 u_i 不变)，使输出幅度下降到

表7-7　输出电阻计算表

u_o/V	u'_o/V	R_o/Ω

0.707u_o，记下此时对应的信号频率(分别为上限截止频率f_H和下限截止频率f_L)，并将测试数据填入表7-8中。

表7-8　测量数据记录表

u_i/mV	u_o/V	0.707u_o/V	f_L/kHz	f_H/kHz

2. 负反馈放大器

(1) 在两级阻容耦合放大器电路的基础上，加接一个反馈电阻R_F，参照如图7-4所示的电压串联负反馈电路。

(2) 按两级阻容耦合放大器的全部内容重做负反馈放大器实验，并填写相关表格。

7.2.5　实验报告要求

(1) 整理好实验数据，填入各表中。

(2) 画出幅频特性曲线。

(3) 比较两次实验结果，说明放大器引入负反馈后有何缺点。

7.2.6　思考题

(1) 测量放大器输入、输出阻抗应注意什么?

(2) 影响放大器低频响应的是哪些元件?

7.3　差动放大器

7.3.1　实验目的

(1) 加深理解差动放大器的特点。

(2) 学会测量差动放大器差模电压增益、共模的方法。

(3) 掌握提高差动放大器共模抑制比的方法。

(4) 学会使用示波器观察和比较两个电压信号的相位关系。

7.3.2 实验原理

差动放大器的特点是静态工作点稳定，对共模信号有很强的抑制能力，它唯独对输入信号的差(差模信号)做出响应，这些特点在电子设备中应用很广。集成运算放大器几乎都采用差动放大器作为输入级。这种对称的电压放大器有两个输入端和两个输出端，电路使用正负对称的电源。根据电路的结构可分为双端输入双端输出，双端输入单端输出，单端输入双端输出及单端输入单端输出4种接法。凡双端输出，差模电压增益与单管共发放大器相同；而单端输出时，差模电压增益为双端输入时的一半。另外，若电路参数完全对称，则双端输入时的共模放大倍数 $A_{uc}=0$，其实测得的共模抑制比 K_{CMR} 将是一个较大的值，K_{CMR} 越大，说明电路抑制共模信号的能力越强。

7.3.3 实验内容及步骤

1. 实验内容

(1) 发射极接恒流源时，电路为双端输入条件下的差模电压增益 A_{ud}，共模电压增益 A_{uc}，并计算共模抑制比 K_{CMR} 的值。

(2) 观察差模输出电压 u_{od1} 与 u_{od2} 之间的相位关系。

2. 实验步骤

(1) 按图7-5连接电路，注意电路的对称性。

(2) 电路经检查无误后，接通 ±12V 电源。

(3) 测量静态工作点。

① 调零。令 $u_i=0$，即将输入与地短接，调节 W，使 $u_o=0$。

② 按表7-9的内容进行测试，并将测试数据填入表中。

表7-9 测试数据记录表

I_{C1}/mA	I_{C2}/mA	I_C/mA	U_{C1}/V	U_{C2}/V	U_{B1}/V	U_{B2}/V	β

(4) 动态测量。

① 测量双端输入双端输出的差模电压放大倍数 A_d，用示波器观察 u_o、u_{o1} 及 u_{o2} 的波形，比较 u_{o1} 与 u_{o2} 的相位，并将所测数据填入表7-10中。

② 测量单端输入单端输出的差模电压放大倍数 A_d，测试条件同上，将测试数据填入自拟的表格里。(注：单端输入时将其中一个输入端与地端接。)

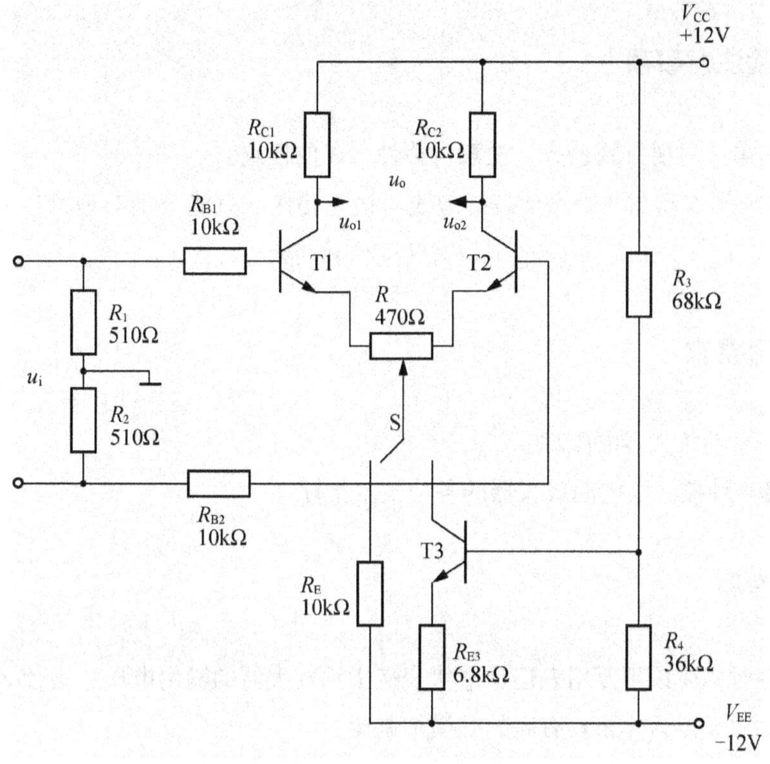

图7－5　差动放大器实验原理图

表7－10　数据记录表　测量条件：u_i＝40mV，f＝1kHz

内容 / 电路	波形			输出电压/V			电压增益		
双端输入									
双端输出									

（5）共模抑制比 K_{CMR} 的测量。

① 将两输入端接为一端，输入共模信号：u_i＝40mV，f＝1kHz 的正弦波，按表7－11中内容测量，并将数据填入表中。（注：先分别测出 u_{o1} 和 u_{o2}，然后利用 $u_o = |u_{o1}| - |u_{o2}|$）算出 u_o。

② 用示波器观察输出波形 u_{o1} 和 u_{o2}，并比较相位。若观察波形时幅度不够大，可适当增大 u_i。

表7－11　共模信号测试数据记录表

内容 / 电路	输出电压			$A_c = u_o / u_i$	$K_{CMR} = 20\lg(A_d/A_c)$ dB
	u_{o1}	u_{o2}	u_o		
双端输出					

7.3.4 实验注意事项

(1) 组装电路时要排列整齐，注意对称性，以便检查。

(2) 因 DA－16 型晶体管毫伏表的地线与机壳相接，只能分别对地测出 u_{o1} 和 u_{o2}，对差模信号而言，$u_o = |u_{o1}| + |u_{o2}|$；对共模信号而言，$u_o = |u_{o1}| - |u_{o2}|$。

7.3.5 预习要求

(1) 复习差动放大器的原理。

(2) 计算 4 种接法的差动放大器的各项技术指标。

7.3.6 思考题

(1) 调零时，应该用万用表还是毫伏表来指示放大器的输出电压？为什么？

(2) 差动放大器为什么具有高的共模抑制比？

7.3.7 实验设备及器件

(1) 示波器。

(2) 信号发生器。

(3) 晶体管毫伏表。

(4) 万用表。

(5) 模拟电路实验仪。

(6) 三极管 3DG6 ×2。

(7) 电阻 510Ω，1.1kΩ，10kΩ，240kΩ 各 2 只；27kΩ(或 22kΩ) 1 只。

7.3.8 实验报告要求

(1) 认真整理和处理实验数据，并列出表格或画出曲线。

(2) 对实验结果进行理论分析，找出产生误差的原因，提出减小实验误差的措施。

(3) 详细记录组装、调试和测量过程中发生的故障和问题，进行故障分析，说明故障排除的过程及方法。

(4) 认真写出本次实验的心得体会及意见，以及改进实验的建议。

7.4　运算放大电路(一)

7.4.1　实验目的

（1）学习集成运算放大电路器件的基本使用方法。

（2）学习使用运算放大器实现模拟量基本运算的方法。

（3）继续学习双踪示波器、函数信号发生器的使用方法。

7.4.2　实验原理

集成运算放大器简称集成运放，是一个具有高放大倍数、输入电阻极高的多级直流放大器。它有两个输入端(反相输入端和同相输入端)，一个输出端，如图7－6所示。一般制作成双列直插式芯片，一片芯片内有一个放大器的称为单运放，如μA741；有两个的称为双运放，如LM353、LM358；有四个的为四运放，如LM323、5G373等。

集成运放体积小，可靠性高，通用性强。使用这种组件首先应了解它的主要技术参数，如电源电压、最大差模输入电压 Uidmax、最大输出电压 Uomax、最大共模输入电压 Uicmax、共模抑制比 K_{CMRR}、输入失调电压 Uos、输入失调电流 I_{OS}、开环增益 A_{od}、频带宽度 Δf_{sdB} 等。它们的物理意义可查阅手册或有关资料。

本实验采用μA741集成运算放大器，其插脚排列如图7－7所示，这是一种V封装形式，双列直插式的单运放，一般给出的是顶视图，插脚的号码是以缺口(有的是一个小圆点儿)为标志，逆时针方向计数。各插脚的功能见表7－12。

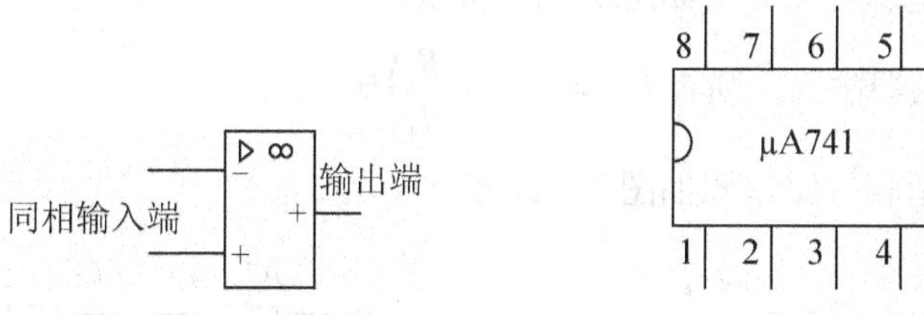

图7－6　逻辑符号　　　　图7－7　引脚排列图

表7－12　μA741各插脚的功能

功能	反相输入端	同相输入端	输出端	正电源端 U_{CC}	负电源端 U_{EE}	调零端	空
插脚号	2	3	6	7	3	1，5	8

电源电压为±15V时，μA741的技术参数如下。

开环增益（A_0）：200000　　　　输入失调电压（U_{OS}）：2mV

输入电阻（R_{in}）：2MΩ　　　　输入失调电流（I_{OS}）：20nA

输出电阻（R_{out}）：75Ω　　　　输入偏流（I_B）:80nA

电源电压(最大)：18V　　　　共模抑制比(K_{CMRR})：90dB

差分输入范围(最大)：30V　　　　短路输出电流：25mA

共模电压范围(最小)：12V　　　　上升速率：0.5/s

输出电压摆幅：14V

本实验电路的每一个组件都由同学自己插接起来。

本实验中要用到的几个小的直流信号电压，可用图7－8所示的分压电路取得。这个分压电路，由同学在实验时临时在沙盘上插接出来。

本次实验研究集成运放的线性应用，即运算放大器工作在线性区的应用，因此，必须接成深度负反馈的形式。外接负反馈电路后能完成反相比例、同相比例、加法、减法、乘法、微分、积分等运算功能。

（1）反相比例运算：原理图如图7－9所示。

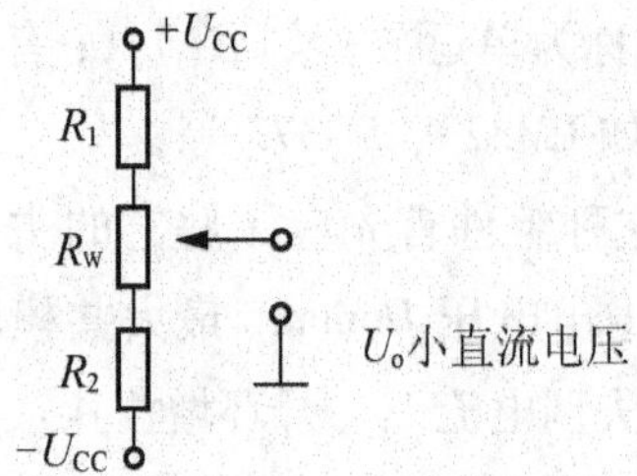

图7－8　分压电路

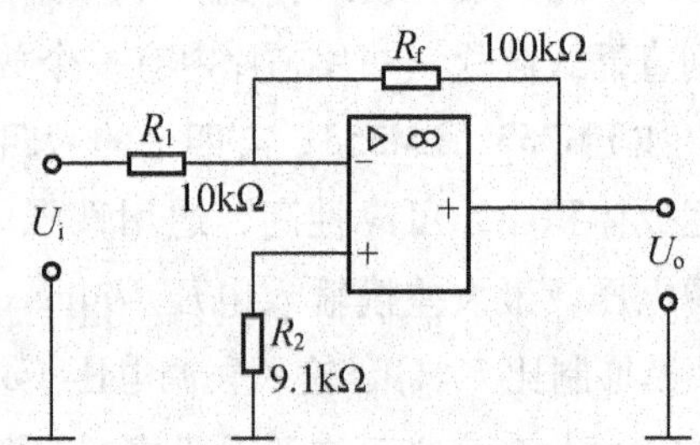

图7－9　反相比例电路

输入信号从反相端输入，则有 $U_o = -\frac{R_f}{R_1}U_i$

（2）同相比例运算：原理图如图7－10所示。

输入信号从同相端输入，则有 $U_o = \left(1 + \frac{R_f}{R_1}\right)U_i$

（3）反相加法运算：原理图如图7－11所示。

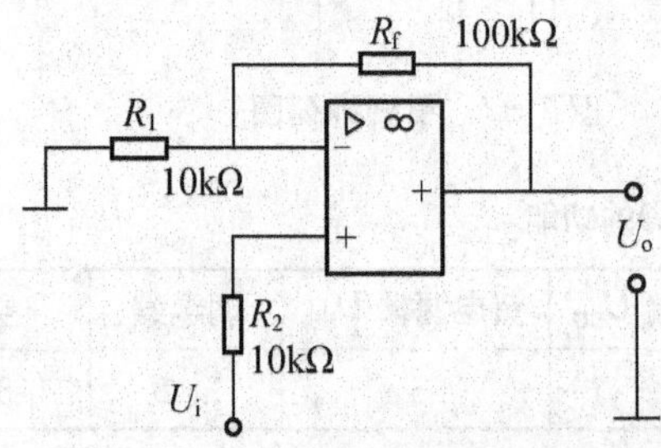

图7－10　同相比例运算电路

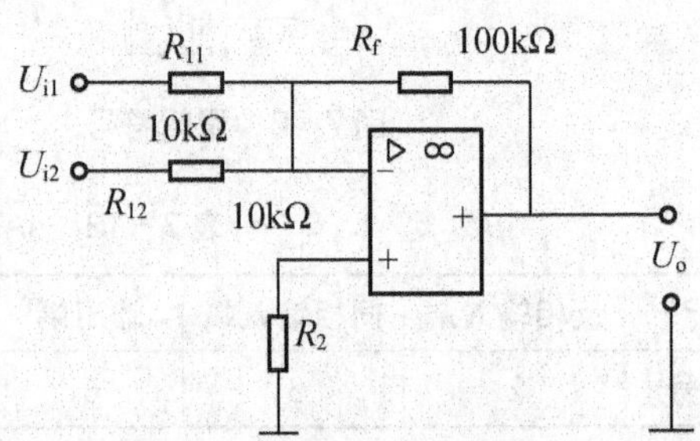

图7－11　反相加法运算电路

有两个信号同时从输入端输入，则有 $U_o = -\frac{R_f}{R}(U_{i1} + U_{i2})$

（4）积分运算：原理图如图 7－12 所示。

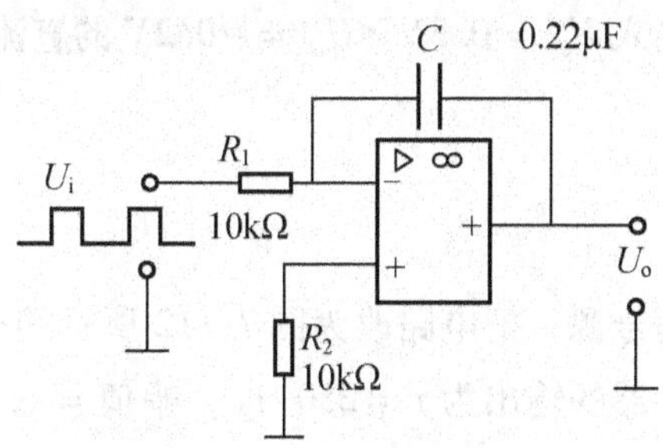

图 7－12　积分运算电路

方波信号从反相端输入，则 $U_o = -\frac{1}{RC}\int U_i \mathrm{d}t$

7.4.3　实验设备及器件

（1）双路直流稳压电源。

（2）数字万用表。

（3）双踪示波器。

（4）函数信号发生器。

（5）DZ-3 型电子沙盘。

（6）集成运放芯片、电阻、电容。

7.4.4　实验内容及步骤

1. 反相比例运算

（1）按图 7－9 接好电路，经教师检查无误后，接上 ±12V 电源电压。

（2）在反相端输入 U_i = 0.3V 的直流电压，用万用表测出输出电压 U_o（注意极性）。计算放大倍数 A_u，与理论值进行比较。

2. 同相比例运算

（1）关闭电源，断开信号线，把电路改为图 7－10 所示的同相运算电路，接通电源。

（2）在同相端输入 U_i = 0.3V 的直流电压，测出输出电压 U_o（注意极性），计算电压放大倍数 A_u，与理论值进行比较。

3. 反相加法运算

(1) 关闭电源，断开信号，把电路改为图 7-11 所示的加法电路，接通直流电源。

(2) 在两输入端分别输入 $U_{i1}=0.3V$，$U_{i2}=-0.2V$ 的直流电压，测出输出电压 U_o 与理论值进行比较。

4. 积分运算

(1) 关闭电源，去掉信号源，把电路改为图 7-12 所示的积分电路，开启电源。

(2) 调节函数信号发生器的输出为 $f=250\ H_Z$，幅值 = ±5V 的方波信号，由反向输入端输入，用示波器分别观测 U_i 与 U_o 的波形、周期。

7.4.5 实验报告要求

(1) 整理、计算实验数据。

(2) 分析产生误差的原因。

*7.5 运算放大电路(二)

7.5.1 实验目的

(1) 了解集成运放非线性运用的条件和输出电压的特点。

(2) 学习用集成运放构成电压比较器、方波发生器和三角波发生器的方法。

(3) 观察方波发生器和三角波发生器输出电压的波形。

(4) 进一步巩固示波器的使用。

7.5.2 实验原理

当集成运放开环工作或加有正反馈时，其输出电压 u_o 便超出线性放大范围，u_o 与 u_i 之间不再存在线性关系，集成运放的工作状态进入非线性区。由于集成运放的开环电压放大倍数 $|A_{uo}|$ 很大，只要在两输入端之间有一微小的电位差，输出电压 u_o 就立即超出线性范围，达到正饱和值或负饱和值，即

当 $u_+ > u_-$ 时，u_o 达到正饱和值 $+U_{OM}$。

当 $u_- > u_+$ 时，u_o 达到负饱和值 $-U_{OM}$。

$+U_{OM}$：接近于集成运放的正电源值。

$-U_{OM}$：接近于集成运放的负电源值。

集成运放的这种非线性特性，在数字技术和自动控制系统中得到了广泛的应用。

电压比较器是集成运放非线性应用的基本电路，它是用来将输入信号 u_i 和某一参考电压 U_R 进行比较。过零比较器是参考电压 $U_R=0$ 的情况，是最简单的比较器，如图7-13所示。过零比较器用于判别输入信号 u_i 是大于零还是小于零，u_i 每改变一次极性，比较器的输出 u_o 就改变一次状态。

图7-13　过零电压比较器

图7-14所示电路是方波发生器的实验电路，它是在电压比较器的基础上，引进正反馈实现的。电路中把正反馈电压作为比较电压 U_R，即

$$u_+ = U_R = \frac{R_2}{R_1+R_2}U_Z = FU_Z$$

而信号电压改由 R_F-C 负反馈网络来提供。该电路没有选频网络，因而输出的不是单一频率的正弦信号电压，而是含有丰富谐波成分的方波电压，所以方波发生器也叫作多频振荡器。适当选择 R_1 和 R_2 的值，使正反馈系数 $F=0.47$，输出电压 u_o 的振荡频率可按下式计算：

$$f_0 = \frac{1}{2R_FC}$$

7.5.3　实验设备及器件

（1）XJ-3318 型双踪示波器　　（4）电子沙盘

（2）直流稳压电源　　（5）函数信号发生器

（3）数字万用表　　（6）电子器件

7.5.4　实验内容及步骤

（1）比较器电路。

按图7-13连接过零比较器电路，检查无误后接通集成运放的电源。

输入电压 $u_i>0$（$u_i=+1V$），测量 u_o 的数值，记入表7-13中。输入电压 $u_i<0$ 时（$u_i=-1V$），测量 u_o 的数值，记入表7-13中。

表7-13　过零比较器实验数据记录表

u_i/V	>0(=+1)	<0(=-1)
u_o/V		

(2) 方波发生器电路。

① 按图7-14连接电路，接通电源，用示波器观察输出电压 u_o 的波形，并测量 u_o 的周期与幅度，记入表7-14中。

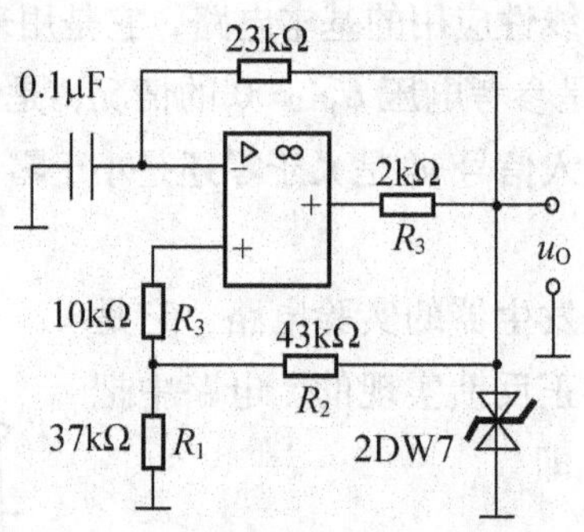

图7-14 方波发生器原理图

② 调节 R_1，使 $R_1 = 68\text{k}\Omega$，观察波形并测量周期与幅度，记入表7-14中。

③ R_1 恢复原值。调节 R_2，使 $R_2 = 82\text{k}\Omega$，观察波形并测量周期与幅度，记入表7-14中。

表7-14 方波发生器实验数据记录表

电路参数	$R_1 = 33\text{k}\Omega$, $R_2 = 37\text{k}\Omega$ $R_F = 23\text{k}\Omega$, $C = 0.1\mu\text{F}$	$R_1 = 68\text{k}\Omega$, $R_2 = 37\text{k}\Omega$ $R_F = 23\text{k}\Omega$, $C = 0.1\mu\text{F}$	$R_1 = 33\text{k}\Omega$, $R_2 = 82\text{k}\Omega$ $R_F = 23\text{k}\Omega$, $C = 0.1\mu\text{F}$	$R_1 = 33\text{k}\Omega$, $R_2 = 37\text{k}\Omega$ $R_F = 100\text{k}\Omega$, $C = 0.1\mu\text{F}$	$R_1 = 33\text{k}\Omega$, $R_2 = 37\text{k}\Omega$ $R_F = 23\text{k}\Omega$, $C = 0.01\mu\text{F}$
u_o的周期					
u_o的幅度					

④ R_2 恢复原值。调节 R_F，使 $R_F = 100\text{k}\Omega$，观察波形并测量周期与幅度，记入表7-14中。

⑤ R_F 恢复原值。调节 C，使 $C = 0.01\mu\text{F}$，观察波形并测量周期与幅度，记入表7-14中。

7.5.5 预习要求

(1) 复习集成运放非线性运用的条件和特点。

(2) 复习电压比较器、方波发生器工作原理。

(3) 阅读相关内容，熟悉电子仪器的使用。

7.5.6 实验注意事项

(1) 连接线路，并调节稳压电源，然后将电源与实验电路接通。

(2) 使用双踪示波器观察两个波形时，注意两个探头的使用方法。两个探头在示波器内部是共地的，使用两个探头时，为防止短路，其中一个探头的接地端要悬空不用。

(3) 在实验过程中不要乱碰组件和导线，以避免烧毁集成电路。

7.5.7　实验报告要求

(1) 画出实验电路，整理实验数据，绘出观测的波形，对实验结果进行分析总结。

(2) 总结集成运放非线性运用的条件和特点。

(3) 总结实验中遇到的问题，写出心得和体会。

7.6　集成功率放大器

7.6.1　实验目的

(1) 学习集成功率放大器的工作原理及使用方法。

(2) 掌握集成功率放大器主要性能指标的测试方法。

(3) 了解功率放大器对负载匹配的要求。

7.6.2　实验设备及器件

(1) 信号源。

(2) 示波器。

(3) 直流稳压电源。

(4) 万用表。

7.6.3　实验原理

在一些电子设备中，常常要求放大电路的输出级能够带动较重负载，因而要求放大电路有足够的输出功率，这种放大电路称为功率放大电路。对功率放大电路的要求与电压放大电路有所不同，主要有以下几个方面的要求。

(1) 能根据负载的要求，提供所需的输出功率。

(2) 具有较高的效率。

(3) 尽量减小非线性失真。

基于上述要求，功率放大器的主要指标如下。

(1) 最大不失真输出功率 P_{omax}。最大不失真输出功率是指在正弦输入信号下，输出不超过规定的非线性失真指标时，放大电路最大输出电压和电流有效值的乘积。在测量时，可用示波器观察负载电阻上的波形，在输出信号最大且满足失真要求时，测量输出电压的有效值，即可得 $P_{omax}=U_o^2/R_L$。

(2) 功率增益。功率增益定义为 $Ap=10\lg(P_o/P_i)$，其中 P_o 为输出功率，P_i 为输入功率。

(3) 直流电源供给功率 P_u。直流电源供给的功率定义为电源电压和它所提供电流的平均值的乘积，即 U_{oc2}/R_L。

(4) 效率。

放大器的效率是指提供给负载的交流功率与电源提供的直流功率之比，即 $\eta=P_{omax}/P_u$。

功率放大电路可以由分立元件组成，也可由线性集成功率放大器组成。集成功率放大器克服了半导体分立元件的诸多缺点，其性能优良，稳定可靠，而且所用外围元件少，结构简单，调试方便。其内部电路一般由前置级、中间级、输出级和偏置电路组成。与电压放大器不同的是其输出功率大、效率高，而且集成功放的内部电路中还常设有过流、过压及过热保护电路，其在放大大功率状态下能够安全可靠地工作。

集成功率放大器的种类很多，下面介绍 LM386 集成功率放大器。

LM386 是一种低电压通用型集成功率放大器，其内部由输入级、中间级和输出级等组成，对外有 8 个引脚；其典型应用电路如图 7－15 所示。

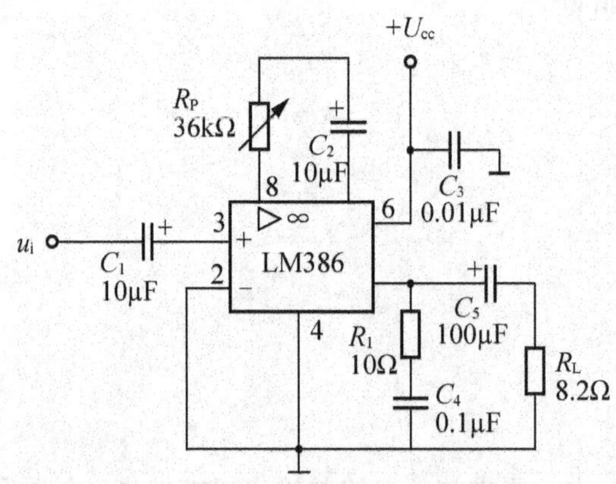

图 7－15　LM386 典型应用电路

电路为单端输入方式，输入信号接入同相输入端脚 3，反相输入端 2 接地。脚 1、脚 8 开路时，其内部的负反馈最强，整个电路的电压放大倍数为 20。若在脚 1、脚 8 之间外接旁路电容，可使放大倍数提高到 200。在实际应用中，常常在脚 1、脚 8 之间外接阻容串

联电路，同时调节电阻的大小使电路的电压放大倍数在 20～200 之间变化。脚 5 外接电容 C_3为功率输出耦合电容，以便构成 OTL 电路。R_1、C_4是频率补偿电路，用以消除负载电感在高频时产生的不良影响，改善功放的高频特性并防止高频自激。

7.6.4　预习要求

（1）集成功率放大器的基本原理及应用。

（2）集成功率放大器的参数测量方法。

7.6.5　实验内容及步骤

按照图 7－15 连接电路，对集成功率放大器的主要特性参数进行测试。

（1）负载电阻 $R_{L=}1\text{k}\Omega$，在输出达到最大不失真条件下，测量电压增益为 A_u、输出功率 P_o、输入电阻 R_i、电源供给功率 P_U、效率 η、输入功率 P_i，功率增益为 A_P。

（2）负载电阻 $R_{L=}8.2\text{k}\Omega$，当功率放大电路在最大不失真条件下，测量电压增益为 A_u、输出功率 P_o、输入电阻 R_i、电源供给功率 P_U、效率 η、输入功率 P_i，功率增益为 A_P。

（3）对接入不同负载所测量得到的数据进行分析，掌握功率放大与电压放大各自不同的特点，以及功率放大器对负载匹配的要求。

7.6.6　实验报告要求

（1）整理实验数据，并进行相应计算以得到各参数的值。

（2）对接不同负载所测量的数据进行分析，掌握功率放大与电压放大各自不同的特点，及功率放大器对负载匹配的要求。

7.6.7　思考题

（1）在测量集成功率放大器某一条件下的输出功率时，为什么要使输出达到最大不失真状态？

（2）是否负载上得到的电压越大功率也越大？得到的最大功率是什么？

7.7 RC 正弦波振荡器及波形变换

7.7.1 实验目的

(1) 加深理解 RC 正弦波振荡器的工作原理。
(2) 掌握测试 RC 振荡器频率特性的方法。
(3) 加深对比较电路工作原理的理解。

7.7.2 实验原理

(1) 正弦波振荡器选用 RC 串并联网络作为选频和反馈网络，如图 7-16 所示。

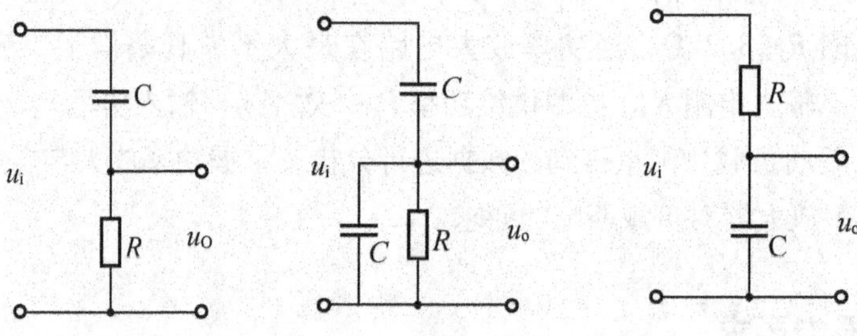

图 7-16　RC 串并联网络

对于 RC 串并联网络来说有如下特性。

① 当 $\omega=\omega_0=1/RC$ 时，u_o 与 u_i 同相，即 $\Delta\phi=0$，此时，$|u_o|$ 具有最大值，即 $|u_o|=|u_i|/3$；因此，只要放大电路选择得当，即可满足自激振荡条件，输出 $f=f_0=1/(2\pi RC)$ 的正弦波。

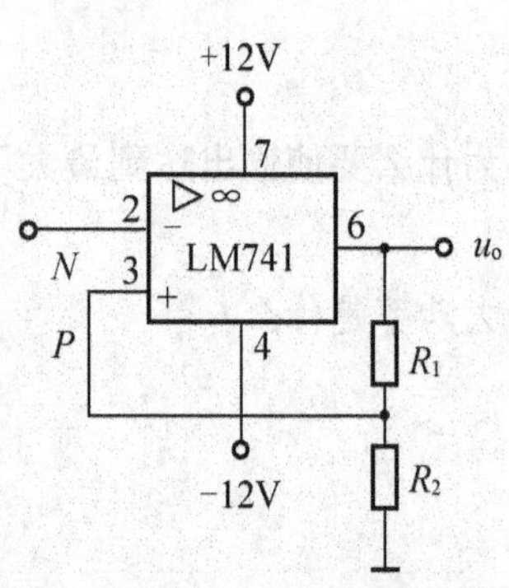

图 7-17　R_1、R_2 组成的正反馈网络

② 当 $\omega\gg\omega_0$ 时，RC 选频联网络等效为低通 RC 网络，此时 u_o 相位滞后 u_i，即 $\Delta\phi<0$。

③ 当 $\omega\ll\omega_0$ 时，RC 选频联网络等效为高通 RC 网络，此时 u_o 相位超前 u_i，即 $\Delta\phi>0$。

(2) 波形变换电路采用的是施密特方波发生器，它实际上是一个具有滞回特性的比较器电路。当输入为正弦波时，输出信号为方波。这种电路常用于数字系统中，将其产生的矩形波高、低电平作为触发脉冲。

如图 7-17 所示，R_1、R_2 组成正反馈网络，使集成运放工作在非线性区。

当 $u_P > u_N$时，$u_o = u_+$；当 $u_P < u_N$时，$u_o = u_-$。由此可算出作为参考电压的 u_P。

当 $u_o = u_+$时，$u_p = \dfrac{R_2}{R_1 + R_2}u_+$，当 $u_o = u_-$时，$u_p = \dfrac{R_2}{R_1 + R_2}u_-$

当输入信号与 u_p（参考电压）比较后，决定 u_o是 u_+还是 u_-。

7.7.3　预习要求

（1）复习 RC 正弦波振荡器的工作原理。

（2）复习比较电路的原理。

（3）预习用示波器测量点位的方法。

7.7.4　实验内容及步骤

（1）安装电路。

对照图 7 - 18 所示电路，先将虚线左边的电路安装好，检查无误后接通电源，适当调节 R_P，使示波器上出现稳定的正弦波。

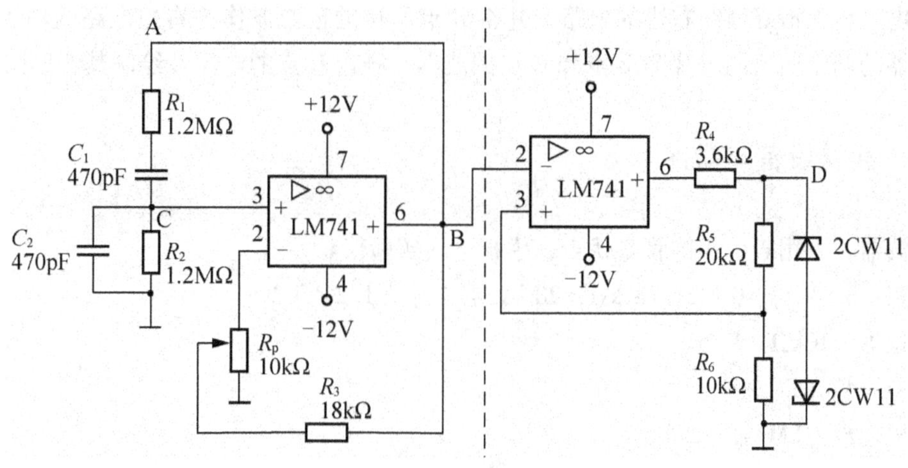

图 7 - 18　实验原理图

（2）测量最大不失真电压和振荡频率。

（3）测量 RC 串并联网络的频率特性。

将电路的 A、B 两点断开，从 A 点加入正弦信号 u_i，在 B 点或 C 点测输出波形的频率特性。因为 B 点信号是 C 点信号的同相比例放大，因此 B 点波形与 C 点相似。

① 测量幅频特性。输入信号 u_i的幅度为 1V 并保持不变，改变其频率，分别测量不同频率的输出电压，记录在表 7 - 15 中。

表 7-15　输出电压记录表

f/Hz	50	100	150	200	250	300	350	400	500	1000
U_o/V										

② 测量相频特性。

输入信号 u_i用示波器的 Y_1通道监测，输出信号 u_o用示波器的 Y_2通道监测。若 u_o超前 u_i，相差记为正；若 u_o滞后 u_i，相差记为负。

设 N 表示正弦波周期所占有的格数，X 表示 u_i与 u_o相位相差的格数，则 $\Delta\varphi = \frac{X}{N} \times 360°$。将所测得的数据记入表 7-16 中，并绘制相频特性曲线。

表 7-16　相频特性测量记录表

f/Hz	100	150	200	250	290	300	310	350	400	1000
X/格数										
N/格数										
$\Delta\phi$										

（4）验证施密特电路的波形变换功能。

在电路板上搭好虚线右边的电路，并将 B 点所得的正弦波作为右边电路的输入信号，用示波器的两个通道同时观测 B 点和 C 点的波形，测量 D 点的电压并绘制其波形图。

7.7.5　实验设备与器件

示波器，万用表，晶体管毫伏表，模拟电路实验仪。

电阻：3.6kΩ，10 kΩ，18 kΩ，20 kΩ 各 1 个，1.2MΩ 2 个。

电位器：10kΩ　1 个。

电容：470μF　2 个。

集成运放：LM741　2 个。

稳压二极管：2CW11　2 个。

7.7.6　对实验报告的要求

（1）分析整理实验数据，计算振荡器的频率。

（2）绘制幅频特性曲线和相频特性曲线。

（3）绘制 D 点的电压波形图。

（4）回答思考题。

（5）认真写出对本次实验的心得体会及意见。

7.7.7　思考题

在RC振荡电路中，为什么调节 R_p 能改变输出信号的幅度？

7.8　555时基电路及其应用

555时基电路，又称集成定时器电路，是一种模拟、数字混合型的中规模集成电路。外接少量的RC组件，就能产生时间延时及多种脉冲信号的控制电路，许多用数字电路完成的功能都可以用555电路来实现。其使用灵活、方便，刚一问世，就受到电子技术人员和电子爱好者的青睐。

555芯片分为双极型和CMOS型两种，目前市场上的555芯片以NE555产品居多，型号前面不同的词冠代表不同的生产厂家，芯片功能都是一样的。555芯片管脚排列如图7－19所示，图7－20是双极型芯片的内部结构图。

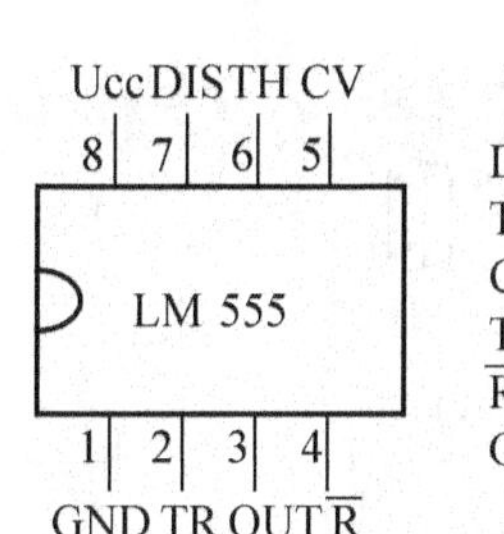

图7－19　LM555的引脚排列及功能图

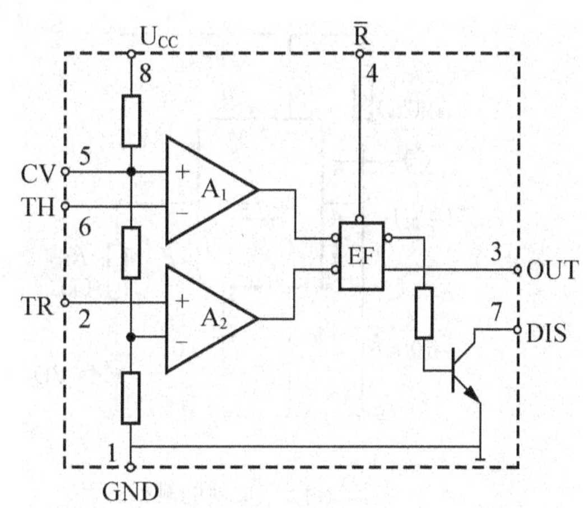

图7－20　双极型555内部电路结构图

各管脚的功能如下。

2脚TR端：低电平触发，当2脚的电压小于1/3*U*cc时，输出端3脚呈高电平。

6脚TH端：高电平触发，当6脚的电压大于2/3*U*cc时，输出端3脚呈低电平。

5脚CV端：电压控制端，在此端接不同的电压，2、6脚的触发电压也不同。

7脚DIS端：放电端，内部三极管VT导通时，为外部RC回路放电。放电电流不能超过5mA。

4脚R̄端：复位端，低电平复位，此端接地，输出端3脚输出为0。

3 脚 OUT 端：输出端，负载能力达 150mA 以上，因此，可以直接驱动继电器。

8 脚接电源正极，1 脚接地。

7.8.1 实验目的

（1）掌握 555 时基电路的结构和工作原理。

（2）学会 555 时基电路的基本应用。

（3）学会分析和测试用 555 时基电路组成的常用电路。

7.8.2 实验原理

图 7-21(a)所示的触摸延时开关电路是 555 工作于单稳态方式的典型应用。当触摸金属片时，人体的感应低电压加到 2 脚，使内部触发器反转，VT 截止，输出端 3 脚跳变为高电平，暂稳态开始，电容器 C_1开始充电，当 C_1两端电压 Uc 上升到 2/3Ucc 时，内部触发器反转，暂稳态结束，输出端 3 脚复位。暂稳态持续的时间 $T\omega = 1.1R_1C_1$。取不同的 R、C 值，可在几个微秒到几十分钟范围内设定。注意电容值要取小一点，保证 VT 快速放电。

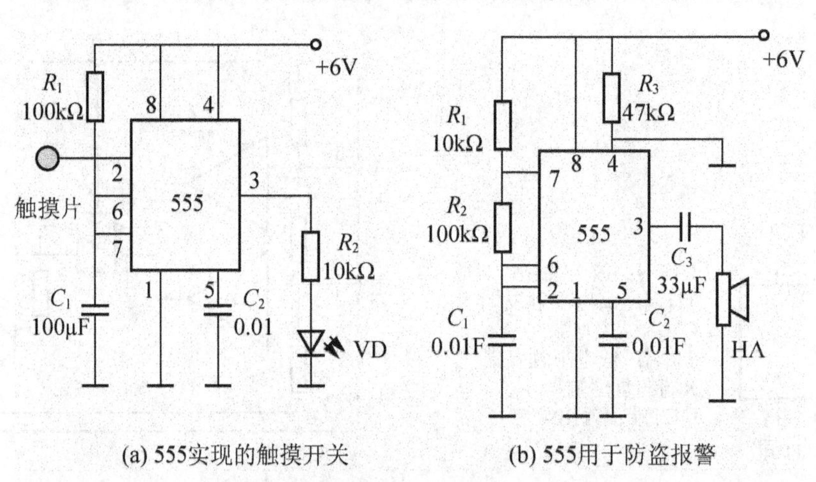

(a) 555实现的触摸开关　　(b) 555用于防盗报警

图 7-21　555 定时器的应用电路

图 7-21(b)所示电路是一款防盗报警电路，555 工作在多谐振荡器方式(其特征是 2 脚、6 脚短接在阻容回路上)。但是当接好电路通电后，却听不到喇叭的声音，这是对的，因为 4 脚已经接地，输出被禁止了，那根接地线是准备让小偷去碰断的，电路解禁后，喇叭即可发出报警声。你不妨做一次“小偷”，拔去接地线，看效果如何。

图 7-22 所示电路是电子叮咚门铃，该电路也是用于多谐振荡器方式，与上一个电路不同之处是充电回路有两个，在未按按键 S 时，复位端 4 脚处于低电平，输出被禁止。当按下按键时，VD_1与 R_1并联再与 R_3、R_4两个电阻串联给 C_2充电，同时 4 脚解禁，由于二

极管正向导通电阻很小，充电时间短，振荡频率高，扬声器发出“叮”声。松开按键时，由 R_1、R_3、R_4 三个电阻串联给 C_2 充电，充电电阻大了，振荡频率低些，扬声器发出“咚”声，持续时间长短决定于 C_1 向 R_2 放电的时间。

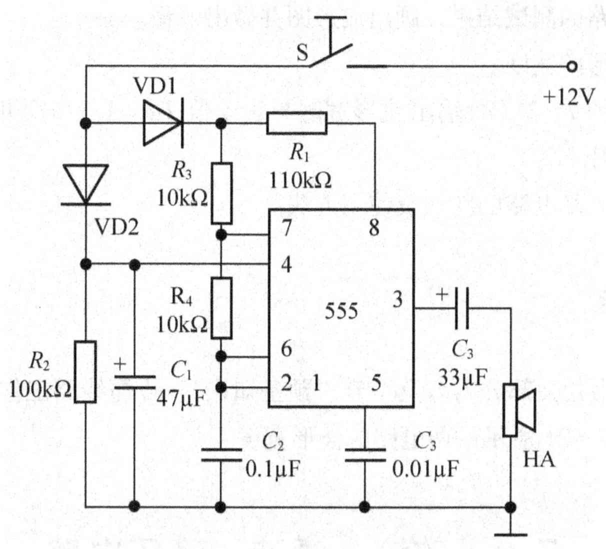

图7－22 555 实验的电子叮咚门铃

7.8.3 实验设备及器件

①示波器；②万用表；③电子插件板；④直流电源；⑤NE555 1片；⑥二极管 2只；⑦电容器 3只；⑧发光二极管 1只；⑨扬声器 1只；⑩电阻若干。

7.8.4 实验内容及步骤

(1) 清点元器件，测试除555芯片以外的其他元器件的好坏。

(2) 搭接图7－21(a)所示的电路。图中输出端接了发光二极管，无实际意义，你愿意的话，可以控制点实际的东西，想想前面是怎么做的。

(3) 在触摸触摸片时，同时观测 C_1 两端及输出端3脚的电压波形并描记。

(4) 把电路改成图7－21(b)所示电路，上电后，观测 C_3 两端电压。拔掉4脚接地线时，观测4脚电压波形并描记。

(5) 把电路改成图7－22所示电路。在接通开关S时，观测 C_1、C_2 两端电压波形并描记；在断开开关S时，观测 C_1、C_2 两端电压波形并描记。

7.8.5 实验报告要求

(1) 整理各电路的测试结果，画出波形图并做出解释。

(2) 计算各波形的宽度。

(3) 将测得的图 7-21(a)输出波形宽度与理论值 $T\omega=1.1R_1C_1$ 相比较，是否存在误差，若有，分析原因。

(4) 总结 555 时基电路的特点及使用方法。

7.8.6 预习要求

(1) 复习教科书相关部分内容及本节“预备知识”，弄懂线路工作原理。

(2) 估算如图 7-21 所示的两电路的波形宽度。

7.9 整流、滤波、稳压电路

7.9.1 实验目的

(1) 观测单相桥式整流电路的输入电压和输出电压的数值和波形。

(2) 了解滤波电路的作用。

(3) 了解三端集成稳压块的使用方法。

7.9.2 实验原理

图 7-23 是直流稳压电源的组成框图和各部分电路输出电压的波形图。

电源变压器的作用是将交流电源的电压降为整流电路所需的交流电压。

整流电路是利用二极管的单向导电性，将双向交流电压变换成单方向的脉动直流电压。半波整流只能输出半个周期的波形，输出端接有直流负载时，输出直流电压 U_L 与变压器副边电压有效值 U_2 的关系为 $U_L=0.45U_2$；而桥式整流输出全波，整流效率提高一倍，U_L 与 U_2 的关系为 $U_L=0.9U_2$。

整流组件用二极管或整流桥块。

滤波电路是利用电容的充放电原理滤去单向脉动电压中的交流分量，使之变为较平滑的直流电压，未接负载时输出电压较高，可达 $U_L=1.2U_2$。接上负载电阻 R_L 后 U_L 降低，

R_L 越小，U_L 越低。常见的滤波电路有反Γ型滤波和Π型滤波。Π型滤波比反Γ型滤波有更好的滤波效果。

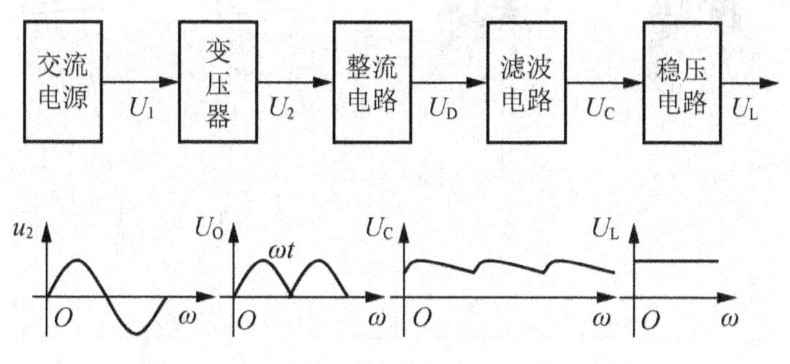

图 7-23　直流稳压电源的方框图和波形图

滤波电路由电容与电阻或电容与电感组合构成。

稳压电路的作用是当交流电源电压波动和负载变化时，自动保持负载电压稳定。

最简单的稳压电路是一只电阻与一只稳压二极管组成的，这种稳压电路仅用于负载电流较小的电路；稳压效果要求较高时常用串联型或并联型稳压电路。

现在一般用集成稳压电路，它具有体积小、稳定性高、性能指标好等优点。集成稳压电路种类很多，按原理分类有串联调整式、并联调整式和开关调整式。目前常用的三端集成稳压器有四类：三端固定输出正稳压器、三端输出负稳压器、三端可调输出正稳压器、三端可调输出负稳压器。

1. 三端固定输出正稳压器

所谓三端是指电压输入端、电压输出端、公共接地端。输出正是指输出电压是正电压。常用产品为 78××系列，目前有 7805、7806、7808、7809、7810、7812、7815、7818、7824 九种规格，后两位数字代表该稳压器输出的正电压数值。

按最大输出电流又分为三个分系列：78L××、78M××、78××。

（1）78L××系列最大输出电流为100mA，外形及引脚排列如图7-24(a)、图7-24(b)所示，图7-24(a)是金属壳 TO-39 封装型，温度特性好，最大功耗为 700mW，加散热片时可达 1.3W。图 7-24(b)是塑料 TO-92 封装型，不需加散热片，最大功耗 700mW。78L××系列中，TO-92 塑封型应用最普遍。

（2）78(M)XX 系列最大输出电流为 500mA，外形及引脚排列如图 7-25(a)、图 7-25(b)所示。图 7-25(a)是 TO-202 塑封型，图 7-25(b)是 TO-220 塑封型。不加散热片时最大功耗为 1W，加(200×200×3)mm^3 散热片时最大功耗可达 7.5W。

（3）78××系列最大输出电流为 1.5A，外形及引脚排列如图 7-25(b)和图 7-26 所示。图 7-26 是金属壳 TO-3 封装型，不加散热片时，最大功耗可达 2W，TO-220 塑封型最大功耗为 2.5W。加(200×200×3)mm^3 散热片时最大功耗可达 15W。

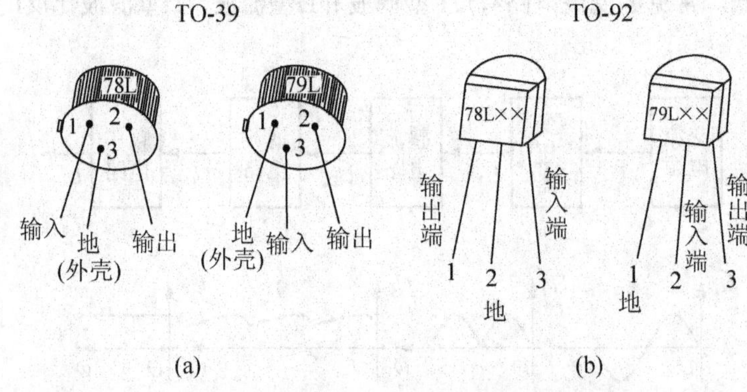

图7-24 78(9)L××封装及引脚图

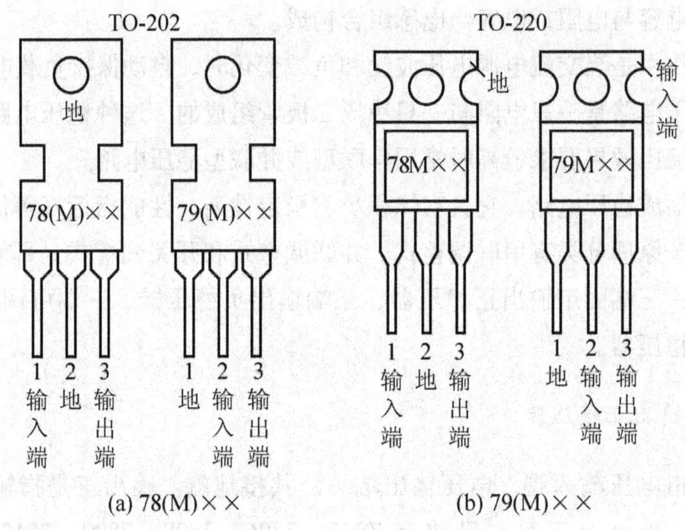

图7-25 78(M)××及79(M)××封装及引脚图

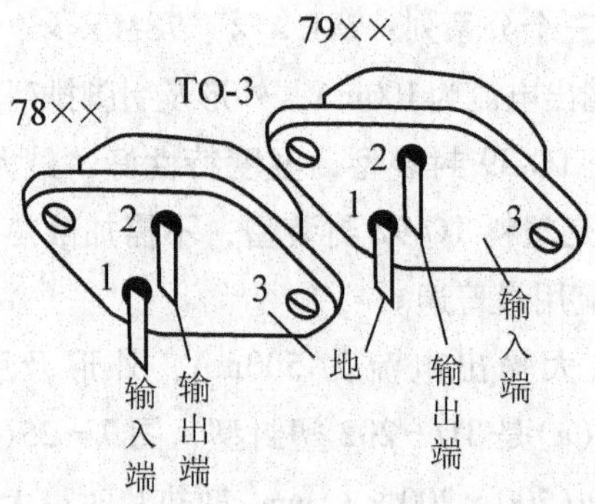

图7-26 金属封装78××外形引脚图

2. 三端固定输出负稳压器

目前广为使用的是79××系列，外形及引脚排列如图7-24～图7-26所示。除输出电压为负电压、引脚排列不同外，其他均与78××系列相同。

各系列芯片以塑封型应用居多。

3. 三端输出可调正稳压器

三端指电压输入端、电压输出端、电压调整端。在电压调整端连接电位器后可对输出电压进行调节。常用芯片品种系列有LM117系列(LM217、LM317)、LM123系列、LM133系列、LM130系列、LM150系列等，如图7-27和图7-28所示。

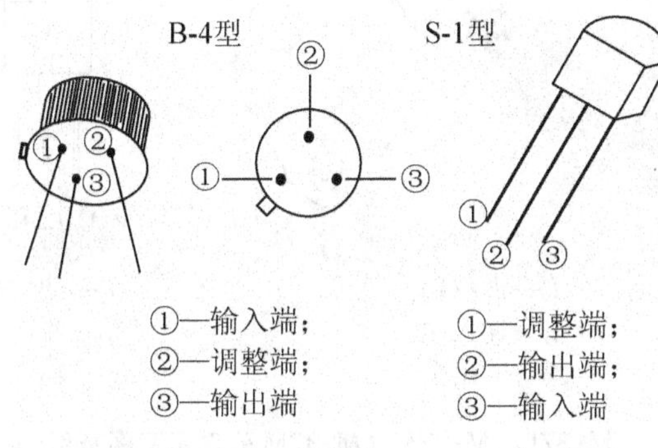

图7-27　LM117L/LM217L/LM317L

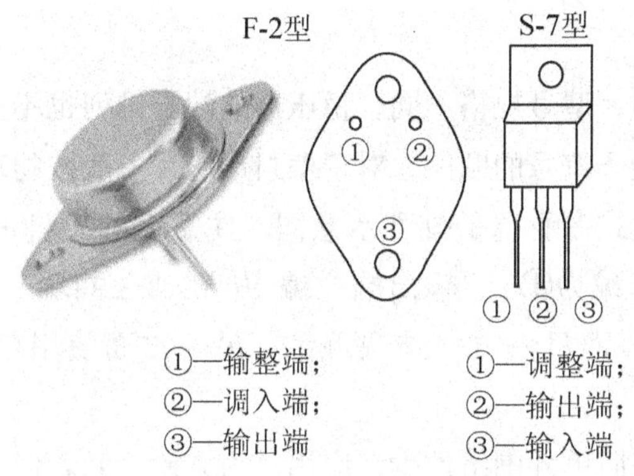

图7-28　LM117/LM217/LM317外形示意图及引脚排列图

4. 三端可调输出负稳压器

其输出电压为负电压，常用芯片品种有LM137系列(LM237、LM337)、LM123系列、LM133系列、LM130系列、LM150系列等，如图7-29和图7-30所示。

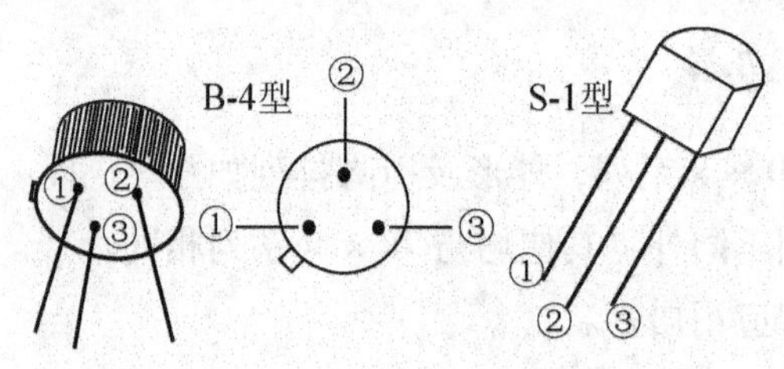

7－29　LM127L/LM237L/LM337L 外形示意图、引脚排列图

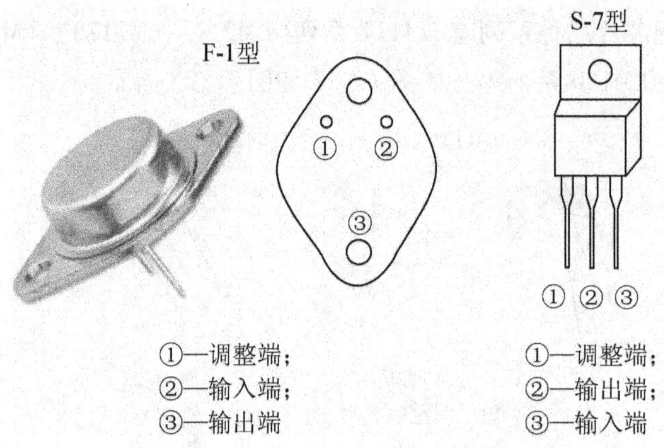

图7－30　LM137L/LM237M/LM337M 外形示意图及引脚排列图

5. 应用注意事项

由于封装形式的不同、型号规格不同，稳压器的端子排列也不同，使用中一定要弄清楚。这里提醒大家注意端子编号的顺序，对于塑封形芯片一般按物理位置从左到右编号为①、②、③；其他封装形式参看端子排列示意图。注意有的教科书中不管端子的物理位置，而强制把“输入端”编为①，“输出端”编为③，“公共端”或“调整端”编为②，对使用者不仅没有意义，而且一方面造成混乱，另一方面使用起来不方便，往往造成误会。

三端稳压器应用电路简单外围组件少，应用甚为方便，假若使用不当，仍有可能使稳压器件被击穿损坏或稳压性能不良等，所以使用中特别要注意以下几个问题。

（1）防止自激振荡。因稳压器件内部电路较复杂，放大级数多，开环增益高，工作于闭环深度负反馈状态，若不使用适当的补偿移相措施，在分布电容、电感的作用下，电路就很有可能产生高频寄生振荡，从而影响稳压性能，甚至损坏稳压器件。

具体措施是在输入端、输出端各并联一只无极性小电容，容量在0.1～0.33μF范围，负载电流大时选大一点，小时容量取小一点。在安装时，这两个电容器要靠近稳压芯片的端子。

对于可调三端稳压器还应在调整端连接一只电容 C，可有效地抑制输出端的纹波，同时，调整端到输出端要增加一个二极管 VD2，以防止 C 通过调整端向输出端放电而损坏稳压芯片，如图 7－31 所示。

输出端电压与 R_1、R_P的关系：$U_o = 1.25\ (1 + R_P/R_1)\,V$。

（2）要防止出现 $U_o > U\mathrm{i} + 7\mathrm{V}$ 的现象而损坏芯片。

出现这种现象有以下几种情况。

① 输入端对地短路。

② 输入端、输出端接反。

③ 输入端的滤波电容器断路。

④ 输入端瞬时窜入负向干扰脉冲。

⑤ 输出端误接其他高压端。

⑥ 芯片接地端接地不良。

防止措施：在输入端、输出端反向跨接一个二极管，如图 7－32 所示，输入电压不要超过规定值。

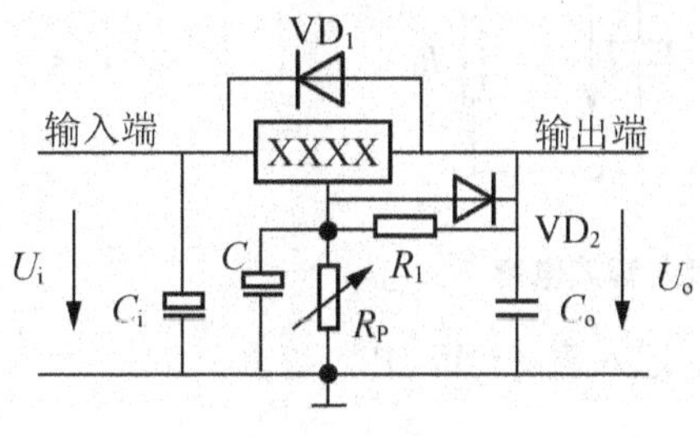

图 7－31　实验电路图 1

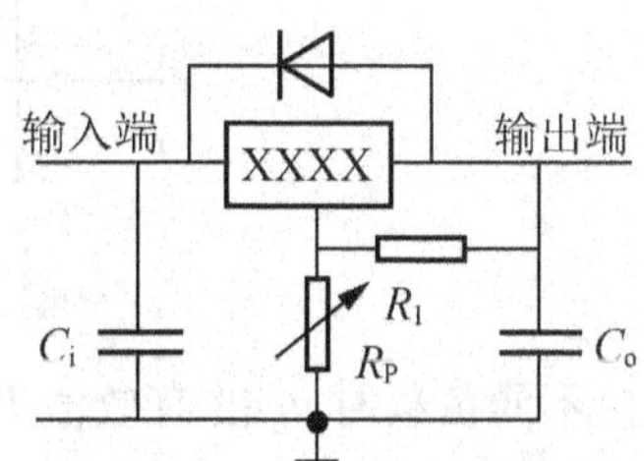

图 7－32　实验电路图 2

7.9.3　实验内容及步骤

本实验中用 78 系列三端集成稳压器 7805，其输出电压为固定 +5V，其外形图及插脚排列如图 7－33 所示；实验电路如图 7－36 所示，C_1 和 C_2 用来消除高频噪声、改善负载的暂态响应。

稳压电路的主要技术指标有电压调整率、稳压系数、温度漂移系数、纹波系数等。本实验只观测纹波电压的大小。纹波电压是输出电压 U_L 中的交流分量，由于其有效值不便于测量，因此常常测量其峰—峰值 U_{P-P}，以此来衡量输出电压的脉动程度，可采用示波器交流输入方式进行测量。

（1）单相桥式整流实验。

检查二极管的好坏，并判别二极管的极性，测试电容及变压器原、副绕组的好坏。

按图 7－34 连接实验电路。

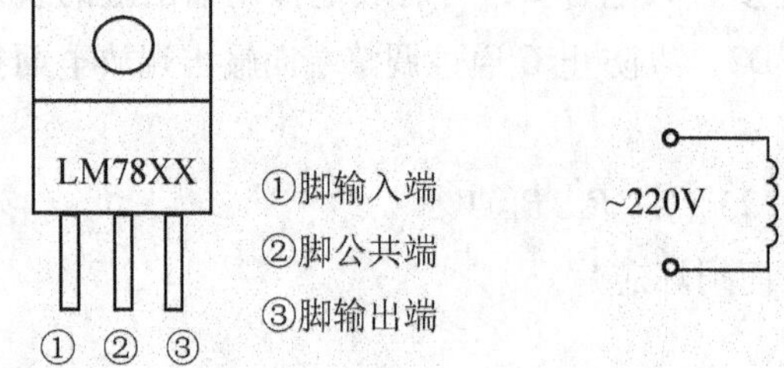

图 7-33 LM78××插脚排列

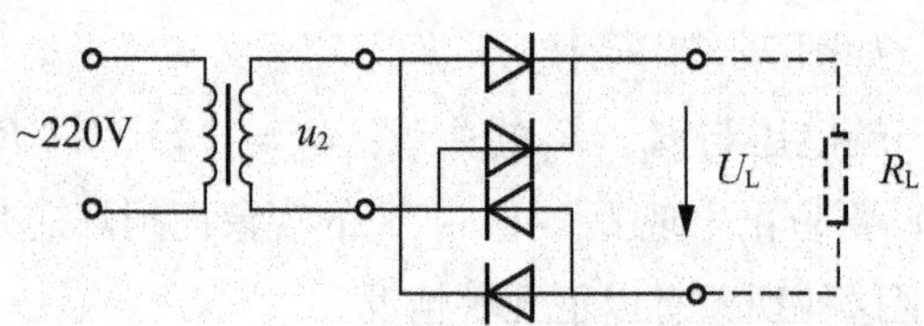

图 7-34 单相桥式整流电路

观察整流桥的输入电压 u_2 和输出电压 U_L 的波形并描记下来。分析整流桥的整流作用。

测量接入不同的负载时的 u_2 的有效值 U_2 和 U_L（注意：用万用表的交流电压挡测量 u_2 的有效值 U_2；用直流电压挡测量 U_L），记入表 7-17 中。

(2) 电容滤波实验。

接入滤波电容器，如图 7-35 所示。观察 u_2 和 U_L 的波形，并描记下来。

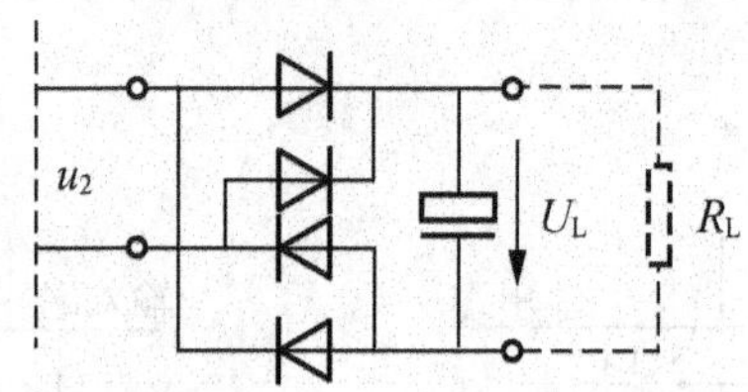

图 7-35 接入滤波电容

测量接不同负载时 u_2 的有效值 U_2 和 U_L，记入表 7-17 中。

(3) 稳压实验。

接入三端集成稳压器，如图 7-36 所示。观察 u_2，U'_L，U_L 的波形并描记下来。测量接入不同负载时的 u_2 的有效值 U_2 和 U_L，记入表 7-17 中。

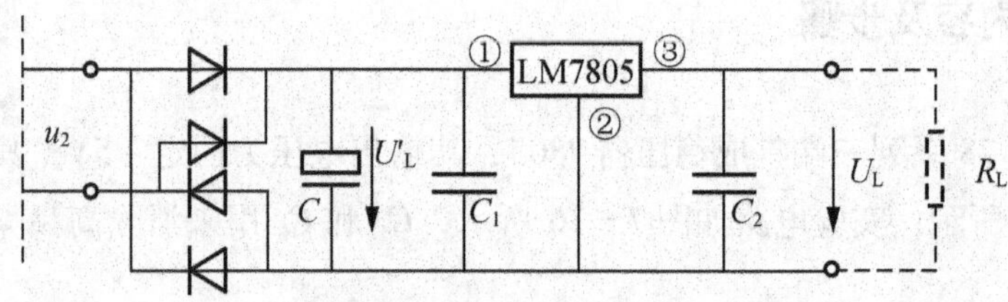

图 7-36 接入三端稳压器

(4) 观测纹波电压。

将示波器的输入方式设为交流输入方式，观测 U'_L 及 U_L 的纹波电压峰—峰值 U_{P-P}，比较其大小。

(5) 按图 7-32 接线，三端正稳压器选用 LM317，输入电压 $U_i = 14V$，$R_1 = 200\Omega$，$R_p = 4.7k\Omega$。

表7-17　稳压电路实验数据记录表

电路状态	无滤波无稳压			只有滤波			滤波、稳压		
R_L /Ω									
U_2 /V									
U_L /V									

① 将 R_p从0调至最大，测量并记录输出电压 U_o的调节范围。

② 将输出电压调至最大，输出端接入负载电阻，测量并记录负载电阻在100～780Ω之间变化时输出电压 U_o的变化范围。

7.9.4　仪器设备及器件

（1）数字万用表1块

（2）双踪示波器1台

（3）变压器1只

（4）直流电流表1块

（5）DZ-3型电子沙盘1块

（6）电子组件1宗

7.9.5　预习要求

（1）认真阅读本节介绍的内容及与本次实验有关的其他资料。

（2）阅读关于数字万用表、示波器的使用说明方面的知识。

（3）参考有关资料，学习三端集成稳压器W7800系列的使用方法，采用三端集成稳压器设计一个输出电压 $U_L = 15V$ 的直流稳压电源，画出电路图，并选择元器件，确定输入端电压数值。

7.9.6　实验报告要求

（1）整理实验数据和记录的波形图。

（2）由实验结果分析集成稳压电路的稳压效果的优劣。

（3）根据实验所测得的波形和数据，说明直流稳压电源各环节的作用，总结实验如何判断各环节工作是否正常。

（4）完成预习要求所提出的设计任务，并回答思考题。

7.9.7　思考题

（1）单相桥式整流电路，如果某一个二极管的极性接错，将会发生什么后果？如果一个二极管开路，又会发生什么现象？

（2）有一单相桥氏整流、电容器滤波电路，变压器二次侧电压有效值为10V，如果输出端未接负载，输出电压大概是多少？接上负载后输出电压大概是多少？

7.10 晶闸管调压电路

7.10.1 实验目的

（1）学习使用万用表检测晶闸管、单结管、双向触发二极管的方法。

（2）了解单结管、双向触发二极管触发电路的组成、工作原理与调试方法。

（3）熟悉直流调压与交流调压的实施方法及适用场合。

7.10.2 实验原理

（1）单向晶闸管的三个极是：阳极 A、阴极 K、控制极 G。正常情况下，用万用表 R×1kΩ 挡测量晶闸管各极间的静态电阻应是阳极到阴极、阳极到控制极的正反向电阻（R_{AK}、R_{KA}、R_{AG}、R_{GA}）均应很大；用万用表 R×10Ω 挡测量阴极到控制极正向电阻（R_{KG}）应较大，反向电阻（R_{GK}）较小，由此，可判断晶闸管的好坏。

单向晶闸管既有像二极管那样的单向导电的整流作用又有可以控制的开关作用。本实验电路是可控开关作用的应用。电路原理图如图 7－37 所示。整流后的脉动电压经晶闸管送往负载。交流电的每半个周期里，晶闸管被施加在控制极上的正脉冲触发导通一次，过零时关断，通过控制触发导通的时间，来改变加于负载上的电压的大小。

（2）单结管的三个极是：发射极 E、第一基极 B_1、第二基极 B_2。正常情况下，用万用表 R×10Ω 挡测量单结管的发射极到两个基极的正向电阻 R_{eb1} 和 R_{eb2} 均应较小；反向电阻 R_{b1e} 和 R_{b2e} 均应很大，R_{eb1} 稍大于 R_{eb2}。根据所测的阻值即可判定各管脚及其好坏。

单结管移相脉冲触发电路如图 7－37 所示。脉动电压经 R_4、稳压二极管 VST 削波，给单结管振荡电路。单结管受电容电压的作用而导通，在 R_1 上产生尖顶脉冲电压，施加于晶闸管的控制极，触发晶闸管导通。改变充电电阻 R_3 的大小，可改变电容的充电快慢，从而改变尖顶脉冲电压出现的时刻，也就改变了晶闸管导通的时间。

（3）双向晶闸管的三个极是：第一阳极 A_1、第二阳极 A_2 和控制极 G。正常情况下，用万用表 R×1kΩ 挡测量 A_1 极到 A_2 极、A_1 极到 G 极的正反向静态电阻都应很大；用 R×10Ω 挡测量 A_2 极到 G 极的正反向电阻都应很小。

双向晶闸管具有双向导电的特性和可控性，通过它把交流电送到负载上去。改变双向

晶闸管的触发导通时间，可以改变负载上的电压大小。

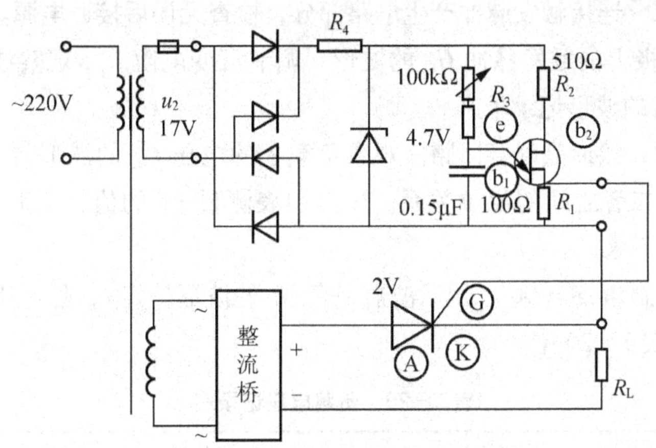

图 7－37　单向晶闸管调压电路

双向触发二极管的外形与普通二极管相似，但无正负极之分，二端之间的电阻很大。其应用如图 7－38 所示。电容 C 通过可变电阻 R_w 与电阻 R 充电，当电容 C 上的电压达到双向触发二极管 VD 的击穿电压时，VD 突然导通，双向晶闸管 VS 的控制极 G 与第二阳极 A_2 之间获得触发电压而被触发导通。改变 R_w 的阻值可改变充电的速度，从而改变晶闸管的触发导通时间，也就改变了加到负载上的电压的大小。

7.10.3　实验内容及步骤

1. 直流调压

（1）观察单向晶闸管和单结管的外形。识别它们的管脚。用万用表的 R×10Ω 挡，按表 7－18、表 7－19 所列内容，分别测试晶闸管和单结管各极间的电阻值。

表 7－18　单向晶闸管极间电阻

	R_{AK}	R_{KA}	R_{AG}	R_{GA}	R_{KG}	R_{GK}
极间电阻/Ω						

表 7－19　单结管极间电阻的测量

	R_{eb1}	R_{eb2}	R_{b1e}	R_{b2e}	R_{b1b2}	R_{b2b1}
极间电阻/Ω						

（2）观察整流桥、稳压二极管，用万用表 R×1kΩ 挡测量各管脚间的电阻，辨别各脚的极性。按图 7－37 在电子沙盘上连接好整流、削波部分电路(注意各组件的极性)。

（3）接上变压器，经检查无误，接通电源，用示波器观察变压器输出电压 u_2、整流桥

输出电压 u_o、稳压管两端电压 U_Z 的波形，并描记下来。

(4) 断开电源，连接触发脉冲产生电路部分，检查无误后接通电源。用示波器观察电容电压 u_c、第一基极上的触发脉冲 U_G 的波形。调节可变电阻 R_p，观察波形的变化。并将 R_p 为最大、最小时的波形记录下来。

(5) 断开电源，接通晶闸管回路。观察负载上的电压 U_L 的波形与触发脉冲 U_G 的波形。调节 R_p，观察二者之间的相位关系。用万用表测量 U_L 的值，记下最大值和最小值，并将对应的波形记下来。

调节 R_p，使控制角 $\alpha = 90°$（用示波器观察 U_L 的波形确定），然后用万用表测量负载电压 U_L 并记录在表 7－20 中。

表 7－20　负载电压记录表

	最小值	90°时的值	最大值
U_L/V			

2. 交流调压

(1) 断电，拆除以上电路，按图 7－38 连接电路。先自查，再经老师查看后，接通电源。

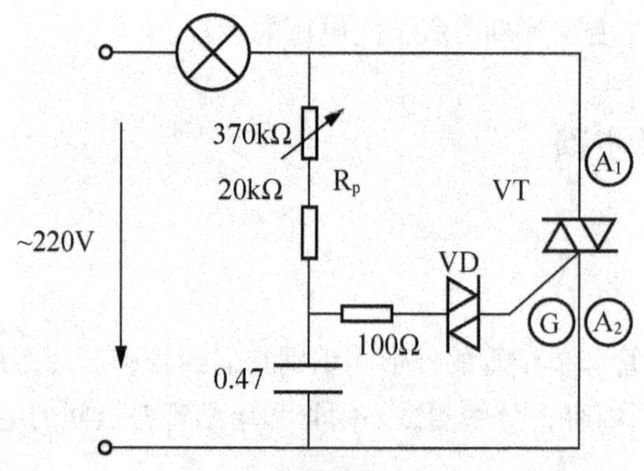

图 7－38　双向晶闸管调压电器

(2) 调节 R_p，用示波器观察负载电压的波形，注意灯泡的亮度变化。用万用表测量电源电压和负载电压，记下负载电压的最大值、最小值，描记对应的电压波形。

7.10.4　实验设备及器件

(1) XJ－3318 型双踪示波器。

(2) 万用表。

(3) 示波器。

(4) 电子沙盘。

（5）变压器。

（6）整流桥，稳压管。

（7）单向晶闸管、单结管。

（8）双向晶闸管、单双向触发二极管。

（9）电阻、电容。

7.10.5　预习要求

（1）阅读原理说明及教材中相关内容。

（2）阅读万用表、示波器的使用说明。

（3）复习晶闸管、单结管的工作原理。熟悉单结管触发电路图，明确各组件的作用。

7.10.6　实验报告要求

（1）整理实验数据；按比例画出观察到的各电压波形，与理论波形比较。画波形时，注意相互简的对应关系。

（2）用公式计算当控制角 $\alpha = 90°$ 时的负载电压 U_L 的值。与测量值比较，若有误差，分析产生误差的原因。

（3）对思考题做出解释，并简述收获体会和启发。

7.10.7　思考题

（1）为什么单结管触发电路的整流桥后面没并联滤波电容？若并联上滤波电容会有什么问题？

（2）可以采取什么措施改变触发信号的幅度和移相范围？

（3）如何正确使用双线示波器同时观察触发脉冲 U_G 和输出电压 U_L 的波形？

7.11　函数发生器的设计

7.11.1　设计任务与要求

1. 设计任务

设计一方波—三角波—正弦波函数发生器。

2. 设计要求

(1) 频率范围 1 ~ 10Hz，10 ~ 100Hz。

(2) 输出电压 方波 $V_{p-p} \leqslant 24V$，三角波 $V_{p-p} = 8V$，正弦波 $V_{p-p} > 1V$。

(3) 波形特性 方波 $t_r < 30\mu s$，三角形 $\gamma_{\Delta} < 2\%$，正弦波 $\gamma_{\sim} < 5\%$。

7.11.2 电路设计

1. 设计要点

产生正弦波、方波、三角波的方案有多种，如先产生正弦波，然后通过整形电路将正弦波变换成方波，再由积分电路将方波变换成三角波；也可以先产生方波—三角波，再将三角波变换成正弦波或将方波变换成正弦波。本次设计采用先产生三角波，再将三角波变换成正弦波的电路设计方法，其电路组成框图如图 7 - 39 所示。

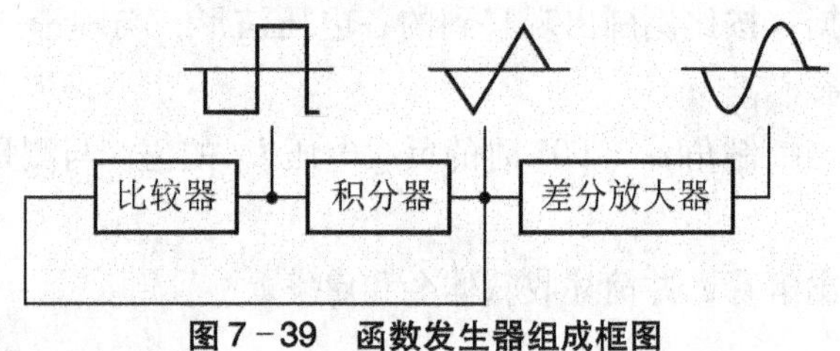

图 7 - 39 函数发生器组成框图

2. 方波—三角波产生电路

图 7 - 40 所示电路能自动产生方波—三角波。

其中运算放大器 A_1、A_2 选用一只运算放大器 μA747。电路工作原理如下：若断开 a 点，运算放大器 A_1 与 R_1、R_2、R_3 及 R_{p1} 组成电压比较器，R_1 称为平衡电阻，C_1 称为加速电容，可加速比较器的翻转；的反相端接基准电压，即 $V_- = 0$，同相端接入电压 v_{1a}；比较器的输出 v_{o1} 的高电平等于正电源的电压 $+Vcc$，低电平等于负电源电压 $-V_{EE}$($Vcc = V_{EE}$)，当比较器 $V_+ = V_- = 0$ 时，比较器翻转，输出从高电平 $+Vcc$ 跳到低电平 $-V_{EE}$，或从低电平 $-V_{EE}$ 跳到高电平 $+Vcc$。设 $v_{o1} = +Vcc$，则

$$V_+ = \frac{R_2 Vcc}{R_2 + R_3 + R_{p1}} + \frac{(R_3 + R_{p1}) V_{1a}}{R_2 + R_3 + R_{p1}} = 0 \tag{7-1}$$

将式(7-1)整理，得比较器的下门限电位

$$V_{1a-} = \frac{-R_2 Vcc}{R_3 + R_{p1}} \tag{7-2}$$

若 $v_{o1} = -V_{EE}$，则比较器翻转的上门限电位：

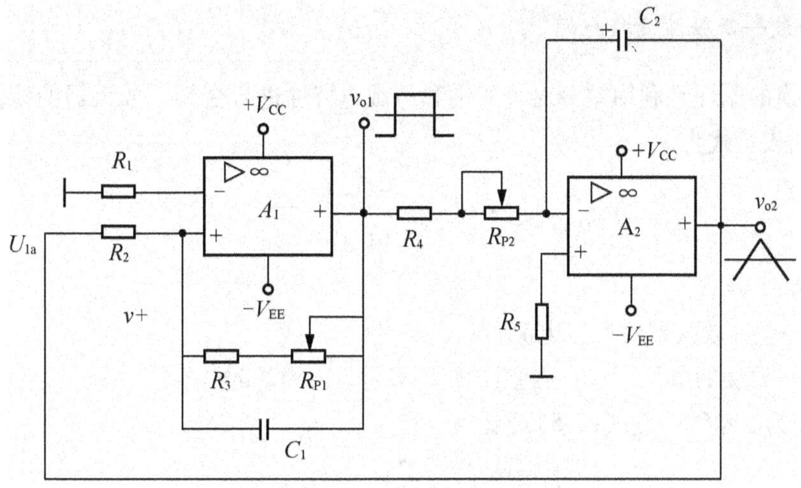

图 7－40 方波—三角波产生电路

$$V_{1a+} = \frac{R_2 Vcc}{R_3 + R_{p1}} \tag{7-3}$$

比较器的门限电压

$$V_{TH} = V_{1a+} - V_{1a-} = \frac{2\ R_2 Vcc}{R_3 + R_{p1}} \tag{7-4}$$

a 点断开后，运算放大器 A_2 与 R_4、RP_2、C_2 及 R_5 组成反相积分器，其输入信号为方波 v_{o1}，则积分器的输出为

$$v_{o2} = -\frac{1}{(R_4 + R_{P2})C_2}\int v_{o1}\mathrm{d}t \tag{7-5}$$

当 $v_{o1} = Vcc$ 时

$$v_{o2} = -\frac{V_{CC}}{(R_4 + R_{P2})C_2}t \tag{7-6}$$

当 $v_{o1} = -V_{EE}$时

$$v_{o2} = -\frac{V_{CC}}{(R_4 + R_{P2})C_2}t \tag{7-7}$$

可见，当积分器的输入为方波时，输出是一个上升速率与下降速率相等的三角波。

a 点闭合，即比较器与积分器首尾相连，形成闭环电路，则自动产生方波—三角波，三角波的幅度为

$$v_{o2m} = \frac{R_2 Vcc}{R_3 + R_{p1}} \tag{7-8}$$

方波—三角波的频率为

$$f = \frac{(R_3 + R_{P1})}{4R_2(R_4 + R_{P2})C_2} \tag{7-9}$$

3. 三角波—正弦波变换电路

波形变换的原理是利用差分对管的饱和与截止特性进行变换，放大器的传输特性曲线i_{C1}(或i_{C2})的表达式为

$$i_{c1} = \alpha i_{E1} = \frac{\alpha I_0}{(1 + e^{\frac{-v_{ID}}{V_T}})} \tag{7-10}$$

式中：$\alpha = I_C/I_E \approx 1$；

I_0——差分放大器的恒定电流；

V_T——温度的电压当量，当室温为25℃时，$V_T \approx 26mV$。

如果v_{ID}为三角波，则式(7-6)可变为

$$v_{ID} = \begin{cases} \frac{4Vm}{T}\left(t - \frac{T}{4}\right) & \left(0 \leqslant t \leqslant \frac{T}{2}\right) \\ \frac{-4Vm}{T}\left(t - \frac{3}{4}T\right) & \left(\frac{T}{2} \leqslant t \leqslant T\right) \end{cases} \tag{7-11}$$

式中：V_m——三角波的幅度；

T——三角波的周期。

将式(7-7)代入式(7-6)，则

$$ic_1(t) = \begin{cases} \frac{\alpha I_0}{1 + e^{\frac{-V_m}{V_T T}\left(t - \frac{T}{4}\right)}} & \left(0 \leqslant t \leqslant \frac{T}{2}\right) \\ \frac{\alpha I_0}{1 + e^{\frac{-V_m}{V_T T}\left(t - \frac{3}{4}t\right)}} & \left(\frac{T}{2} \leqslant t \leqslant T\right) \end{cases} \tag{7-12}$$

图7-41为三角波—正弦波的变换电路，其中，晶体管选用集成差分对管BG319，其内部有4只特性完全相同的晶体管，R_{P1}调节三角波的幅度，R_{P2}调节电路的对称性，并联电阻R_{E2}用来减小差分放大器的线性区，C_1、C_2、C_3为隔直电容，C_4为滤波电容，以滤除谐波分量，改善输出波形。

4. 确定电路形式

通过以上分析，采用图7-41所示的电路。因为方波的幅度接近电源电压，所以取电源电压$+V_{CC}=12V$，$-V_{EE}=-12V$。

5. 计算元件参数

比较器A_1与积分器A_2的元件参数计算如下：

由式(7-8)得

$$\frac{R_2}{R_3 + R_{P1}} = \frac{V_{o2m}}{V_{CC}} = \frac{4}{12} = \frac{1}{3} \tag{7-13}$$

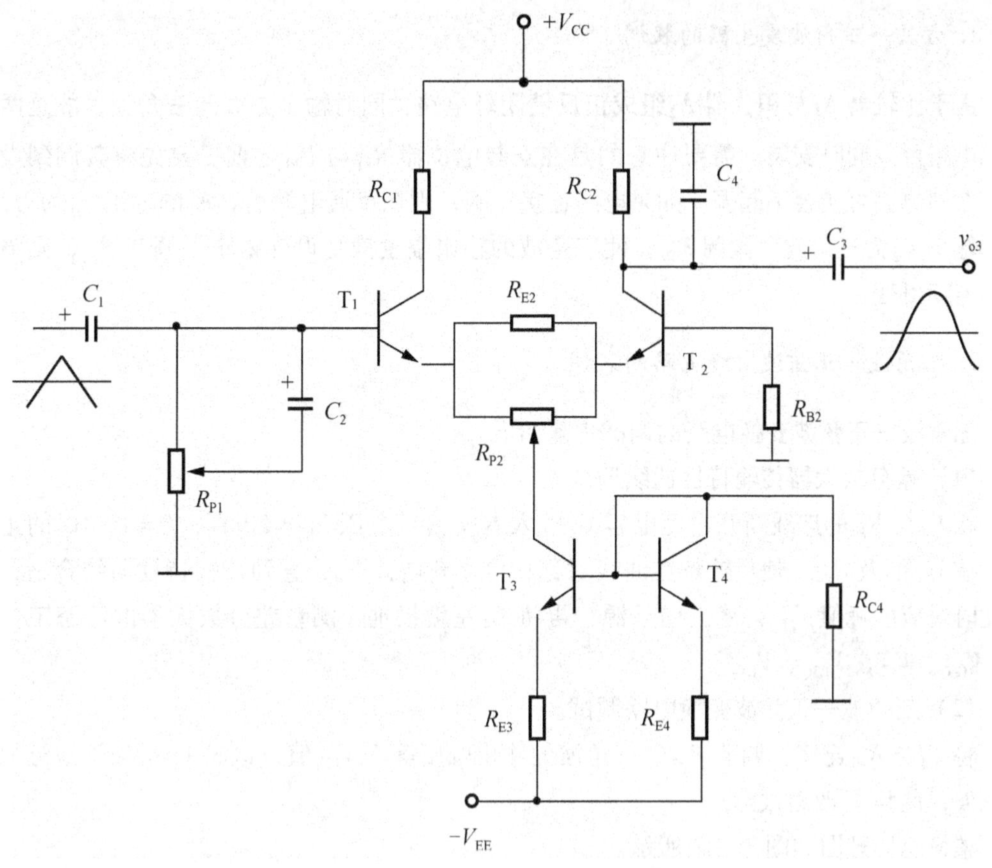

图 7-41 三角波—正弦波的变换电路

取 $R_2=10\text{k}\Omega$，$R_3=20\text{k}\Omega$，$R_{P1}=47\text{k}\Omega$，$R_1=R_2/(R_3+R_{P1})\approx10\text{k}\Omega$

由输出频率的表达式(7-9)得

$$R_4+R_{P2}=\frac{R_3+R_{P1}}{4R_2C_2f} \tag{7-14}$$

当 $1\text{Hz}\leqslant f\leqslant10\text{Hz}$ 时，取 $C_2=10\mu\text{F}$，$R_4=5.1\ \text{k}\Omega$，$R_{P2}=100\text{k}\Omega$。当 $10\text{Hz}\leqslant f\leqslant100\text{Hz}$ 时，取 $C_2=1\mu\text{F}$，以实现频率波段的转换，R_4、R_{P2}的取值不变，取平衡电阻$R_5=10\text{k}\Omega$。

三角波—正弦波电路的参数选择原则是：隔直电容 C_1、C_2、C_3要取得较大，因为输出频率很低，取 $C_1=C_2=C_3=470\mu\text{F}$，滤波电容 C_6的输出视输出的波形而定，若含高次谐波成分较多，则 C_6一般取几十 pF 至 0.1μF。$R_{E2}=100\Omega$ 与 $R_{P4}=100\Omega$ 相并联，以减小差分放大器的线性区。静态工作点可通过观测传输特性曲线、调整 R_{P4}及及电阻 R_{C4}来确定。

7.11.3 电路安装与调试

在装调多级电路时，通常按照单元电路的先后顺序进行分级装调与级联。

1. 方波—三角波发生器的装调

由于比较器 A_1 与积分器 A_2 组成正反馈闭环电路，同时输出方波与三角波，故这两个单元电路可以同时安装。需要注意的是在安装电位器 R_{P1} 与 R_{P1} 之前，要先将其调到设计值，否则电路可能会不起振。如果电路连接正确，则在接通电源后，A_1 的输出 v_{o1} 为方波，A_2 的输出 v_{o2} 为三角波，微调 R_{P1}，使三角波的输出幅度满足设计要求，调节 R_{P2}，则输出频率连续可变。

2. 三角波—正弦波变换电路的装调

三角波—正弦波变换电路的调试步骤如下。

(1) 差分放大器传输特性曲线调试。

将 C_4 与 R_{P3} 的连线断开，经电容 C_4 输入差模信号电压 $V_{id}=50\text{mV}$，$f_i=100\text{Hz}$ 的正弦波；调节 R_{P4} 及 R_{C4}，使传输特性曲线对称；再逐渐增大 V_{id}，直到传输特性曲线合适，记下此时对应的峰值 V_{idm}；移去信号源，再将 C_4 左端接地，测量差分放大器的静态工作点 Io、V_{C1Q}、V_{C2Q}、V_{C3Q}、V_{C4Q}。

(2) 三角波—正弦波变换电路调试。

将 C_4 与 R_{P3} 连接，调节 R_{P3} 使三角波的输出幅度等于 V_{idm} 值，这时 V_{o3} 的波形应近似于正弦波，调整 C_6 改善波形。

整机总原理图如图 7-42 所示。

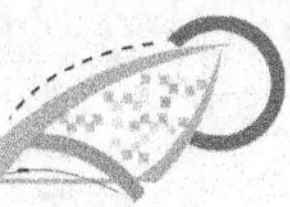

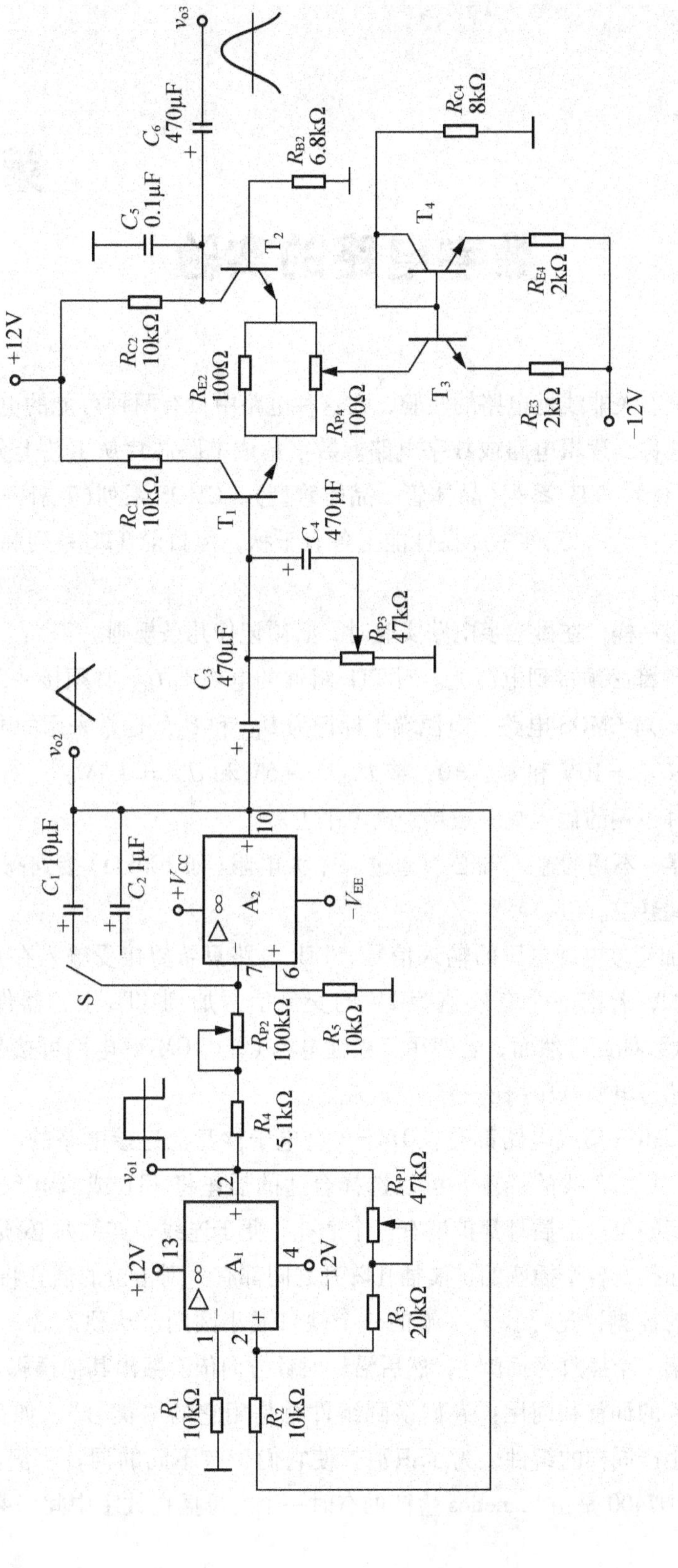

+12V
R_{C2} 10kΩ
C_5 0.1μF
C_6 470μF
v_{o3}
R_{B2} 6.8kΩ
T_2
R_{E2} 100Ω
R_{P4} 100Ω
R_{C1} 10kΩ
T_1
C_4 470μF
T_3
T_4
R_{C4} 8kΩ
R_{E3} 2kΩ
R_{E4} 2kΩ
−12V
C_3 470μF
R_{P3} 47kΩ
v_{o2}
C_1 10μF
C_2 1μF
$+V_{CC}$
A_2
$-V_{EE}$
S
R_{P2} 100kΩ
R_5 10kΩ
R_4 5.1kΩ
v_{o1}
R_{P1} 47kΩ
+12V
A_1
−12V
R_3 20kΩ
R_1 10kΩ
R_2 10kΩ

图7-42　整机总原理图

第8章 数字电路的实验

这部分实验是有关非线性电路的实验，在这种电路中只有两种可能的电压：高电平或低电平。这种电路称为逻辑电路或数字电路。数字集成电路芯片从工艺上分为3个系列，ECL系列(非饱和型)、TTL系列(晶体管—晶体管型)、CMOS系列(互补—对称金属氧化物半导体“COS/MOS”)。三种芯片在性能上各有千秋，但目前TTL系列和CMOS系列应用更为广泛。

同运算放大器一样，在做数字电路实验时，必须记住几条规则。

(1) 每个组件都必须接到电源上。对TTL组件的电源端 U_{CC} 必须接 +5V 电源，地端GND接电源地端。对CMOS电路，电源端子标记为 U_{DD} 和 U_{SS}。通常采用的电源范围是 $U_{DD}=5V$ 和 $U_{SS}=0$；$U_{DD}=10V$ 和 $U_{SS}=0$，或 $U_{DD}=+5V$ 和 $U_{SS}=-5V$。

(2) TTL器件不用的输入端一般接到高电平上。

(3) CMOS器件不用的输入端必须通过一个大电阻(如100kΩ)接到高电平或低电平上，不可让输入端悬空。

(4) 不要施加超过电源电压的输入信号。TTL电路只希望接受输入在0V到5V之间的电压信号。例如，若把一个有效值为2V的交流信号加到TTL上，器件会自行损坏。CMOS的性能也大致如此。然而，若使用双极性电源(±)，CMOS电路可接受过零的信号。仍必须遵守不能超过电源电压(任一方向)的规定。

(5) TTL和CMOS集成电路都是在DZ-3型电子沙盘上连接电路的。电子沙盘上有13线、16线、20线、22线的插座，可以选择合适的插座将TTL或CMOS芯片插在插座上。集成电路插座的每一个插脚都扩展有三个插孔，便于连线。连线时必须仔细辨认每一个插脚所对应的插孔。各个插座的扩展插孔阵列之间都有一列错位的插孔将它们隔开。为了识别集成电路的插脚，先寻找某一端的一个缺口或小圆圈。从顶部看，如果缺口在左侧，则左下角的第一个插脚为插脚1，然后沿反时针方向依次数出其他插脚。

标识集成组件的词首和词尾：人们谈到组件总是用它的“类号”，如74系列、4000系列。许多公司生产同样的组件，为了识别就使它们带有不同的词首。例如：SN7400是Texas公司产的，N7400是由Signetics生产的有时一个字母插在数字中间(74L00，74S00)，

这是由于参数略有不同，对于 TTL 系列通常可以不管它。

词尾，例如，N7400-A 或 N7400-W 与封装形式有关。如 A 表示 13 脚双列直插式(DIP)塑料封装，而 W 是双列直插式陶瓷封装。不管用什么词尾，插脚的功能都是一样的。

对 CMOS 集成电路，这些规则稍有改变。4001B 集成电路能够提供的输出电流比 4001A(或者 4001E)大。除非另有说明，你可以用词尾为 A 的也可以用词尾为 B 的组件。词尾为 B 的组件可承受的电源电压高达 18V，而词尾为 A 的组件为 15V。

所有 TTL 能做到的功能，CMOS 也能做到。就是说，所有逻辑系列都有一个重要的共同点——逻辑功能是相同的，TTL 的与非门与其他系列的与非门是完全一样的。各系列间的不同之处只限于一些实际问题上，如电源电压、对应于逻辑 1 或逻辑 0 的电平、能连在一起的门数。这部分的实验电路，可用任何逻辑系列的芯片构成。

数字电路按逻辑功能分为两大类：组合逻辑电路和时序逻辑电路。组合逻辑电路的输出状态只取决于当时的输入状态的组合，与初始状态无关；时序逻辑电路的输出状态不仅取决于当时输入状态的组合，还与初始状态有关。

8.1　逻辑门与逻辑运算电路

8.1.1　实验目的

(1) 熟悉与非门集成电路芯片的外形和引脚排列。

(2) 掌握与非门的逻辑功能及对脉冲信号传递的控制作用。

(3) 理解半加器、全加器的逻辑原理。

(4) 学习用发光二极管显示两种逻辑状态的方法。

(5) 掌握逻辑运算电路的分析和设计方法。

(6) 学习 TTL 芯片的使用方法。

8.1.2　实验原理

(1) 器件介绍。与非门有 2 输入端、3 输入端、8 输入端、13 输入端几种。一个芯片里集成有四个门的：如“四二输入端与非门 7400、7401、7403”；有二个门的：如“双 4 输入端与非门 7420、7422” 等。本实验使用的是 TTL 芯片，74 系列中的“四二输入端与非门 7400 或 74LS00” 双列直插式芯片。它的插脚功能排列图如图 8 - 1 所示。表 8 - 1 是它们的真值表。输入与输出的逻辑表达式为 $Y = \overline{A \cdot B}$。

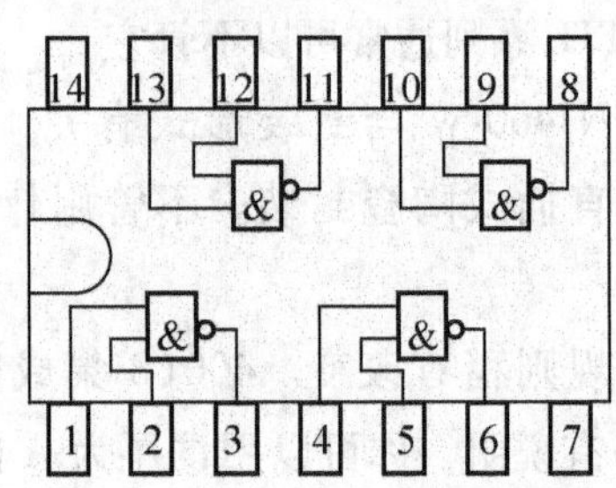

图 8-1　7400(74LS00)插脚功能排列图

表 8-1　真值表

A	*B*	*Y*	*A*	*B*	*Y*
0	0	1	1	0	1
0	1	1	1	1	0

(2) 与非门的门控作用。在与非门的各输入端输入不同信号时的波形如图 8-2 所示。它体现了"与非"门的控制作用。

(3) 与非门构成的异或门。用一片二输入四与非门芯片就可以连接出具有异或功能的逻辑电路，如图 8-3 所示，改变输入端 A、B 的电平，由发光二极管显示出输出端的逻辑状态，记入表 8-2。

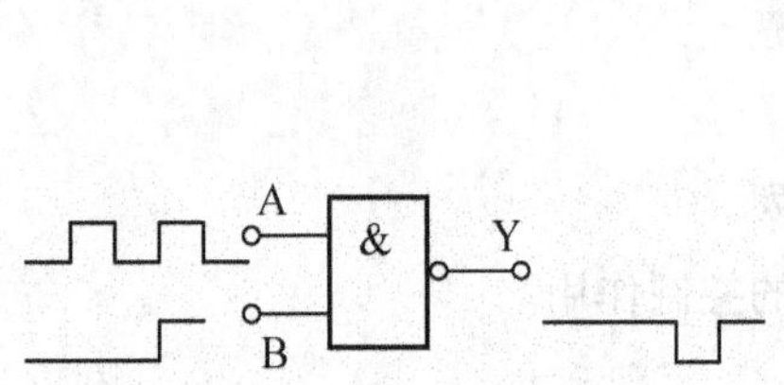

图 8-2　与非门的门控作用图

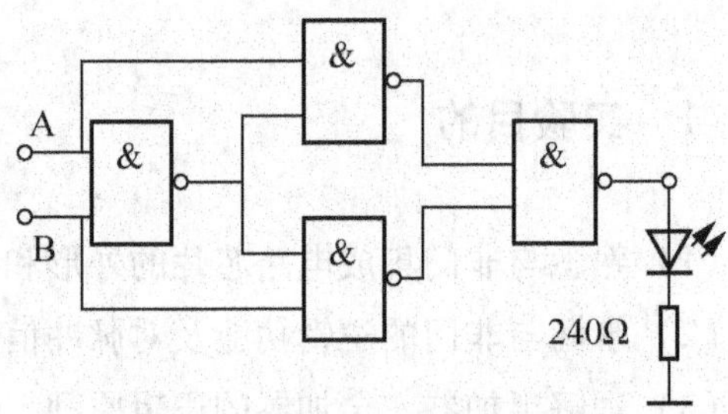

图 8-3　具有异或功能的逻辑电路

表 8-2　异或门的逻辑功能测试表

输入端		输 出 端		输入端		输 出 端	
A	B	指示灯状态	逻辑状态	A	B	指示灯状态	逻辑状态
0	0			1	0		
0	1			1	1		

发光二极管：用发光二极管显示电路的逻辑状态是一个很不错的方法。当然，用万用表测试输入或输出的逻辑电平也是常用的。发光二极管与普通二极管一样具有单向导电性，当它导通时才能发光。导通时在它两端的电压降大约是 1~3V，所以它接到 TTL 组件上，必须要用一个 270Ω 的降压电阻与之串联。连接电路时，记住发光二极管是有极性的，

正极接到高电位上，负极接到低电位上，若接反了，不会发光。

（4）与非门组成的半加器。在异或门的基础上，再添加一个与非门作为进位门，图 8－4 所示就组成了半加器。半加器的逻辑表达式为

$$\text{和数}\quad S = A\overline{B} + \overline{A}B,\ \text{进位}\quad C = AB = \overline{\overline{AB}}$$

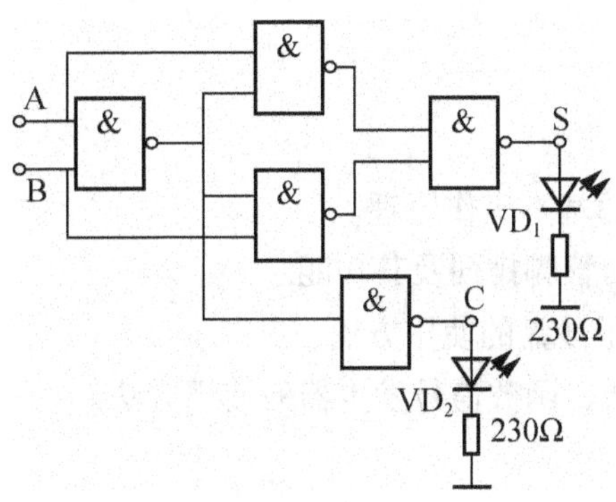

图 8－4　半加器

8.1.3　实验内容及步骤

（1）测试与非门的逻辑功能。按图 8－2 接线，根据表 8－1 给出的输入状态，验证输出端的状态是否与表 8－1 中 Y 状态相符。

（2）观察与非门对脉冲信号传递的控制作用。在图 8－2 中，将被测与非门的一个输入端 A 接函数信号发生器 EE1632B 的 TTL 输出端，频率调为 1kHz；当另一端 B 接高电平或接低电平时，用示波器观察输入和输出波形，并描记下来。

（3）测试异或门的逻辑功能。按图 8－3 接线，根据表 8－1 给出的输入状态，将观察输出的结果填入表 8－2 中。写出异或门的逻辑表达式，核对测试结果。

（4）测试半加器的逻辑功能。按图 8－4 接线，根据表 8－1 给出的输入状态，将观察输出的结果填入表 8－3 中。写出异或门的逻辑表达式，核对测试结果。

表 8－3　半加器的逻辑功能测试表

输入端		输出端	进位端	输入端		输出端	进位端
A	B	S	C	A	B	S	C
0	0			1	0		
0	1			1	1		

8.1.4　实验设备及器件

（1）直流稳压电源　　1 台　　（2）双踪示波器　　1 台

（3）函数信号发生器 1台
（4）万用表 1块
（5）镊子、剥线钳 各1件
（6）电子沙盘 1块
（7）TTL与非门芯片7300 3片
（8）发光二极管 2只
（9）1/3W电阻 2只

8.1.5 预习要求

（1）复习TTL门电路的基本工作原理。
（2）了解被测门电路的管脚排列及其功能。
（3）熟悉DZ-3型电子沙盘的使用方法。
（4）阅读第3章示波器、函数信号发生器的使用方法。

8.1.6 实验报告要求

（1）列表整理实验结果。
（2）总结实验体会。

8.1.7 实验注意事项

（1）TTL门电路的电源电压 U_{CC} 要保持+5V。
（2）连接、改接电路时必须切断电源。
（3）TTL门电路的输出端不允许直接接+5V。
（4）TTL门电路多余的输入端可接高电平或并联使用。

8.2 译码器和数据分配器

8.2.1 实验目的

（1）了解译码器的电路构成和译码原理。
（2）熟悉中规模译码器和数据分配器的逻辑功能及应用。

8.2.2 实验原理

二进制译码器的基本原理如图8-5所示。

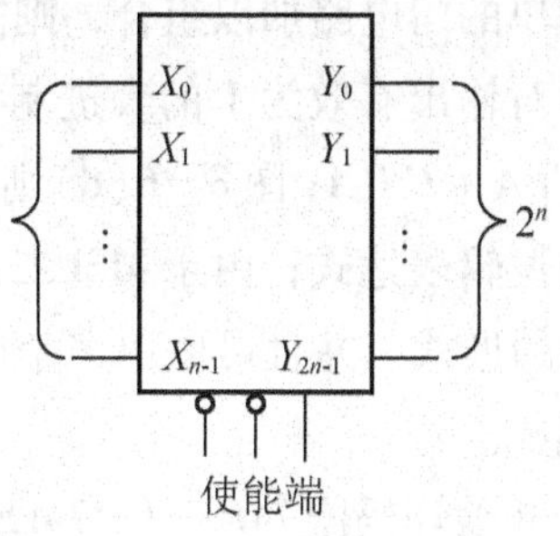

图8-5　二进制译码器的基本原理图

二进制译码器具有 n 个输入端，2^n 个输出端以及一个或多个使能输入端。在使能输入端为有效电平时，对应每一组发输入代码，只有其中一个输出端为有效电平，其余输出端则为无效电平。例如，当图8-5中 $n=3$ 时，则当 $[X_2, X_1, X_0]=[0, 0, 0]$ 时，Y_0 有效，其余输出端无效；当 $[X_2, X_1, X_0]=[0, 0, 1]$ 时，Y_1 有效，其余输出端无效；……而当 $[X_2, X_1, X_0]=[1, 1, 1]$ 时，Y_7 有效，其余输出端无效，其示意图如图8-6(a)所示。

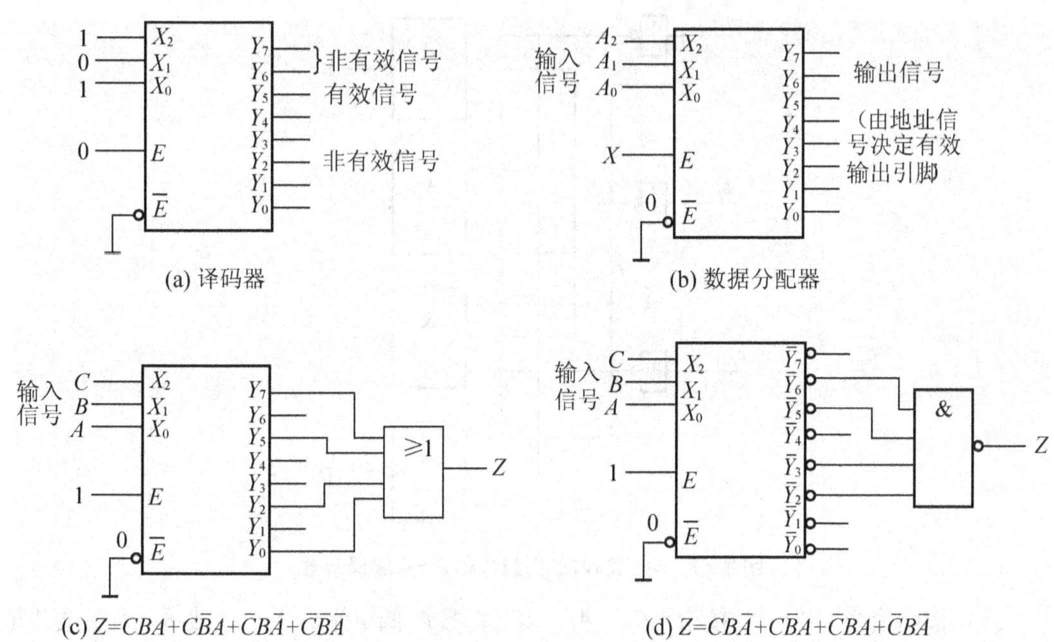

图8-6　二进制译码器应用原理示例

二进制译码器实际上也可作为输出数据分配器，若利用一个使能输入端输入数据信息，它就可以成为一个数据分配器，或称为多路数据分配器，由代码输入端决定输入数据分配给那个输出端输出，其示意图如图8-6(b)所示。二进制译码器和门电路配合，还可以实现以最小项为基本单位进行多种运算的逻辑函数，其中最基本的就是对最小项求和的逻辑函数。

当使能端有效时，在 $[X_2, X_1, X_0]$ 输入自变量，则每个输出端的有效正好对应着一个最小项，把若干个最小项用简单的门电路加以组合，则能够实现对最小项进行运算的逻辑函数。图 8 - 6(c)是用或非门对输出有效为 1 的二进制译码器进行组合，得到对应的逻辑表达式为 $Z = CBA + C\bar{B}A + \bar{C}B\bar{A} + \bar{C}\,\bar{B}\,\bar{A}$；图 8 - 6(d)则用与非门对输出有效为 0 的二进制译码器进行组合，得到对应的逻辑表达式；由于 MSI 二进制译码器多是输出有效为 0 的译码器，因此图 8 - 6(d)是常用的形式，并且可以用多个门对同一个二进制译码器进行不同的组合，从而实现多个逻辑函数。

典型的二进制译码器有双 2 - 4 线译码器 74LS139，74LS138，4 - 10 线译码器 74LS42 等。

8.2.3 实验内容及步骤

1. 2 - 4 线译码器

用非门和与非门组成 2 - 4 线译码器如图 8 - 7 所示。

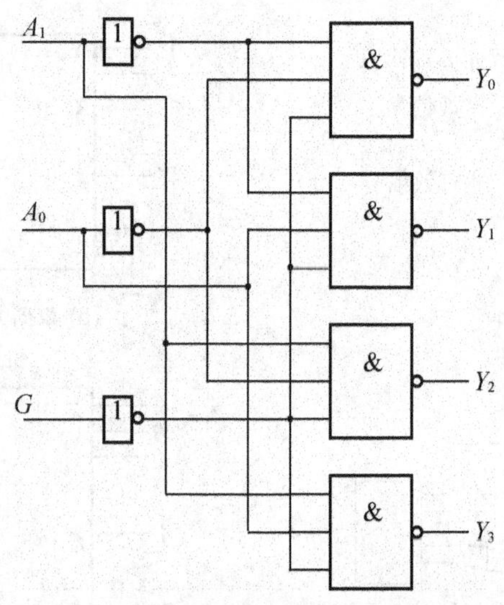

图 8 - 7 非门和与非门组成的 2 - 4 线译码器

(1) 按图接线，$Y_0 \sim Y_3$ 接指示灯，A_1、A_0、G 接高低电平开关。按表 8 - 4 测试并填入结果。当 $G=0$ 时，电路正常工作。

表 8 - 4 2 - 4 线译码器测试表

使能	输入		输出				使能	输入		输出			
G	A_1	A_0	Y_3	Y_2	Y_1	Y_0	G	A_1	A_0	Y_3	Y_2	Y_1	Y_0
1	×	×					0	1	0				
0	0	0					0	1	1				
0	0	1											

（2）用上面电路做数据分配器用，按表8－5测试并填结果。

表8－5　数据分配器测试表

数据	地　址	输　出
G	A_1　A_0	Y_3　Y_2　Y_1　Y_0
0	0　0	
1		
0	0　1	
1		
0	1　0	
1		
0	1　1	
1		

2. 测试中规模集成译码器功能

（1）采用3－8线译码器74LS138，其逻辑功能电路引脚如图8－8所示。输出，Y_0—Y_7接指示灯，A、B、C接高低电平开关，使能端G_1、G_{2A}、G_{2B}按表1－3要求，接入高低电平，将测试结果填入表8－6中。其中，H表示高电平“1”；L表示低电平“0”；X表示任意状态逻辑功能电路引脚。

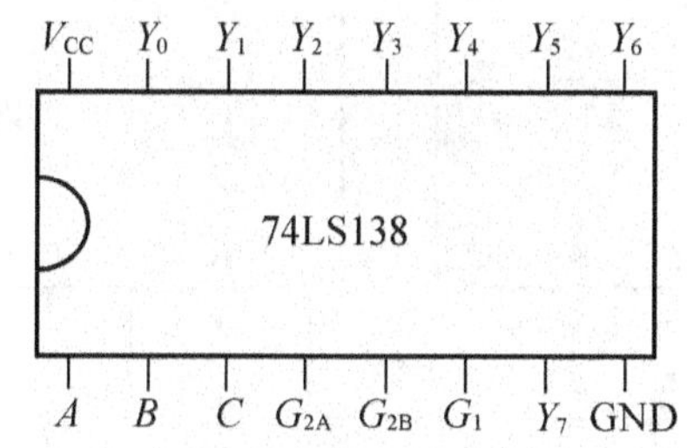

图8－8　74LS138逻辑功能电路引脚图

（2）将3－8线译码器扩展成4－16线译码器。

表8－6　74LS138测试记录表

输　入						输　出							
赋能			选择			Y_0	Y_1	Y_2	Y_3	Y_4	Y_5	Y_6	Y_7
G_1	G_{2A}	G_{2B}	C	B	A								
X	H	H	X	X	X								
L	X	X	X	X	X								

续表

输入						输出							
赋能			选择			Y_0	Y_1	Y_2	Y_3	Y_4	Y_5	Y_6	Y_7
G_1	G_{2A}	G_{2B}	C	B	A								
H	L	L	L	L	L								
H	L	L	L	L	H								
H	L	L	L	H	L								
H	L	L	L	H	H								
H	L	L	H	L	L								
H	L	L	H	L	H								
H	L	L	H	H	L								
H	L	L	H	H	H								

4－16 线译码器扩展电路如图 8－9 所示，四位二进制代码由 $A_0 \sim A_3$端接入，相应的唯一低电平由 $L_0 \sim L_{15}$得到，$L_0 \sim L_{15}$分别接指示灯，$A_0 \sim A_3$及 G_3分别接高低电平开关，前面的一个 74LS138 的 G_1端接“1”测试其功能，并记录测试结果。

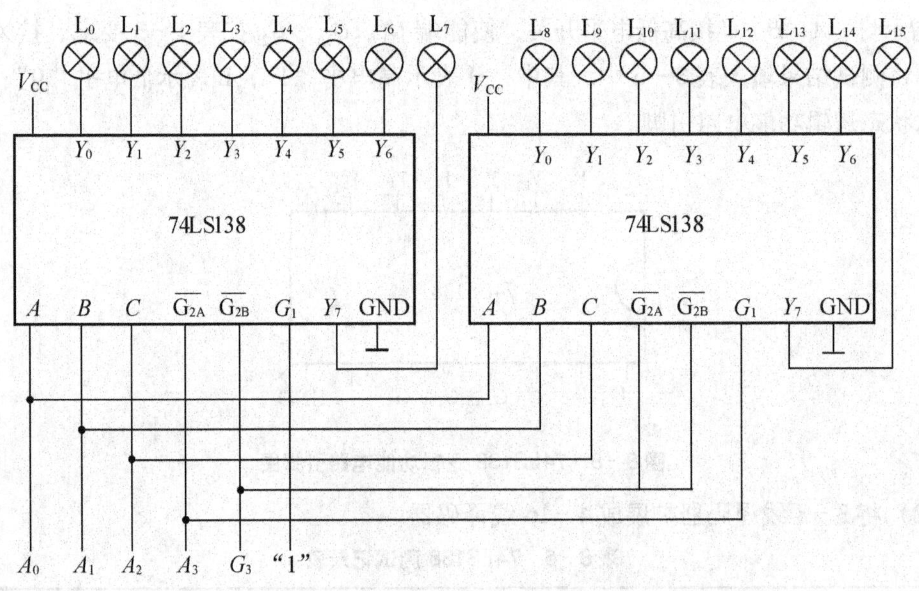

图 8－9　4－16 线译码器扩展电路

8.2.4　实验设备及器件

（1）数字电路实验箱。

（2）万用表、直流稳压电源。

（3）集成电路：74LS04　六非门　　　　2片；

74LS20　4输入双与非门　1片；

74LS138　3-8线译码器　2片；

8.2.5　预习要求

（1）复习译码电路的工作原理和设计方法。

（2）熟悉中规模译码器的逻辑功能和使用方法。

（3）阅读本实验内容。

8.3　数据选择器及应用

8.3.1　实验目的

（1）熟悉中规模集成数据选择器的逻辑功能及测试方法。

（2）学习用集成数据选择器进行逻辑设计。

8.3.2　实验设备及器件

（1）数字电子技术实验仪、示波器、数字万用表。

（2）74LS151、74LS153各1片。

8.3.3　实验内容及步骤

（1）74LS151、74LS153引脚功能如图8-10所示。

（2）数据选择器(multiplexerf)又称为多路开关，是一种重要的组合逻辑器件，它可以实现从多路数据中选择任何一路信号输出，选择的控制由专列的端口编码(称为地址码)决定。数据选择器可以完成诸多逻辑功能，例如函数发生器，并、串转换器，波形产生器等。

数据选择器输出为标准与或式，含地址变量的全部最小项。例如4选1数据选择器的输出表达式为

$$Y = \overline{A_1}\,\overline{A_0}C_0 + \overline{A_1}A_0C_1 + A_1\overline{A_0}C_2 + A_1A_0C_3$$

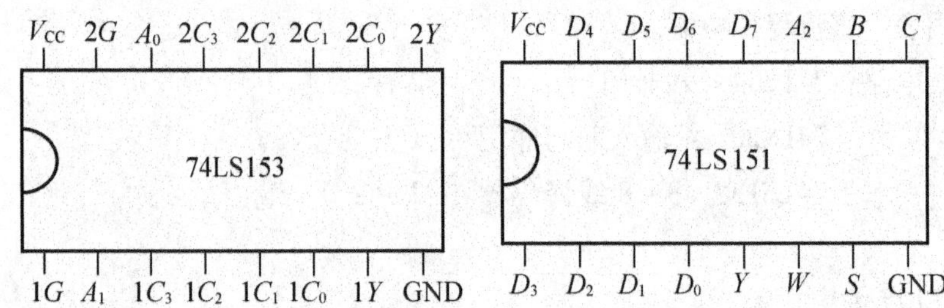

图 8-10　74LS151、74LS153 引脚功能

而任何逻辑函数都可以表示成为最小项之和的形式，故可以用数据选择器实现。N 个地址变量的数据选择器，不需要增加门电路最多可实现 $N+1$ 个变量的逻辑函数。

设计步骤如下。

① 写出函数的标准与或式和输出信号表达式。

② 对照、比较两表达式，确定数据选择器各输入变量的表达式。

③ 根据采用的数据选择器和求出的输入变量的表达式画出连线图。

（1）验证 74LS153 的逻辑功能：将双四选一数据选择器 74LS153 使能端 G、地址输入端 B、A 和数据输入端 $D_0 \sim D_3$ 接逻辑开关，输出端 Y 接发光二极管。观察输出状态并记入表 8-7。

表 8-7　74LS153 测试记录表

输入			输出
G	B	A	Y
1	X	X	
0	0	0	
0	0	1	
0	1	0	
0	1	1	

（2）用 4 选 1 数据选择器实现全加器功能。

① 写出设计过程。

② 用 74LS153 按图 8-11 连接好电路。

③ 验证逻辑功能，并将数据填入自拟表格中。

（3）用双 4 选 1 数据选择器 74LS153 逻辑函数 $F = \overline{A}\,\overline{B}\,\overline{C} + ABC + A\overline{B}C + \overline{A}BC$。

① 写出设计过程。

② 画出接线图并用 74LS153 按图连接好电路。

③ 验证逻辑功能，并将数据填入自拟表格中。

（4）验证 74LS151 的逻辑功能。

8 选 1 数据选择器 74LS151 的逻辑函表达式为

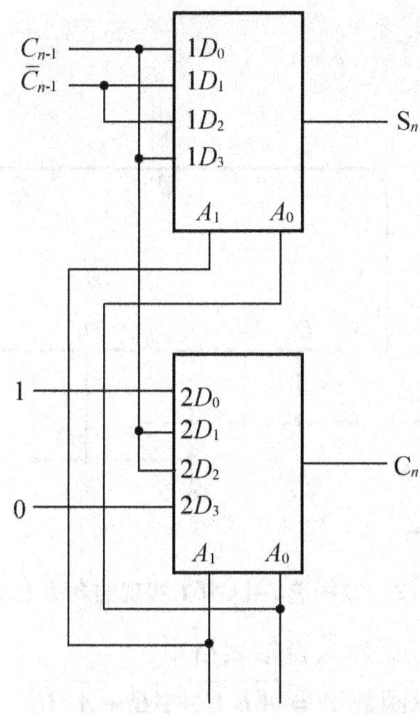

8－11　74LS153 实现全加器的接线图

$$F = \overline{A}_2\overline{A}_1\overline{A}_0D_0 + \overline{A}_2\overline{A}_1A_0D_1 + \overline{A}_2A_1\overline{A}_0D_2 + \overline{A}_2A_1A_0D_3 + A_2\overline{A}_1\overline{A}_0D_4 + A_2\overline{A}_1A_0D_5 + A_2A_1\overline{A}_0D_6 + A_2A_1A_0D_7$$

将 8 选 1 数据选择器 74LS151 地址输入端 C、B、A 和数据输入端 $D_0 \sim D_7$ 接逻辑开关，输出端 Y 接发光二极管。观察输出状态并记入表 8－8 中。

表 8－8　74LS151 测试记录表

输　入				输　出
G	C	B	A	Y
1	X	X	X	
0	0	0	0	
0	0	0	1	
0	0	1	0	
0	0	1	1	
0	1	0	0	
0	1	0	1	
0	1	1	0	
0	1	1	1	

（5）用 74LS151 实现 3 人表决电路。

① 写出设计过程。

② 按图 8－12 连接线路。

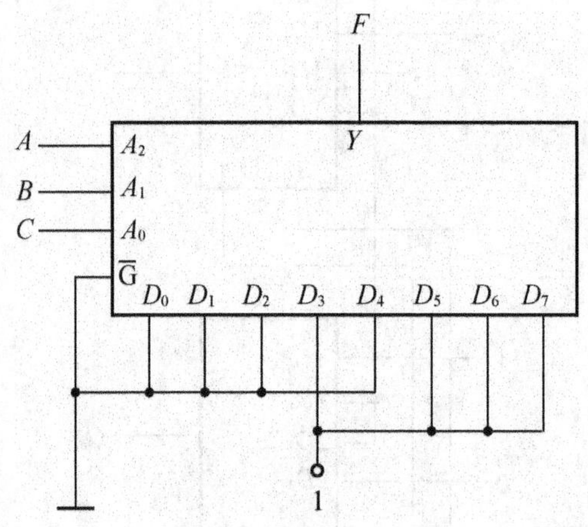

图 8－12　数据选 74LS151 实现的 3 人表决电路

③ 验证逻辑功能，并将数据填入自拟表格中。

(6) 用 74LS151 实现逻辑函数 $Y = \overline{A}\,\overline{B}\,\overline{C} + AC + \overline{A}BC$。

① 写出设计过程。

② 画出接线图并用 74LS153 连接好电路。

③ 验证逻辑功能，并将数据填入自拟表格中。

8.3.4　预习要求

(1) 熟悉 74LS151、74LS153 的工作原理及使用方法。

(2) 根据实验内容要求，写出设计过程，画出实验电路图。

8.3.5　思考题

(1) 用双 4 选 1 集成数据选择器 74LS153 怎样连接成 8 选 1 数据选择器?

(2) 数据选择器 74LS153 的使能端有什么好处?

8.3.6　实验报告要求

(1) 用数据选择器对实验内容进行设计，写出设计全过程，画出接线图，进行逻辑功能测试。

(2) 认真总结实验收获、体会。

8.4　基本时序逻辑电路

8.4.1　实验目的

（1）熟悉触发器的工作原理和常用触发器的逻辑功能。

（2）掌握触发器的逻辑功能的测试方法。

（3）熟悉触发器间逻辑功能的转换方法。

（4）学习触发器的简单应用。

（5）学习 CMOS 芯片的使用方法。

8.4.2　实验原理

触发器(FF)是双稳态多谐振荡器的另一名称。根据定义，触发器有开(逻辑 1)和关(逻辑 0)两种稳定输出状态，是一种具有记忆功能的单元电路。触发器的输出可以无限期地停留在两个稳态中的任何一个状态。借助输入信号(触发信号)可改变输出状态。触发器是基本的计数或存储单元，也可认为它是除 2 计数器或一位存储器。根据集成度不同，一个芯片内可集成 2 个、3 个、6 个、8 个触发器。触发器应用非常广泛，可用作计数器、移位寄存器、过程控制器、缓冲寄存器、同步寄存器等；在线路中实现数据存储、脉冲整形、计数分频等功能。它在数字电路中的重要性无论怎样强调都不过分。

本实验中使用的是 CMOS 芯片 4000 系列中的 4013 双 D 触发器，一个芯片里集成了两个 D 触发器，上升沿触发，13 脚双列直插式封装。它主要用于组成计数器、移位寄存器、过程控制电路等。4013 双 D 触发器芯片的引脚分配如图 8－13 所示。

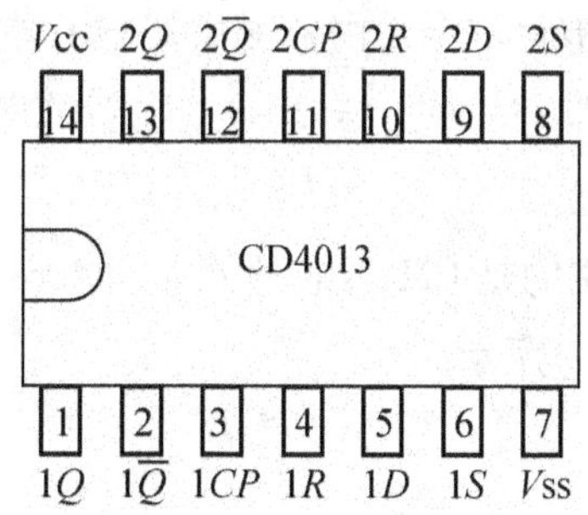

图 8－13　CD4013 的插脚排列图

本节实验中用一片 4013 双 D 触发器构成两位二进制 T' 计数器和数据寄存器。使用方法如图 8－14(a)和图 8－14(b)所示。Q_0 为低位，Q_1 为高位。3 端、10 端是清零端 R，6

端、8 端是置位端(置 1 端)S；5 端、9 端分别为二 D 触发器的 D 端，与各自的 $\overline{Q}$ 端相连，便构成了 T' 计数器；计数脉冲从 3 端(CP 端)输入，进位脉冲从 2 端($\overline{Q}$端)送入 11 端(CP 端)。计数脉冲由手动脉冲发生器产生，如图 8－15(b)所示。

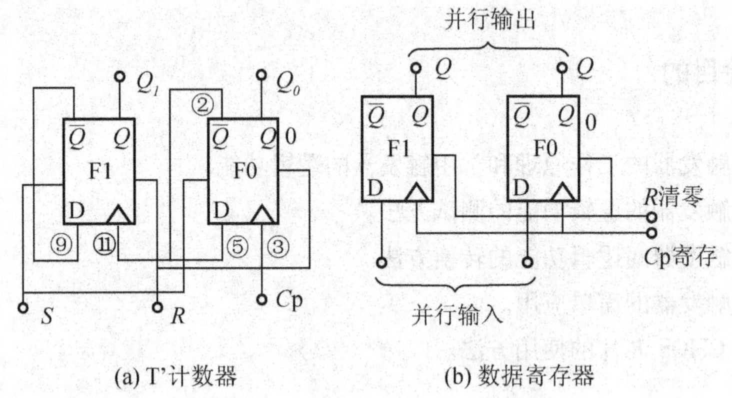

(a) T'计数器　　(b) 数据寄存器

图 8－14　CD4013 双 D 触发器的引脚排列及应用

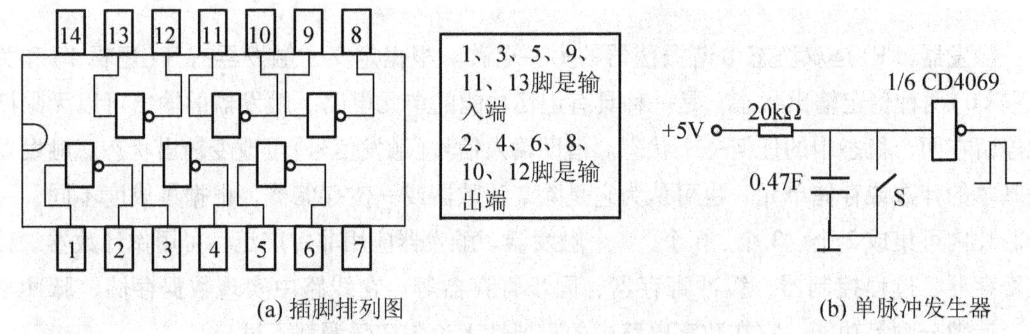

(a) 插脚排列图　　(b) 单脉冲发生器

图 8－15　六排门 4069 的引脚排列及应用

数据寄存器因只用于存放固定数据而得名。因这类寄存器具有并行输入并行输出数据的功能，故又称为并行输入/并行输出寄存器。因 D 触发器的输出状态与 CP 脉冲前沿到达时 D 端的逻辑状态相同，故被存数据是由各触发器的 D 端输入的，在寄存脉冲 CP 的作用下数据将被存入各触发器，即 $Q_1^{n+1}Q_0^{n+1}=D_1D_0$。在新的寄存脉冲 CP 到来前，即使数码变化，寄存器输出状态也不改变。

非门：图 8－15 中的非门用的是 CMOS 芯片六非门 4069，在一片芯片内集成了六个非门，它的引脚排列如图 8－15(a)所示。

8.4.3　实验内容及步骤

(1) 单脉冲发生器。按图 8－15(b)在电子沙盘上接好电路(注意：不用的输入端不能悬空)。接通 +5V 电源，按动按键，用示波器观察非门输出端的脉冲，调试好后待用。

（2）D 触发器用于 T' 计数器。按图 8－14(a)把双 D 触发器接成二位 T' 计数器，3 端(CP 端)先不接脉冲，接在地上。参考表 8－9 用万用表或示波器测试清零端和置位端的功能。

表 8－9　D 触发器用于 T' 计数器各输出端逻辑值

R	S	$\overline{Q_1}$	Q_1	$\overline{Q_0}$	Q_0
0	0				
1	0				
0	1				
1	1				

（3）将 D 触发器的 3 端连接到单脉冲发生器的输出端，送入计数脉冲，用示波器观察 Q_0、Q_1 的输出状态(此处不能用发光二极管显示输出状态，因为 CMOS 提供的输出电流太小)。将观察结果记入表 8－10 中。

表 8－10　D 触发器的 3 端连接到单脉冲发生器的输出端时各输出端逻辑值

脉冲序数	0	1	2	3	3
CP 端	0	0↑1	0↑1	0↑1	0↑1
Q_0					
Q_1					

注：表中 CP 端的箭头表示脉冲上升沿触发。

（4）D 触发器用于数据寄存器。参考图 8－14(b)把 3013 接成数据寄存器，数据从 $D0$、$D1$ 端输入(数据用微动开关提供)，寄存脉冲 CP 输入端接单脉冲发生器输出端，各置位端接地，在清零端加复位信号使寄存器清零；改变输入端数码，不加寄存脉冲 CP，观察寄存器状态有无变化；施加寄存脉冲，观察寄存器状态是否变化；记录观察结果。

8.4.4　实验设备及器件

（1）双踪示波器　1 台

（2）DZ-3 型电子沙盘　1 件

（3）镊子、剥线钳　各 1 件

（4）万用表　1 块

（5）双 D 触发器 3013 芯片　1 片

六非门 3069 芯片　1 片

（6）1/3W、20kΩ 金属膜电阻　2 只

0.37μF 电容　2 只

（7）0.5mm 独股导线　若干

（8）微型拨动开关　1 只

8.4.5 实验报告要求

(1) 整理各项实验结果。

(2) 总结实验收获。

8.4.6 预习要求

(1) 熟悉本实验内容。

(2) 熟悉本实验中所用集成电路的管脚排列。

(3) 标出图 8-14、图 8-15(b) 中所用集成电路的管脚号码。

8.5 中规模计数译码及显示电路

8.5.1 实验目的

(1) 了解中规模集成计数器的结构与工作原理。

(2) 了解译码器的功能及中规模集成译码器的使用方法。

(3) 了解七段发光二极管数码显示器(LED)的结构及工作原理。

(4) 学习组成计数译码显示电路的方法。

8.5.2 实验原理

在数字仪表或数字控制系统中，常常需要把某种代码形式确定的数字量用人们熟悉的十进制数字显示出来，这个过程是由译码器和显示器来完成的。其中译码器将二进制代码在编码时的原意“翻译”出来，并输出一个或一组相应的信号；显示器接受这些信号后将翻译结果显示出来。

本次实验中的二进制代码是由计数器产生的，计数器可用多个触发器构成，也可直接选用中规模集成计数器显示器选用七段发光二极管数码显示器(LED)，利用不同发光段的组合，显示 0~9 十个数字；译码器用中规模集成七段译码器。实验框图如图 8-16 所示。

(1) 计数器　TTL 中规模集成计数器 73LS90 的外引线排列、内部结构如图 8-17(a) 和图 8-17(b) 所示。计数功能见表 8-11。

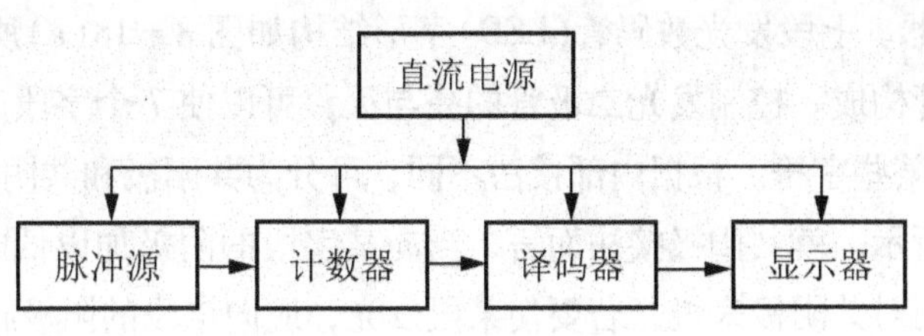

图 8－16　实验框图

表 8－11　73LS90 计数器功能表

输入				输出			
$R_0(1)$	$R_0(2)$	$S_9(1)$	$S_9(2)$	Q_D	Q_C	Q_B	Q_A
1	1	0	×	0	0	0	0
1	1	×	0	0	0	0	0
0	×	1	1	1	0	0	1
×	0	1	1	1	0	0	1
×	0	×	0	计数			
0	×	0	×	计数			
0	×	×	0	计数			
×	0	0	×	计数			

（×：表示任意状态，即 0 或 1）

由菜单知，1 R_0、2 R_0 端是直接复位端，当二者均为高电平时，4 个触发器均被复位 $Q_DQ_CQ_BQ_A=0000$，1 S_9、2 S_9 端是置 9 输入端，当二者均为高电平时，$Q_DQ_CQ_BQ_A=1001$，表示十进制数 9。

由内部结构图 8－17 知：仅由 1C 端输入脉冲时，F_0进行二进制计数；仅由 2C 端输入脉冲时，$F_1\sim F_3$ 构成五进制计数器；如果将 Q_A 端与 2C 端相连，脉冲由 1C 端输入，则构成十进制计数器。

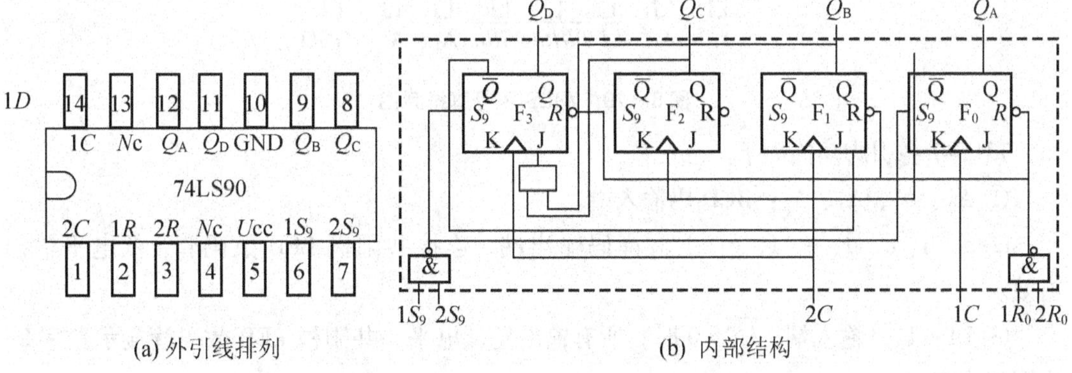

(a) 外引线排列　　(b) 内部结构

图 8－17　74LS90 的外引线排列及内部结构

(2) 数码显示器。七段发光数码管(LED)字形结构如图8－18(a)所示。a～g这7个字段由7个发光二极管构成。控制发光二极管的亮与灭，可以使7个字段产生不同的组合，表示0～9十个数码和某些字符。根据内部接法不同，可分为共阳极和共阴极两种，如图8－18(b)和图8－18(c)所示。就共阳极接法而言，当向某字段的阴极加以低电平，发光二极管导通，使该段点亮；而对共阴极来说，若要使某段发光，应向该段的阳极施加高电平信号。

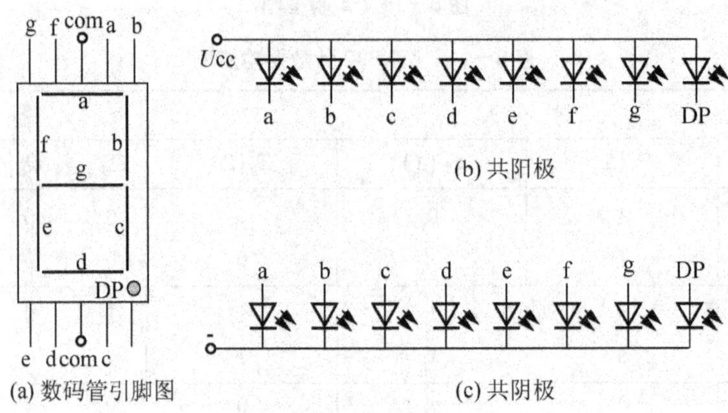

(a) 数码管引脚图　(b) 共阳极　(c) 共阴极

图8－18　数码管字形与结构

(3) 译码器。TTL中规模集成七段十进制译码器74LS47的外引线排列如图8－19所示。74LS47可将BCD码译成共阳极接法LED数码管显示所需要的七段字形驱动代码，转换关系见表8－12所示。

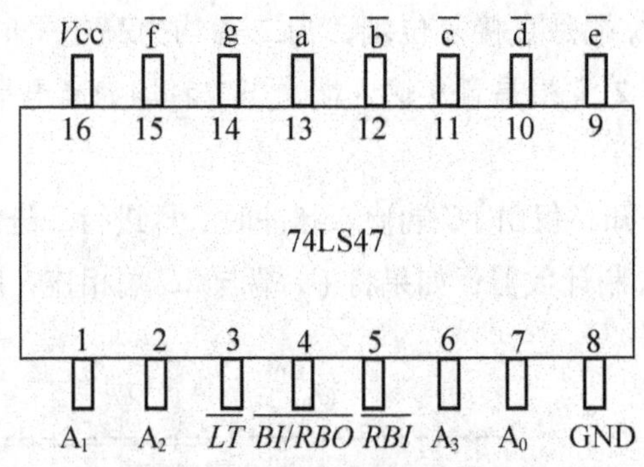

图8－19　73LS47管脚排列图

73LS47各引脚功能如下。

① A_0、A_1、A_2、A_3：BCD码输入端。

② a、b、c、d、e、f、g：七段译码输出端，连接共阳极LED数码管，低电平输出有效。

③ $\overline{LT}$：试灯输入端，$\overline{LT}=0$时，所有输出呈低电平，共阳极LED数码管显示数字8，表明工作正常。

④ $\overline{BI}/\overline{RBO}$)：灭灯输入端，$\overline{BI}=0$，不管输入端状态如何，所有输出都处于高电平，

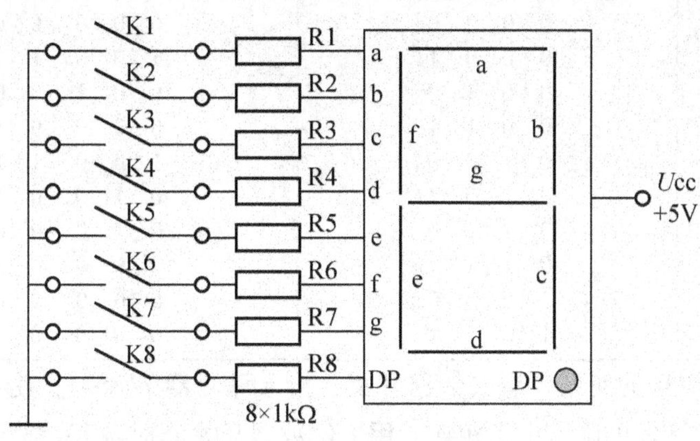

图 8－20　测试数码显示器的电路

LED 数码管各段皆熄灭，不显示。

⑤ $\overline{\text{RBI}}$：灭零输入端，当 A、B、C、D 均为零时起作用。此时，若$\overline{\text{RBI}}=1$，则译码器正常输出使数码管显示 0 的七段代码。

⑥ $\overline{\text{RBO}}(\overline{BI})$：灭零输出端，当 A、B、C、D 皆为零，且$\overline{\text{RBI}}=1$ 时，$\overline{\text{RBO}}=0$，反之$\overline{\text{RBO}}=1$。其作用是：在有多位十进制数码显示时，将低位译码器的$\overline{\text{RBO}}$端接至高位译码器的$\overline{\text{RBI}}$端，可以使最高位的零熄灭，而不熄灭中间位的零（此时，最低位译码器$\overline{\text{RBI}}$端应接"1"）。

8.5.3　实验内容及步骤

（1）熟悉数码显示中字符与字段的关系。按图 8－20 所示的电路，将显示器模块插到电子沙盘上，把每一个字段的限流电阻插上，用七位数据开关代替译码器 74LS47 的输出（见表 8－12），操作数据开关通或断为显示器的 a～g 七个字段输入高/低电平，观察各发光字段所组成的数码或符号，并记录结果（注意：数码管为共阳极接法）。

表 8－12　七段 BCD 码译码器菜单（LED 为共阳极接法）

十进制数字	输入 BCD 码	输出七段字形编码
	D　C　B　A	a　b　c　d　e　f　g

0	0 0 0 0	0 0 0 0 0 0 1
1	0 0 0 1	1 0 0 1 1 1 1
2	0 0 1 0	0 0 1 0 0 1 0
3	0 0 1 1	0 0 0 0 1 1 0
4	0 1 0 0	1 0 0 1 1 0 0
5	0 1 0 1	0 1 0 0 1 0 0
6	0 1 1 0	0 1 0 0 0 0 0
7	0 1 1 1	0 0 0 1 1 1 1
8	1 0 0 0	0 0 0 0 0 0 0
9	1 0 0 1	0 0 0 0 1 0 0

(2) 熟悉译码器的使用。撤去数据开关，接入译码器 74LS47，使 74LS47 的输出端 a ~ g 与数码管相应字段的限流电阻相连。用 7 位数据开关分别与 73LS37 的 A、B、C、D、$\overline{LT}$、$\overline{BI}$、$\overline{RBI}$端相连，如图 8－21 所示。测试译码器的各项功能如下。

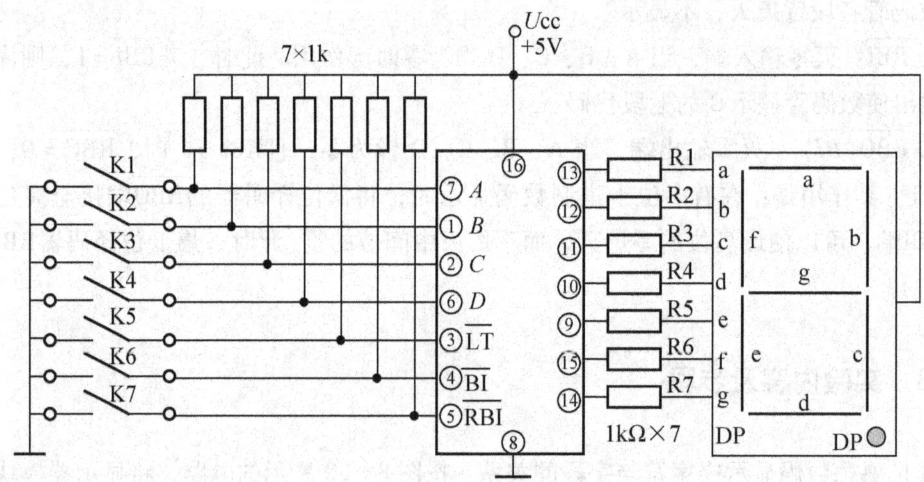

图 8－21　测试译码显示器的电路

试灯输入$\overline{LT}$=0 时，数码管七段全亮，显示 8。

灭灯输入$\overline{BI}$=0 时，不论 A、B、C、D 输入状态如何，LED 数码管应为全灭。

灭零输入$\overline{RBI}$=1、0 时(使 A、B、C、D 皆为 0)，分别观察数码管显示情况。

当$\overline{LT}$=1、$\overline{BI}$=1、$\overline{RBI}$=1 时通过 A、B、C、D 输入任意四位二进制码，观察字形显示情况并记录结果。

(3) 熟悉计数器的使用。按图 8－22 所示电路接入脉冲源和计数器 73LS90。输入手动计数脉冲，记录计数器输出状态和对应的字形显示。

8.5.4　实验设备及器件

(1) 稳压电源　　　　1 台

(2) 万用表　　　　1 块

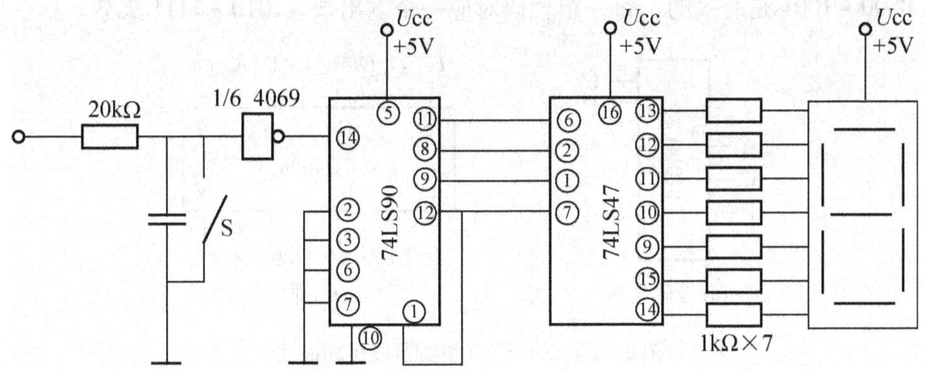

图8-22 计数、译码、显示电路

(3) 电子沙盘 1只

(4) 镊子、剥线钳 各1把

(5) 微型拨动开关 1只

(6) 集成计数器73LS90 1片

集成译码器73LS37 1片

数码显示模块(共阳极) 1块

1kΩ1/3W金属膜电阻 13只

8.5.5 实验注意事项

(1) 截取导线长度适中，注意接线方法，避免杂乱无章。

(2) 接完线并检查无误后方可接通电源；改接电路前要先关掉电源。

(3) 集成电路输出端严禁对“地”短路，以免烧坏芯片。

(4) 实验完毕，应将各元器件整理好，经老师认可后方可离开。

8.5.6 实验报告要求

(1) 简述实验内容及过程，总结各项实验结果。

(2) 分析实验中所遇到的问题，总结实验收获。

8.6 双向流光灯控制电路

CD4028芯片是四线—十线(读作四线转十线)译码器。图8-23(a)是它的逻辑框图，图(b)是它的管脚排列图。四个输入端A、B、C、D接受前端二—十进制计数器的输出，

代码从 0000～1001 是有效的，每一组代码对应一个输出端，1010～1111 无效。

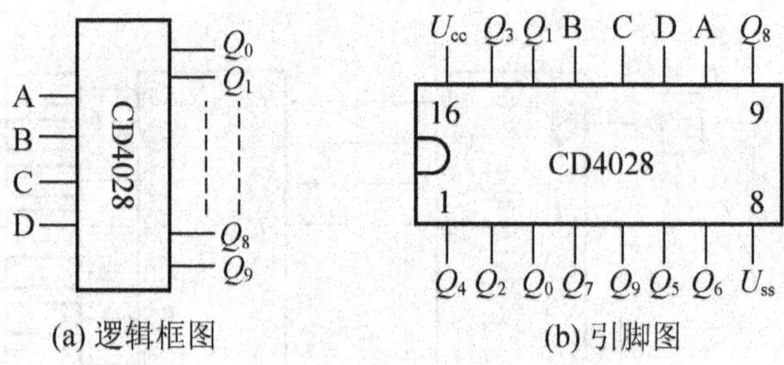

(a) 逻辑框图　　(b) 引脚图

图 8－23　CD4028 引脚及逻辑功能图

CD4029 芯片是多功能计数器，既可以作二进制加、减计数，也可以作十进制加、减

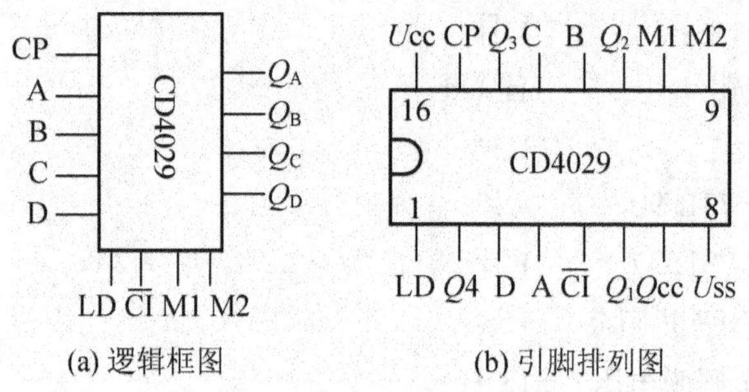

(a) 逻辑框图　　(b) 引脚排列图

图8－24　CD4029 插脚及逻辑功能图

计数。图 8－24(a)是逻辑图，图 8－24（b)是引脚排列图。

它有 5 个输入端，4 个控制端，4 个输出端。

CP 输入端是计数脉冲输入端，A、B、C、D 四输入端是预置数端。

LD 控制端平时为低电平，为高电平时预置数，其他各输入端、控制端均无效，四预置数端的数据置入四输出端。

$\overline{CI}$ 控制端的状态决定是否计数，为“1”时禁止计数，平时为低电平。

M1 控制端的状态决定是加计数还是减计数，为“1”时，作加计数，为“0”时作减计数。

M2 控制端的状态决定是二进制计数还是十进制计数，为“1”时是二进制计数，为“0”时是十进制计数。

8.6.1　实验目的

（1）学习译码芯片 CD4028 和计数芯片 CD3029 的使用。

（2）掌握时序逻辑电路与组合逻辑电路组成的应用电路的工作原理。

（3）学习光耦合器的使用。

8.6.2　实验原理

图8－27所示电路是流光灯控制电路，可以控制灯光朝不同方向移动。完成这一功能的是一片具有加减功能的计数器CD4029，即图中的N2，它受反馈信号的控制，实现加减转换。反馈回路由两个或非门和一个D触发器(1/2CD4013)构成。N3的Q端控制N2的M1端是作加计数还是作减计数。N4是双D触发器CD4013芯片，其插脚排列图和内部结构如图8－25所示，这里只用了它的一半，接成了计数器电路，3脚每来一个脉冲，Q端就翻转一次，使计数器改变一次计数方式。图8－26为或非门4011的内部结构图。计数输出给N3译码器，译码后，加计数时，灯光从Q_0向Q_9方向移动；减计数时，灯光从Q_9方向向Q_0方向移动。Q_0和Q_9端是两个方向的终点，不管哪一个为高电平，都会经或非门1/4N1-3、1/4N1-3产生触发脉冲使N3翻转，从而改变计数方式，也就改变了灯光移动方向。

图8－26中，1/4N1-3或非门的两个输入端接在了Q_0与Q_9端上，控制10路灯光，计数到10时才反向计数，完全可以改变反馈线的接线位置，即可以把接Q_9端的那个或非门输入端接在Q_1～Q_9之间任意一个上，实现2～10之间任意计数制，在2～10路灯光之间实现任意路数的控制。

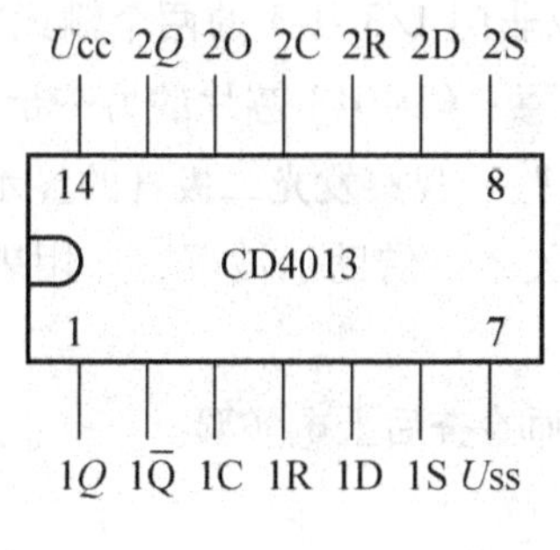

图8－25　CD4013插脚图

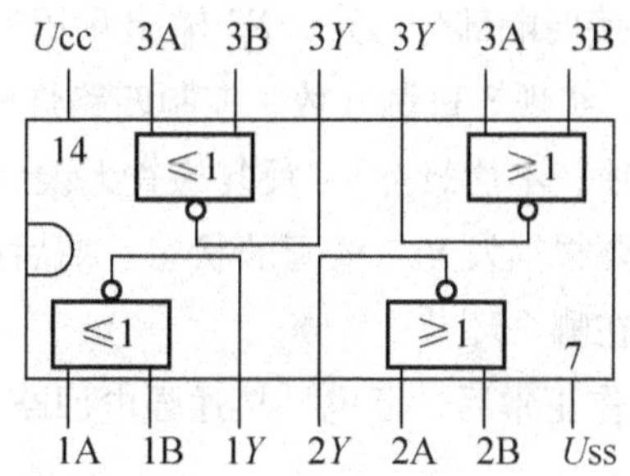

图8－26　CD4011内部结构图

图8－27所示的N3输出端连接的发光二极管用来指示N3的输出状态或光耦合器的工作状态。

光耦合器MOC4063为光电双向晶闸管输出型，它把强电回路与前面的弱电控制回路隔离开。隔离电压达2500V以上。

8.6.3　实验设备器件

①示波器；②万用表；③直流电源；④CD4001、CD4013、CD4028、CD4029各1片；⑤发光二极管、光耦合器、双向晶闸管各3支；⑥电容器2只；⑦电阻若干；⑧电灯泡3只。

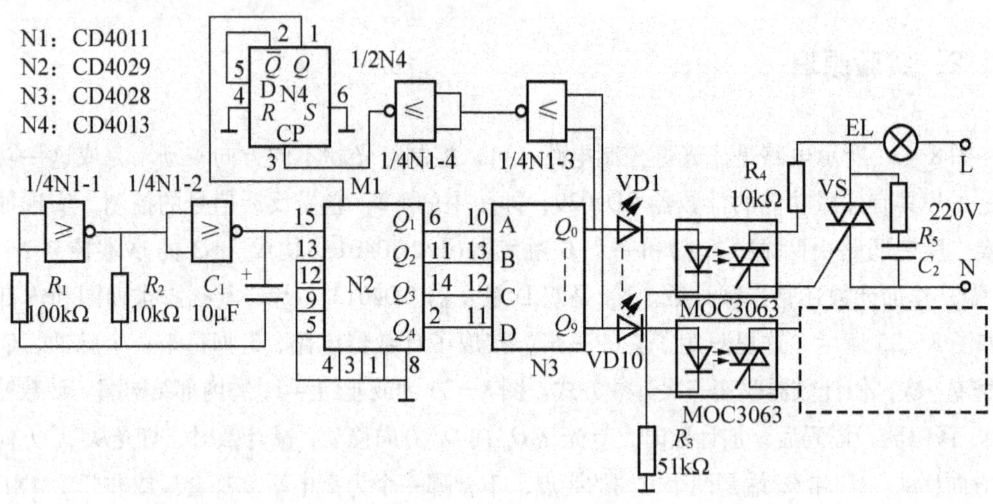

图 8－27 实验电路图

8.6.4 实验内容及步骤

(1) 清点元器件，检查有无缺损。

(2) 搭接弱电部分电路，N3 输出只用四路，或非门 1/3N1-3 的两个输入端分别接在 Q_0 与 Q_3 上，实现 3 进制计数，控制四路灯泡。(注意：CD4013 芯片的另一半未用，未用输入端都接地，不能悬空)。反复检查无误后上电实验。观察发光二极管的显示是否正常。若不正常，要根据发光二极管的状态、前后的逻辑关系，借助示波器、万用表逐步查找，判断问题出在哪个环节。

(3) 工作正常后，断电，接通强电回路，经老师检查后上电实验。

8.6.5 实验报告要求

(1) 对本次实验所用芯片的认识作简单总结。

(2) 说说对光耦合器的认识。

8.6.6 预习要求

(1) 复习教科书相关内容。

(2) 阅读本节开头部分的预备知识。

8.7 多路智力竞赛抢答器

8.7.1 设计任务和要求

1. 设计任务

设计一多路智力竞赛抢答器。

2. 设计要求

(1) 智力竞赛抢答器可同时供8名选手或8个代表队参加比赛，他们的编号分别是0、1、2、3、4、5、6、7，各用一个抢答按钮，按钮的编号与选手的编号相对应，分别为S_0、S_1、S_2、S_3、S_4、S_5、S_6、S_7。

(2) 给节目主持人设计一个控制开关，用来控制系统的清零和抢答的开始。

(3) 抢答器具有数据锁存和显示功能，抢答开始后，若有选手按动抢答按钮，编号立即锁存，并在LED数码管上显示出选手的编号，同时扬声器给出音响提示，此外，要封锁输入电路，禁止其他选手抢答，优先抢答选手的编号一直保持到主持人将系统清零为止。

(4) 抢答器具有定时抢答的功能，且一次抢答的时间可由主持人设定，当节目主持人启动“开始”键后，要求定时器立即减计数，并用显示器显示，同时扬声器发出短暂的声响，声响持续的时间为0.5s左右。

(5) 参赛选手在设定的时间内抢答有效，定时器停止工作，显示器上显示选手的编号和抢答时刻的时间，并保持到主持人将系统清零。

(6) 如果定时抢答的时间已到，却没有选手抢答时，本次抢答无效，系统短暂报警，并封锁输入电路，禁止选手超时后抢答，时间显示器上显示00。

8.7.2 电路设计

1. 设计要点

定时抢答器的总体框图如图8-28所示，其工作过程为：接通电源时，节目主持人将开关置于“清零”位置，抢答器处于禁止工作状态，编号显示器灭灯，定时显示器显示设定的时间，当节目主持人宣布抢答题目后，说一声“抢答开始”，同时将控制开关拨到

“开始”位置，扬声器给出声响提示，抢答器处于工作状态，定时器倒计时。当定时时间到却没有选手抢答时，系统报警，并封锁输入电路，禁止选手超时后抢答。当选手在定时时间内按动抢答键时，抢答器要完成以下4项工作。

(1) 优先编码器立即分辨出抢答者的编号，并由锁存器进行锁存，然后由译码显示电路显示编码。

(2) 扬声器发出短暂声响，提醒节目主持人注意。

(3) 控制电路要对输入编码进行锁存，避免其他选手再次进行抢答。

(4) 控制电路要使定时器停止工作，时间显示器上显示剩余的抢答时间，并保持到主持人将系统清零为止。当选手将问题回答完毕，主持人操作控制开关，使系统恢复到禁止工作状态，以便进行下一轮抢答。

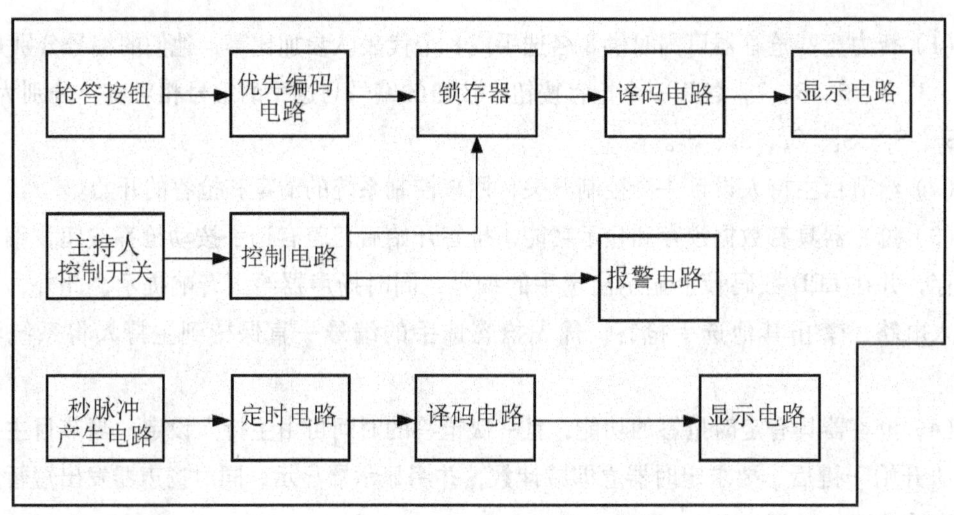

图8-28　定时抢答器的总体框图

2. 抢答电路设计

抢答电路的功能有两个：一是能分辨出选手按键的先后，并锁存优先抢答者的编号，供译码显示电路用；二是要使其他选手的按键操作无效。选用优先编码器74LS148和RS锁存器74LS279可以完成上述功能，其电路组成如图8-29所示。其工作原理是：当主持人控制开关处于“清零”位置时，RS触发器的R端为低电平，输出端 $Q_4 \sim Q_1$ 全部为低电平。于是74LS48的 $\overline{\mathrm{BI}}=0$，显示器灭灯；74LS148的选通输入端 $\overline{\mathrm{ST}}=0$，74LS148处于工作状态，此时锁存电路不工作。当主持人把开关拨到“开始”位置时，优先编码电路和锁存电路同时处于工作状态，即抢答器处于等待状态，等待输入端 $\bar{I}_7 \cdots \bar{I}_0$ 输入信号，当有选手将按键按下时(如按下 S_5)，74LS148的输出 $Y_2Y_1Y_0=010$，$\overline{Y}_{\mathrm{EX}}=0$，经 RS 锁存后，$CTR=1$，$\overline{BI}=1$ 74LS279处于工作状态，$Q_4Q_3Q_2=101$，经74LS48译码后，显示器显示“5”。

此外，$CTR=1$，使74LS148 的 $\overline{ST}$ 为高电平，74LS148 处于禁止工作状态，封锁了其他按键的输入。当按下的按键松开后，74LS148 的 $\overline{Y}_{EX}$ 为高电平，但由于 CTR 维持高电平不变，所以74LS148 仍处于禁止工作状态，其他按键的输入信号不会被接收，这就保证了抢答者的优先性以及抢答电路的准确性。当优先抢答者回答完问题后，由主持人操作控制开关S，使抢答电路复位，以便进行下一轮抢答。

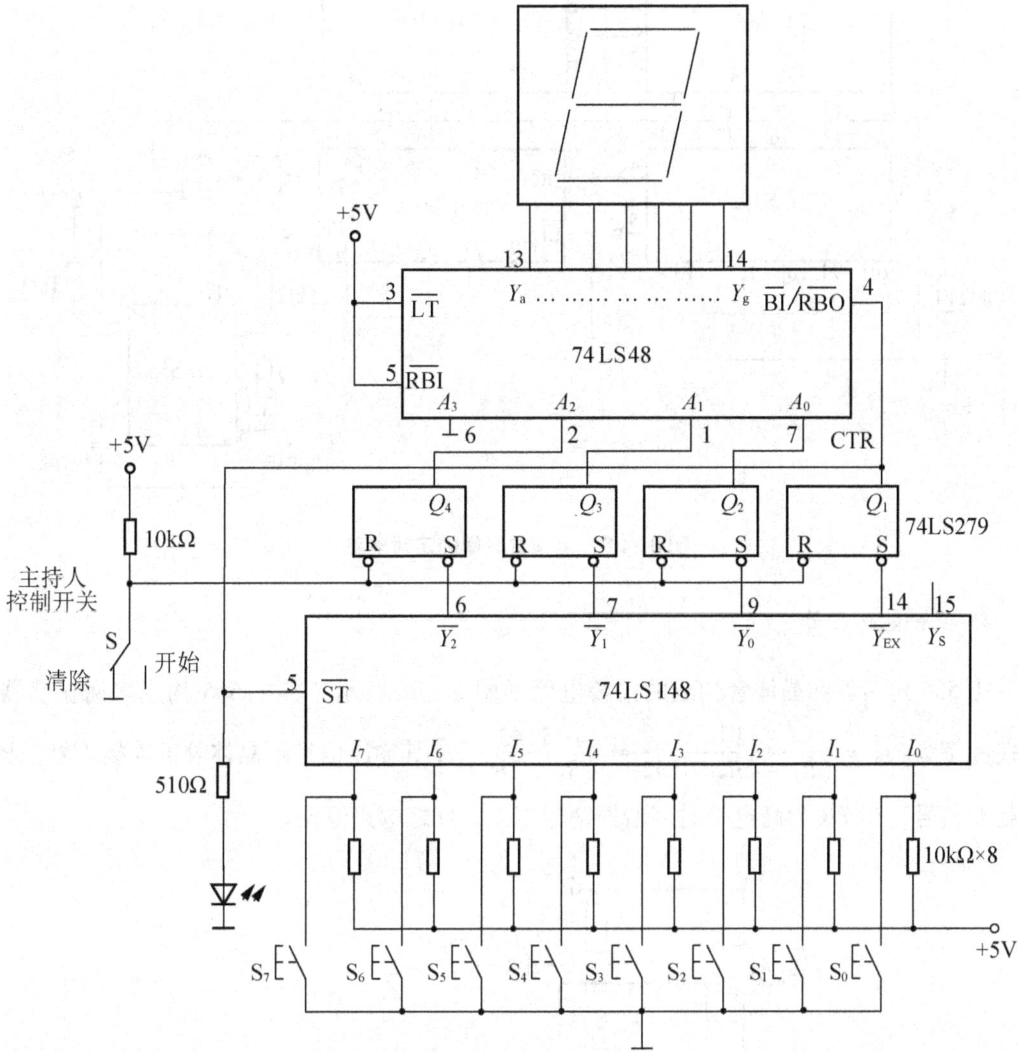

图8－29　抢答电路

3. 定时电路设计

节目主持人根据抢答题的难易程度，设定一次抢答时间，通过预定时间电路对计数器进行预置，选用十进制同步加/减计数器74LS192 进行设计，计数器的时钟脉冲由秒脉冲电路提供，具体电路如图8－30 所示。

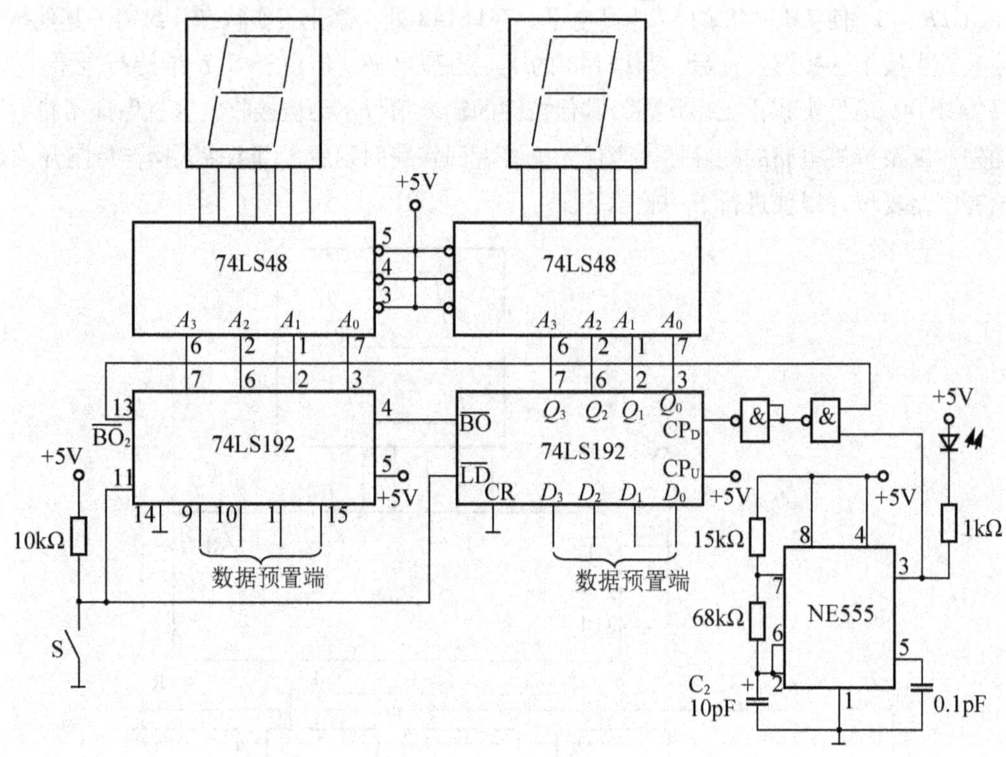

图 8-30　可预置时间的定时电路

4. 报警电路设计

由 555 定时器和晶体管构成的报警电路如图 8-31 所示，其中 555 构成多谢振荡器，振荡频率为：$f_0 = \dfrac{1}{(R_1 + 2R_2)CLn2} \approx \dfrac{1.43}{(R_1 + 2R_2)C}$，其输出信号经晶体管推动扬声器。*PR* 为控制信号，当 PR 为高电平时多谐振荡器工作，反之电路停振。

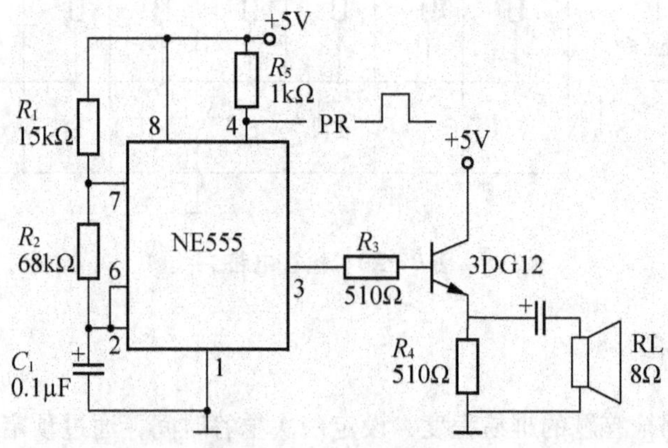

图 8-31　报警电路

5. 时序控制电路设计

时序控制电路是抢答器设计的关键，它要完成以下三项功能。

(1) 主持人将控制开关拨到“开始”位置时，扬声器发声，抢答电路和定时电路进入正常工作状态。

(2) 当参数赛选手按动抢答键时扬声器发声，抢答电路和定时电路停止工作。

(3) 当设定的抢答时间到，无人抢答时扬声器发声，同时抢答电路和定时电路停止工作。

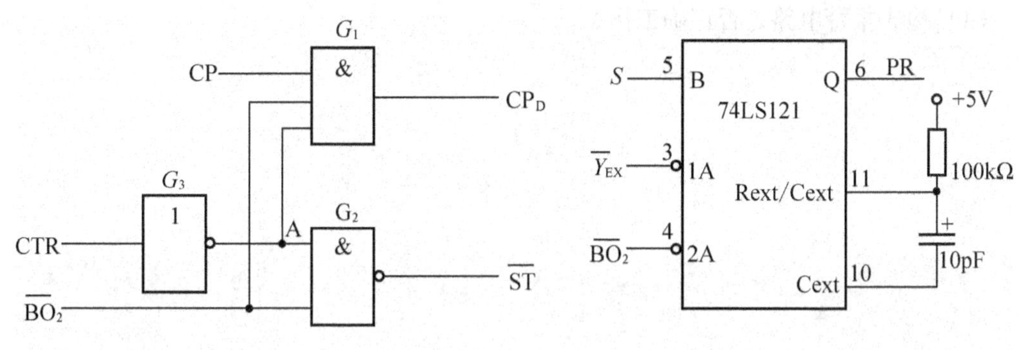

(a) 抢答与定时电路的时序控制电路　　(b) 报警电路的时序控制电路

图 8－32　时序控制电路

根据上面的功能要求以及图 8－30 和图 8－31 设计的时序控制电路如图 8－32 所示。图中门 G1 的作用是控制时钟信号 CP 的放行与禁止，门 G_2的作用是控制 74LS148 的输入使能端$\overline{ST}$。图 8－32 的工作原理是：主持人控制开关从“清除”位置拨到“开始”位置时，来自于图 8－29 中的 74LS279 的输出 CTR＝0，经 G3 反向，A＝1，则从 555 输出端来的时钟信号 CP 能够加到 74LS192 的 CP_D时钟输入端，定时电路进行递减计时，在定时时间未到时，来自于图 8－30 的 74LS192 的借位输出端$\overline{BO_2}=1$，门 G_2的输出$\overline{ST}=0$，使 74LS148 处于正常工作状态，从而实现功能(1)的要求；当选手在定时时间内按动抢答键时，CTR＝1，经 G3 反相，A＝0，封锁 CP 信号，定时器处于保持状态，门 G_2的输出$\overline{ST}=1$，74LS148 处于禁止工作状态，从而实现功能(2)的要求；当定时时间到时，来自 74LS192 的$\overline{BO_2}=0$，$\overline{ST}=1$，74LS148 处于禁止工作状态，禁止选手进行抢答，门 G1 同时处于关闭状态，封锁 CP 信号，使定时电路为 00 状态，从而实现功能(3)的要求，74LS121 用于控制报警电路及发生的时间。

6. 整机电路设计

经过以上各单元电路的设计，可以得到定时抢答器的整机电路，如图 8－33 所示。

8.7.3 电路安装与调试

(1) 由图8－28所示的定时器总体框图，按照信号的流向分级安装，逐级级联。

(2) 调试抢答电路，检查控制开关是否正常工作，按键按下时，应显示对应的数码，再按下其他键时，数码管显示的数值不变。

(3) 用示波器观测定时电路的定时时间是否准确，检查预置电路预置、显示是否正确。

(4) 检查报警电路是否正确工作。

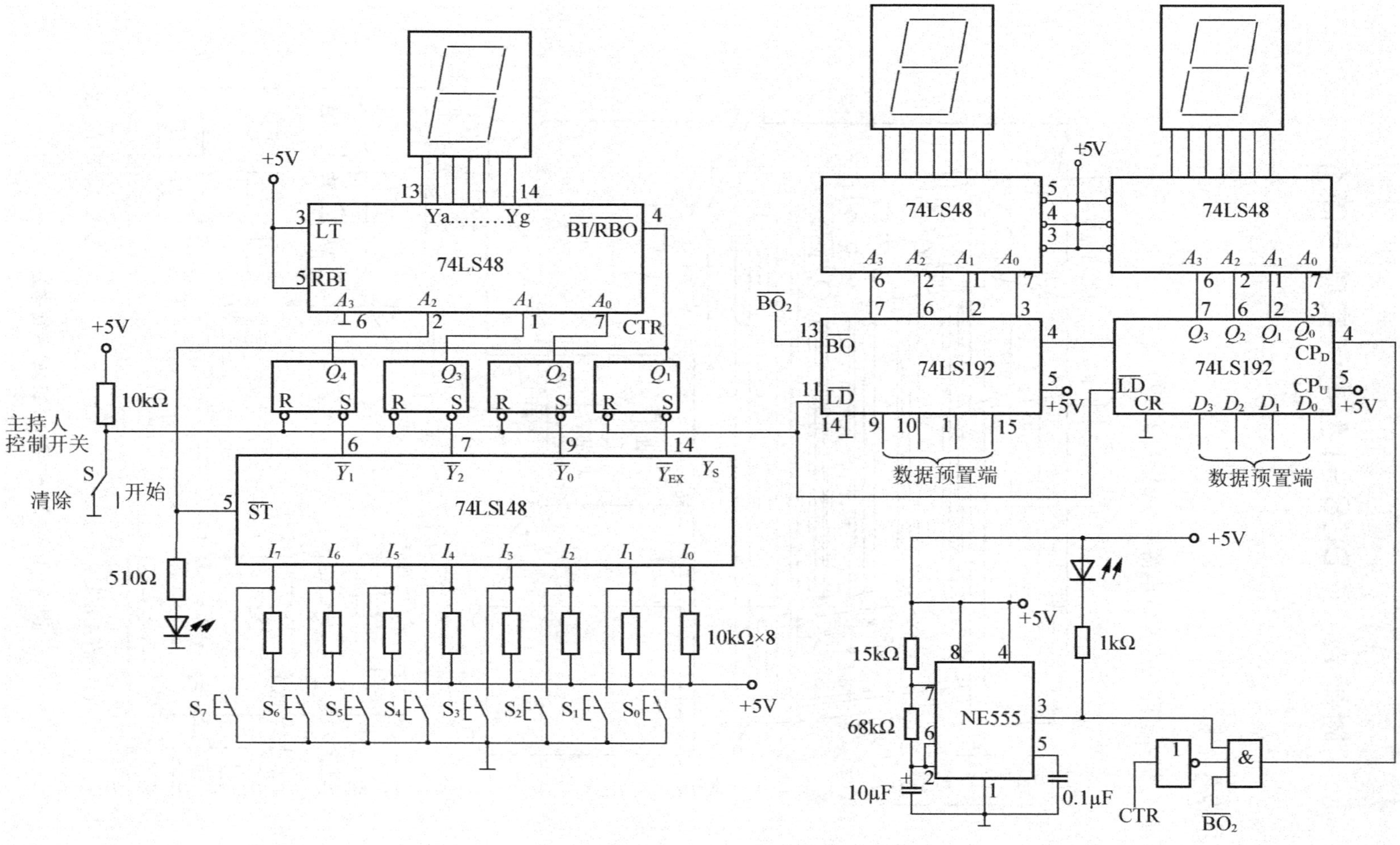

图8-33　定时抢答器的整机电路

附录A　DQS-Ⅰ型电气实验台简介

1. 结构及功能

实验台(图A-1)提供两种电源：380V和220V。

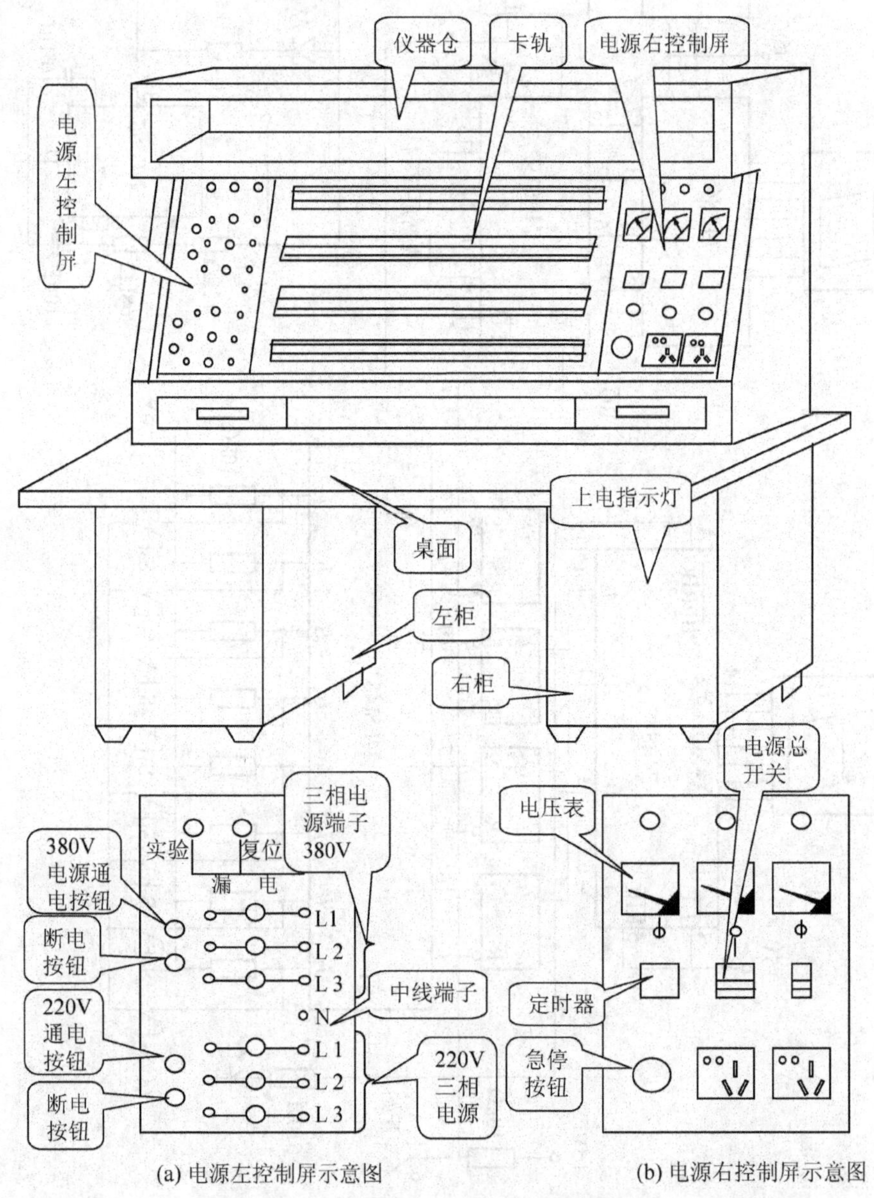

(a) 电源左控制屏示意图　　(b) 电源右控制屏示意图

图A-1　DQS-1型电气实验台结构图

380V 电源每相负荷最大 300W；220V 电源每相负荷最大 250W。

“电源总开关”在右控制屏上，两电源是用接触器的吸合、释放而通电、断电的，它们的“通电”、“断电”按钮在左控制屏上。室内电源总开关合上后，实验台电源右控制屏的指示灯亮。不管是仪器用电还是实验线路用电，都要先合上“电源总开关”，三只电压表指示出各相电压值(380V 系统的)；若用“380V”电源，按下电源左控制屏“380V ”三相电源的“通电”按钮，“380V ”的指示灯亮，接线端子上得电；按下“断电”按钮，指示灯灭。若用“220V”的电源，按下它的“通电”按钮，它的指示灯亮，按下“断电”按钮，指示灯灭。

右屏上的定时器为左控制屏用电计时，一般不用操作它。定时器上的拨码盘用来设定计时的时间，一般设定在 2 小时范围内。右屏总开关合上后，它就开始计时了，计时到了设定值，定时器触点断开，接触器释放，左控制屏断电；如要继续用电，轻按定时器下方的复位按钮，定时器复位，左屏可再用电。

右屏左下角的蘑菇形按钮是“急停”按钮，一般情况下不要操作它。当用电过程中发生意外时，不必去按左屏上的“断电”按钮，可用右手按下蘑菇按钮，即可断电，这比按左屏的“断电”按钮快。蘑菇按钮被按下后自行锁定，不能自动复位，按住按钮顺时针方向旋转一小的角度松开，即能复位。

右屏右下角的两只电源插座总容量为 800W。

2. 实验部件的放置

左右控制屏中间是实验母板，上面有 4 条卡轨，最上面和最下面的两条是 D1 型卡轨；中间两条是 C35 型卡轨。其截面如图 A－2 所示，它们是工业标准卡轨，电气控制柜里固定电器部件用的。我们装在实验台上用来安装实验器件。我们在每个实验器件底面都装了卡具(图 A－2)。这种卡具是两用的，既可以卡到 D1 型卡轨上，也可以卡装到 C35 型卡轨上。

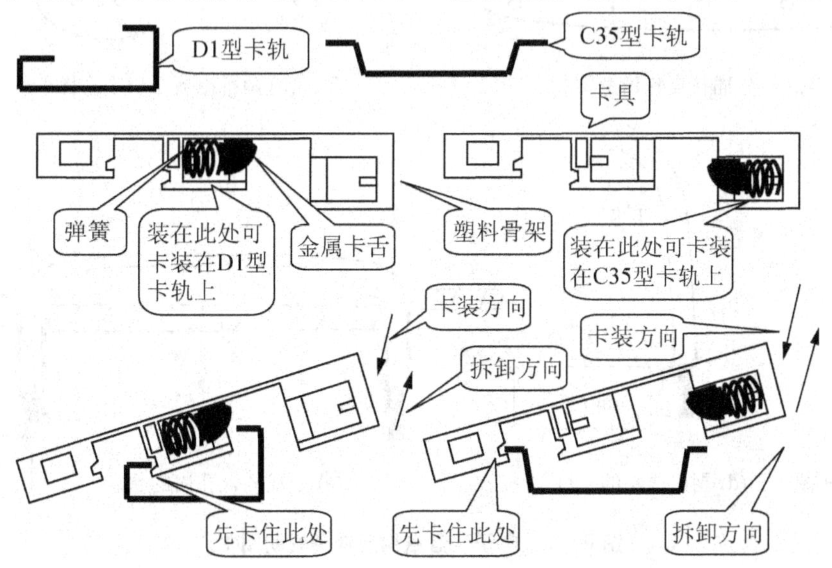

图 A－2　实验部件的放置操作要领

附录 B　电子沙盘的使用说明

1. DZ-2 型电子沙盘

这种电子沙盘适用于组件少、电路简单的实验项目，如直流电路的实验、过渡过程、RLC 串并联谐振等实验项目。

沙盘上每三个孔为相连通的一组品字形接点，可插入引脚直径为 0.5 ~ 0.7mm 的组件或独股导线。组件引脚或导线插入孔内的部分必须是直的，若有弯曲应用工具修直了再用。插入组件或导线时，要用镊子夹住组件引脚或导线一段一段地送入孔内，插入长度不可太多，感到被孔夹住即可，若插入太长，一方面不容易拔出，另一方面会造成短路，因此，导线的金属部分的长度不能大于 3mm。为防止导线或组件插脚插入太多，元器件的引脚要预处理一下，如图 B－1 所示。从孔内拔出组件或导线时轻轻地即可拔出，若轻拔不出，要用斜口钳将组件引脚或导线剪断，不可硬向外拔，以免损坏插孔。

沙盘上有 5 个电流插口，在需要测量电流的各条支路内串入一个，以便与电流插头配合将电流表串入支路内。每个电流插口是用三对较软的弹簧片组成的，电流插头要垂直沙盘轻插轻拔，否则会损坏插口的弹簧片。

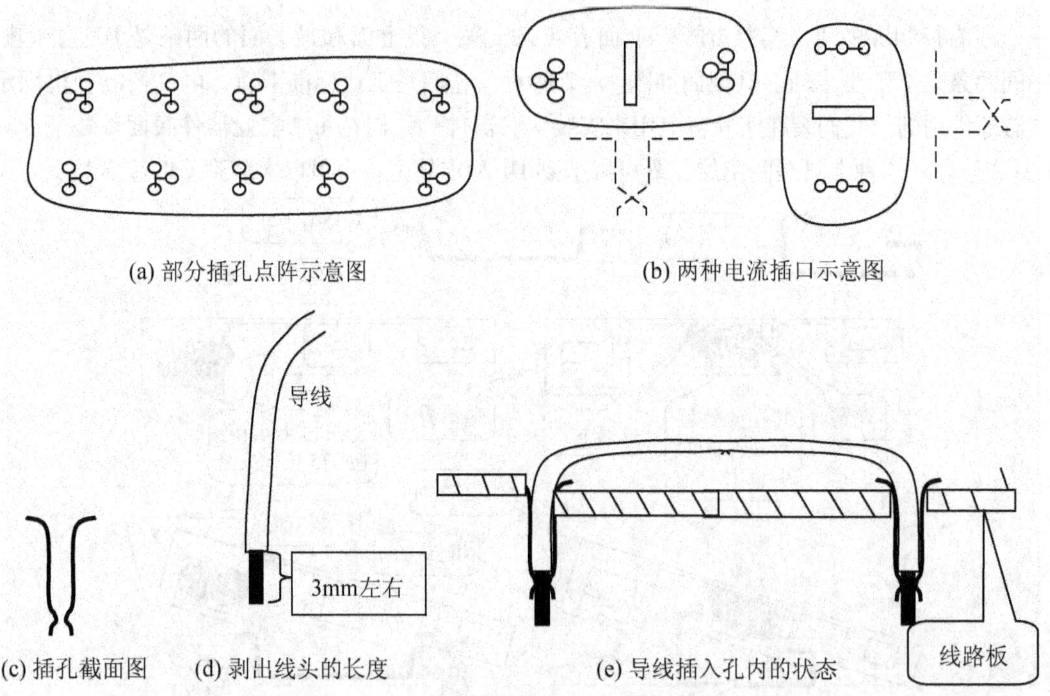

图 B－1　电子沙盘结构及使用说明图 1

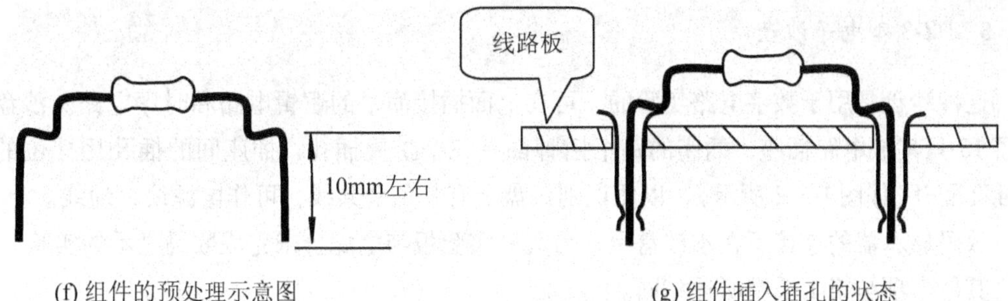

(f) 组件的预处理示意图　　(g) 组件插入插孔的状态

图 B－1 电子沙盘结构及使用说明图 1（续）

2. DZ-3 型电子沙盘

这种电子沙盘是为模拟电子线路的实验设计的。沙盘上装了 6 个集成电路插座，可插入 8 线、13 线、16 线三种运算放大器芯片；也可插入小型的塑封三极管，集成电路插座的每个插脚都有三个扩展插孔；插座与插座扩展插孔之间由挫位的三连插孔隔开以助辨认，如图 B－2 所示。

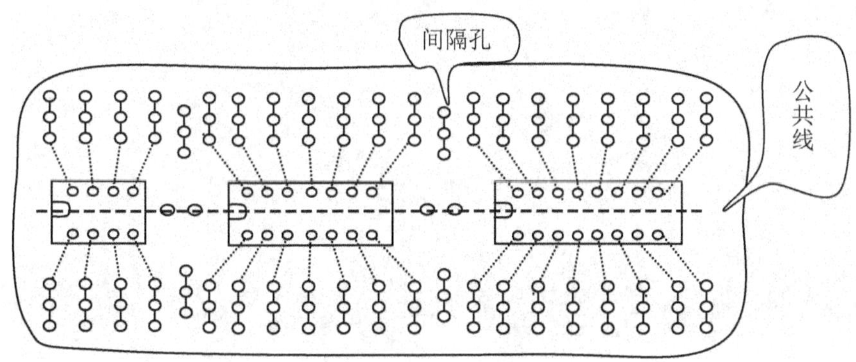

图 B－2 电子沙盘结构及使用说明

沙盘上还有如图 B－3 所示的插孔点阵，横向三个孔是相通的，这种插孔点阵是为扁形插脚的组件设计的，如三端稳压器、晶闸管、三极管、VMOS 管应使用这种插孔。

沙盘上大部分以 4 个插孔为一组相互连通，组成菱形点阵；有一少部分以三个插孔为一组，组成品字形点阵；还有五条左右贯通的公共线，可用作电源线、地线。

其他的操作要领与第 1 节中所述相同。

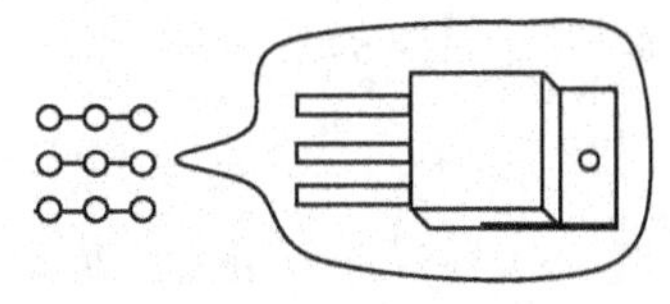

图 B－3 电子沙盘结构及使用说明

3. DZ-3 型电子沙盘

这种沙盘是用于数字电路实验的，可在上面插接简单的逻辑电路和时序电路。沙盘上装了 15 只集成电路插座，插座的每个插脚都有三个扩展插孔，插座间的插孔用挫位的三连插孔隔开(如图 B-2 所示)，以便识别。盘上有 8 条公共线，可作电源线、地线。

数码显示器的连接不在本沙盘上，另有一实验板与之配合来完成数码显示的实验。

其他事项与第 1 节中所述相同。

北京大学出版社本科电气信息系列实用规划教材

序号	书名	书号	编著者	定价	出版年份	教辅及获奖情况
			物联网、大数据			
1	大数据导论	7-301-30665-9	王道平	39	2019	电子课件/答案
2	物联网概论	7-301-23473-0	王　平	38	2015 重印	电子课件/答案，有“多媒体移动交互式教材”
3	物联网概论	7-301-21439-8	王金甫	42	2012	电子课件/答案
4	现代通信网络(第 2 版)	7-301-27831-4	赵瑞玉　胡珺珺	45	2017，2018 第 3 次重印	电子课件/答案
5	无线通信原理	7-301-23705-2	许晓丽	42	2016 重印	电子课件/答案
6	家居物联网技术开发与实践	7-301-22385-7	付　蔚	39	2014 重印	电子课件/答案
7	物联网技术案例教程	7-301-22436-6	崔逊学	40	2013	电子课件
8	传感器技术及应用电路项目化教程	7-301-22110-5	钱裕禄	30	2013，2018 第 5 次重印	电子课件/视频素材，宁波市教学成果奖
9	电磁场与电磁波(第 2 版)	7-301-20508-2	邬春明	32	2016 重印	电子课件/答案
10	现代交换技术(第 2 版)	7-301-18889-7	姚　军	36	2013，2018 第 4 次重印	电子课件/习题答案
11	传感器基础(第 2 版)	7-301-19174-3	赵玉刚	32	2016 重印	视频
12	通信技术实用教程	7-301-25386-1	谢　慧	36	2015	电子课件/习题答案
13	物联网工程应用与实践	7-301-19853-7	于继明	39	2015	电子课件
14	传感与检测技术及应用	7-301-27543-6	沈亚强　蒋敏兰	43	2016	电子课件/数字资源
			单片机与嵌入式			
1	嵌入式系统基础实践教程	7-301-22447-2	韩　磊	35	2015 重印	电子课件
2	单片机原理与接口技术	7-301-19175-0	李　升	46	2017 第 3 次重印	电子课件/习题答案
3	单片机系统设计与实例开发(MSP430)	7-301-21672-9	顾　涛	44	2013	电子课件/答案
4	单片机原理与应用技术(第 2 版)	7-301-27392-0	魏立峰　王宝兴	42	2016	电子课件/数字资源
5	单片机原理及应用教程(第 2 版)	7-301-22437-3	范立南	43	2016 重印	电子课件/习题答案，辽宁“十二五”教材
6	单片机原理与应用及 C51 程序设计	7-301-13676-8	唐　颖	30	2017 第 7 次重印	电子课件
7	单片机原理与应用及其实验指导书	7-301-21058-1	邵发森	44	2012	电子课件/答案/素材
8	MCS-51 单片机原理及应用	7-301-22882-1	黄翠翠	34	2013	电子课件/程序代码
			物理、能源、微电子			
1	物理光学理论与应用(第 3 版)	7-301-29712-4	宋贵才	56	2019	电子课件/习题答案，“十二五”普通高等教育本科国家级规划教材
2	现代光学	7-301-23639-0	宋贵才	36	2014	电子课件/答案
3	平板显示技术基础	7-301-22111-2	王丽娟	52	2014 重印	电子课件/答案
4	集成电路版图设计(第 2 版)	7-301-29691-2	陆学斌	42	2019	电子课件/习题答案
5	新能源与分布式发电技术(第 2 版)	7-301-27495-8	朱永强	45	2016，2019 第 4 次重印	电子课件/习题答案，北京市精品教材，北京市“十二五”教材
6	太阳能电池原理与应用	7-301-18672-5	靳瑞敏	25	2011，2017 第 4 次重印	电子课件
7	新能源照明技术	7-301-23123-4	李姿景	33	2013	电子课件/答案
8	集成电路 EDA 设计——仿真与版图实例	7-301-28721-7	陆学斌	36	2017	数字资源

序号	书名	书号	编著者	定价	出版年份	教辅及获奖情况
			基础课			
1	电路分析	7-301-12179-5	王艳红　蒋学华	38	2017 第 5 次重印	电子课件，山东省第二届优秀教材奖
2	运筹学(第 2 版)	7-301-18860-6	吴亚丽　张俊敏	28	2016 第 5 次重印	电子课件/习题答案
3	电路与模拟电子技术（第 2 版）	7-301-29654-7	张绪光	53	2018	电子课件/习题答案
4	微机原理及接口技术	7-301-16931-5	肖洪兵	32	2010	电子课件/习题答案
5	数字电子技术	7-301-16932-2	刘金华	30	2010	电子课件/习题答案
6	微机原理及接口技术实验指导书	7-301-17614-6	李干林　李　升	22	2018 第 4 次重印	课件(实验报告)
7	模拟电子技术	7-301-17700-6	张绪光　刘在娥	36	2016 第 3 次重印	电子课件/习题答案
8	电工技术	7-301-18493-6	张　莉　张绪光	26	2017 第 4 次重印	电子课件/习题答案，山东省“十二五”教材
9	电路分析基础	7-301-20505-1	吴舒辞	38	2012	电子课件/习题答案
10	数字电子技术	7-301-21304-9	秦长海　张天鹏	49	2017 第 3 次重印	电子课件/答案，河南省“十二五”教材
11	模拟电子与数字逻辑	7-301-21450-3	邬春明	48	2019 第 3 次重印	电子课件
12	电路与模拟电子技术实验指导书	7-301-20351-4	唐　颖	26	2012	部分课件
13	电子电路基础实验与课程设计	7-301-22474-8	武　林	36	2013	部分课件
14	电文化——电气信息学科概论	7-301-22484-7	高　心	30	2013	
15	实用数字电子技术	7-301-22598-1	钱裕禄	30	2019 第 3 次重印	电子课件/答案/其他素材
16	模拟电子技术学习指导及习题精选	7-301-23124-1	姚娅川	30	2013	电子课件
17	电工电子基础实验及综合设计指导	7-301-23221-7	盛桂珍	32	2016 重印	
18	电子技术实验教程	7-301-23736-6	司朝良	33	2016 第 3 次重印	
19	电工技术	7-301-24181-3	赵莹	46	2019 第 3 次重印	电子课件/习题答案
20	电子技术实验教程	7-301-24449-4	马秋明	26	2019 第 4 次重印	
21	微控制器原理及应用	7-301-24812-6	丁筱玲	42	2014	
22	模拟电子技术基础学习指导与习题分析	7-301-25507-0	李大军　唐　颖	32	2015	电子课件/习题答案
23	电工学实验教程(第 2 版)	7-301-25343-4	王士军　张绪光	27	2015	
24	微机原理及接口技术	7-301-26063-0	李干林	42	2015	电子课件/习题答案
25	简明电路分析	7-301-26062-3	姜　涛	48	2015	电子课件/习题答案
26	微机原理及接口技术(第 2 版)	7-301-26512-3	越志诚　段中兴	49	2016，2017 重印	二维码数字资源
27	电子技术综合应用	7-301-27900-7	沈亚强　林祝亮	37	2017	二维码数字资源
28	电子技术专业教学法	7-301-28329-5	沈亚强　朱伟玲	36	2017	二维码数字资源
29	电子科学与技术专业课程开发与教学项目设计	7-301-28544-2	沈亚强　万　旭	38	2017	二维码数字资源
			电子、通信			
1	DSP 技术及应用	7-301-10759-1	吴冬梅　张玉杰	26	2018 第 10 次重印	电子课件，中国大学出版社图书奖首届优秀教材奖一等奖
2	电子工艺实习（第 2 版）	7-301-30080-0	周春阳	35	2019	电子课件
3	电子工艺学教程	7-301-10744-7	张立毅　王华奎	45	2019 第 10 次重印	电子课件，中国大学出版社图书奖首届优秀教材奖一等奖

序号	书名	书号	编著者	定价	出版年份	教辅及获奖情况
4	信号与系统	7-301-10761-4	华　容　隋晓红	33	2016 第 6 次重印	电子课件
5	信息与通信工程专业英语(第 2 版)	7-301-19318-1	韩定定　李明明	32	2018 第 4 次重印	电子课件/参考译文，中国电子教育学会 2012 年全国电子信息类优秀教材
6	高频电子线路(第 2 版)	7-301-16520-1	宋树祥　周冬梅	35	2013 重印	电子课件/习题答案
7	MATLAB 基础及其应用教程	7-301-11442-1	周开利　邓春晖	39	2019 第 16 次重印	电子课件
8	通信原理	7-301-12178-8	隋晓红　钟晓玲	32	2018 第 3 次重印	电子课件
9	数字信号处理	7-301-16076-3	王震宇　张培珍	32	2019 第 4 次重印	电子课件/答案/素材
10	光纤通信（第 2 版）	7-301-29106-1	冯进玫	39	2018	电子课件/习题答案
11	数字信号处理	7-301-17986-4	王玉德	32	2010	电子课件/答案/素材
12	电子线路 CAD	7-301-18285-7	周荣富　曾　技	41	2011	电子课件
13	MATLAB 基础及应用	7-301-16739-7	李国朝	39	2011	电子课件/答案/素材
14	现代电子系统设计教程（第 2 版）	7-301-29405-5	宋晓梅	45	2018	电子课件/习题答案
15	信号与系统（第 2 版）	7-301-29590-8	李云红	42	2018	电子课件
16	MATLAB 基础与应用教程	7-301-21247-9	王月明	32	2013	电子课件/答案
17	微波技术基础及其应用	7-301-21849-5	李泽民	49	2013	电子课件/习题答案/补充材料等
18	网络系统分析与设计	7-301-20644-7	严承华	39	2012	电子课件
19	DSP 技术及应用	7-301-22109-9	董　胜	39	2013	电子课件/答案
20	通信原理实验与课程设计	7-301-22528-8	邬春明	34	2015	电子课件
21	信号与系统	7-301-22582-0	许丽佳	38	2015 重印	电子课件/答案
22	信号与线性系统	7-301-22776-3	朱明早	33	2013	电子课件/答案
23	信号分析与处理	7-301-22919-4	李会容	39	2013	电子课件/答案
24	MATLAB 基础及实验教程	7-301-23022-0	杨成慧	36	2016 重印	电子课件/答案
25	DSP 技术与应用基础(第 2 版)	7-301-24777-8	俞一彪	45	2015	实验素材/答案
26	EDA 技术及数字系统的应用	7-301-23877-6	包　明	55	2015	
27	算法设计、分析与应用教程	7-301-24352-7	李文书	49	2014	
28	Android 开发工程师案例教程	7-301-24469-2	倪红军	48	2014	
29	ERP 原理及应用（第 2 版）	7-301-29186-3	朱宝慧	49	2018	电子课件/答案
30	综合电子系统设计与实践	7-301-25509-4	武　林　陈　希	32	2015	
31	高频电子技术	7-301-25508-7	赵玉刚	29	2015	电子课件
32	信息与通信专业英语	7-301-25506-3	刘小佳	29	2015	电子课件
33	信号与系统	7-301-25984-9	张建奇	45	2015	电子课件
34	数字图像处理及应用	7-301-26112-5	张培珍	36	2015	电子课件/习题答案
35	Photoshop CC 案例教程(第 3 版)	7-301-27421-7	李建芳	49	2016	电子课件/素材

序号	书名	书号	编著者	定价	出版年份	教辅及获奖情况
51	激光技术与光纤通信实验	7-301-26609-0	周建华　兰　岚	28	2015	数字资源
52	Java 高级开发技术大学教程	7-301-27353-1	陈沛强	48	2016	电子课件/数字资源
53	VHDL 数字系统设计与应用	7-301-27267-1	黄　卉　李　冰	42	2016	数字资源
54	光电技术应用	7-301-28597-8	沈亚强　沈建国	30	2017	数字资源
			自动化、电气			
1	自动控制原理	7-301-22386-4	佟　威	30	2013	电子课件/答案
2	自动控制原理	7-301-22936-1	邢春芳	39	2016 重印	
3	自动控制原理	7-301-22448-9	谭功全	44	2013	
4	自动控制原理	7-301-22112-9	许丽佳	30	2017 第 4 次重印	
5	自动控制原理(第 2 版)	7-301-28728-6	丁　红	45	2017	电子课件/数字资源
6	现代控制理论基础	7-301-10512-2	侯媛彬等	20	2013 第 4 次重印	电子课件/素材，国家级“十一五”规划教材
7	计算机控制系统(第 2 版)	7-301-23271-2	徐文尚	48	2017 第 3 次重印	电子课件/答案
8	电力系统继电保护(第 2 版)	7-301-21366-7	马永翔	46	2019 第 4 次重印	电子课件/习题答案
9	电气控制技术(第 2 版)	7-301-24933-8	韩顺杰　吕树清	28	2014,2016 重印	电子课件
10	自动化专业英语(第 2 版)	7-301-25091-4	李国厚　王春阳	46	2014，2017 重印	电子课件/参考译文
11	电力电子技术及应用	7-301-13577-8	张润和	38	2008	电子课件
12	高电压技术(第 2 版)	7-301-27206-0	马永翔	43	2016	电子课件/习题答案
13	控制电机与特种电机及其控制系统	7-301-18260-4	孙冠群　于少娟	42	2011	电子课件/习题答案
14	供配电技术	7-301-16367-2	王玉华	49	2012	电子课件/习题答案
15	PLC 技术与应用(西门子版)	7-301-22529-5	丁金婷	32	2013	电子课件
16	电机、拖动与控制	7-301-22872-2	万芳瑛	34	2013	电子课件/答案
17	电气信息工程专业英语	7-301-22920-0	余兴波	26	2013	电子课件/译文
18	集散控制系统(第 2 版)	7-301-23081-7	刘翠玲	36	2013，2019 第 4 次重印	电子课件，2014 年中国电子教育学会“全国电子信息类优秀教材”一等奖
19	工控组态软件及应用	7-301-23754-0	何坚强	56	2014，2019 第 3 次重印	电子课件/答案
20	发电厂变电所电气部分(第 2 版)	7-301-23674-1	马永翔	54	2014，2019 第 3 次重印	电子课件/答案
21	自动控制原理实验教程	7-301-25471-4	丁　红　贾玉瑛	29	2015	
22	自动控制原理(第 2 版)	7-301-25510-0	袁德成	35	2015	电子课件/辽宁省“十二五”教材
23	电机与电力电子技术	7-301-25736-4	孙冠群	45	2015	电子课件/答案
24	虚拟仪器技术及其应用	7-301-27133-9	廖远江	45	2016	
25	智能仪表技术	7-301-28790-3	杨成慧	45	2017	二维码资源

如您需要更多教学资源如电子课件、电子样章、习题答案等，请登录北京大学出版社第六事业部官网 www.pup6.cn 搜索下载。

如您需要浏览更多专业教材，请扫下面的二维码，关注北京大学出版社第六事业部官方微信(微信号：pup6book)，随时查询专业教材、浏览教材目录、内容简介等信息，并可在线申请纸质样书用于教学。

感谢您使用我们的教材，欢迎您随时与我们联系，我们将及时做好全方位的服务。联系方式：010-62750667，pup6_czq@163.com，pup_6@163.com，欢迎来电来信。客户服务 QQ 号：1292552107，欢迎随时咨询。